WISSENSCHAFTLICHE ABHANDLUNGEN DER DEUTSCHEN MATERIALPRÜFUNGSANSTALTEN

FRÜHER: SONDERHEFTE DER MITTEILUNGEN DER DEUTSCHEN MATERIALPRÜFUNGSANSTALTEN

II. FOLGE HEFT 6

METALLE UND METALLKONSTRUKTIONEN

MITTEILUNGEN
DES STAATL. MATERIALPRÜFUNGSAMTS BERLIN-DAHLEM
UND DES VIERJAHRESPLANINSTITUTES FÜR WERKSTOFFORSCHUNG

MIT 146 BILDERN IM TEXT

AUSGEGEBEN AM 12. AUGUST 1944

Springer-Verlag Berlin Heidelberg GmbH

ISBN 978-3-7091-5896-8   ISBN 978-3-7091-5946-0 (eBook)
DOI 10.1007/978-3-7091-5946-0

INHALT

Seit

1. O. Werner: Untersuchungen über Gußeisen für höhere Temperaturen 1
2. O. Werner: Einfluß des gebundenen Kohlenstoffs auf das Wachsen von Gußeisen . . . 12
3. O. Werner: Die kolorimetrische Bestimmung von Nichtmetallen 17
4. W. Böhm: Die Bestimmung von Thorium in thorierten Wolframdrähten 25
5. G. Schikorr: Zum atmosphärischen Rosten des Eisens 27
6. G. Schikorr, B. Schulze und B. Jolitz: Über das Rosten von Eisen in getränktem Holz 30
7. G. Schikorr und I. Schikorr: Über die Witterungsbeständigkeit des Zinks . . . 36
8. E. Deiß und W. Böhm: Die chemische Zusammensetzung von Zinkkorrosionsprodukten in Abhängigkeit von der Korrosionsursache 44
9. K. Albers und E. Link: Belastungsversuche mit Rahmenecken der Unterführung des Personentunnels im Duisburger Hauptbahnhof 62
10. K. Albers: Untersuchungen an einer geschweißten Stütze für das Kreuzungsbauwerk am Bahnhof Altona 75
11. K. Albers und O. Jacobi: Einfluß von Doppelungen auf die Festigkeit 87
12. N. Ludwig und K. Boxhammer: Zur Ermittlung der Reibungszahl bei trockener gleitender Reibung mit kleinen Gleitgeschwindigkeiten und Flächendrücken 91

UNTERSUCHUNGEN ÜBER GUSSEISEN FÜR HÖHERE TEMPERATUREN[1]

Von O. Werner

A. Einleitung

Das Wachsen des Gußeisens ist seit einer langen Reihe von Jahren Gegenstand ausgedehnter Untersuchungen gewesen. Neben älteren Arbeiten von A. E. Outerbridge [1][2], H. F. Rugan und H. C. H. Carpenter [2], J. H. Hurst [3], J. H. Andrew und H. Heymann [4], M. Okochi und N. Sato [5], T. Kikuta [6], P. Oberhöffer und E. Piwowarsky [7], C. Benedicks und H. Löfquist [8], die sich allgemein mit den Ursachen des Wachstums von Gußseien beschäftigen sowie von J. H. Andrew und R. Higgins [9], H. C. H. Carpenter [10], J. H. Hurst [3], J. Durand [11], W. Campbell und J. Glassford [12], J. E. Stead [13], O. Bauer und K. Sipp [14], W. Schwinning und H. Flößner [15], J. H. Andrews [16] und J. W. Donaldson [17], die vorwiegend die Bedeutung der verschiedenen Einflußgrößen wie Temperatur, Legierungszusammensetzung, Verunreinigungen, Gasgehalt u. dergl. untersuchen, sind vor allem die umfassende Arbeit von F. Wüst und O. Leihener [18] sowie zusammenfassende Darstellungen wie die von E. Piwowarsky [19] und von P. Bardenheuer [20] zu nennen. Besonders klar ist ferner auch die Formulierung der an ein wachstumsfestes Gußeisen zu stellenden Forderungen durch R. Mitsche und O. v. Keil [21]. Eine ausführliche Darstellung der theoretischen Grundlagen der Wachstumserscheinungen erfolgt im Zusammenhang mit der Besprechung der Versuchsergebnisse.

B. Ziel der Arbeit und Versuchsplan

In der vorliegenden Arbeit[3] sollte die Frage beantwortet werden, wie weit es möglich ist, ein wachstumarmes, chromlegiertes Gußeisen, welches sich als Baustoff für Vorwärmer in Dampfkesselanlagen bewährt hat, durch ein Gußeisen zu ersetzen, welches keine Sparmetalle enthält.

Auf Grund der aus dem Schrifttum zu entnehmenden Erfahrungen wurden außer dem bisher verwendeten etwa 1%igen Chromguß noch zwei verschieden hoch legierte aluminiumhaltige Gußeisensorten sowie ein höher legierter Siliziumguß[4] untersucht. Zur Prüfung des Wanddickeneinflusses wurden von jeder Gußeisensorte zwei verschiedene Probendicken (20 mm und 10 mm bzw. 10 mm und 6,8 mm) untersucht. Neben dem Wachstumsverhalten bei Pendelglühungen und Dauerglühungen an Luft bei Glühtemperaturen 450°, 550° und 650° C wurde auch das Verhalten der Werkstoffe bei Dauerglühungen im Vakuum bei 650° C untersucht. Ferner wurde die chemische Zusammensetzung bestimmt und eine metallographische Gefügeuntersuchung vorgenommen. Schließlich wurden noch die mechanisch-technologischen Eigenschaften der verschiedenen Gußeisensorten (Zugfestigkeit, Biegefestigkeit und Durchbiegung) sowie ihre Änderung unter dem Einfluß der Glühbehandlung ermittelt.

Eine gewisse Begrenzung erfährt insbesondere die mechanisch-technologische Untersuchung der Werkstoffe dadurch, daß der Berichterstatter keinen Einfluß auf die Art der Probenherstellung hatte. Die Probenherstellung erfolgte bei zwei Firmen, A. und B., wobei die Proben von A. aus Cr-Guß und Al-Güssen in Form von Rundstäben von 270 mm Länge und 20 bzw. 10 mm Durchmesser, die Proben von B. aus Si-Guß in Form von Flachstäben mit den Abmessungen (300×60×20 bzw. 300×10×20 mm) geliefert wurden. Die letztgenannten Proben waren aus fertigen Vorwärmern herausgearbeitet worden. Ferner war die Zahl der Proben sehr begrenzt, so daß für die einzelnen Untersuchungen jeweils nur ein einzelner Probestab zur Verfügung stand. Dieser Umstand machte sich insofern unangenehm bemerkbar, als einzelne Stäbe, die infolge Lunkerbildung, z. B. bei den Zugversuchen, ausgefallen waren, kaum ersetzt werden konnten. Ferner ermöglichen die Ergebnisse der mechanisch-technologischen Untersuchungen nur einen Vergleich innerhalb der in der vorliegenden Arbeit untersuchten verschiedenen Gußeisensorten, da die Biegestäbe nur eine Länge von 200 mm hatten und somit hinsichtlich der an ihnen ermittelten Biegefestigkeits- und Durchbiegungswerte nicht mit dem Ergebnis anderer an den sonst üblichen 650 mm langen und 30 mm dicken Stäben ermittelten Werte verglichen werden können. Schließlich muß darauf hingewiesen werden, daß auch innerhalb des zur Verfügung stehenden Versuchsmaterials selbst der Vergleich der mechanisch-technologischen Daten gewisse Schwierigkeiten bereitet, da die an Rundstäben bestimmte Durchbiegung und Biegefestigkeit nicht ohne weiteres mit den entsprechenden, an Flachstäben ermittelten Werten verglichen werden kann.

Die zu den Wachstumsversuchen an Luft verwendeten Proben hatten eine Länge von 135 mm. In einer Entfernung von 5 mm von den beiden Probenenden waren durchgehende Niete aus Nichrotherm eingesetzt worden. Diese trugen auf der Oberseite und auf der Unterseite des Stabes Strichmarken, deren Abstandsänderungen unter dem Einfluß der Glühbehandlung mit Hilfe eines Komparators mit einer Ablesegenauigkeit von $1/1000$ mm gemessen wurden. Durch Messung der Längenänderungen auf der Oberseite und auf der Unterseite des Stabes wurde der Einfluß von Verziehungen als Folge des Wachstums ausgeschaltet. Die Proben befanden sich in einem auf die Versuchstemperatur eingeregelten Silitstabofen in einer mit Deckel verschlossenen Glühkiste. Hierdurch wurde zwar der Luftzutritt nicht völlig gehemmt, jedoch übermäßige Verzunderung der Stäbe bei der höheren Glüh-

---

[1] Erschien auch in Mitteilungen d. Vereinigung d. Großkesselbesitzer Heft 86/87 (1942) S. 41/53.

[2] Das Schrifttum-Verzeichnis befindet sich am Schluß.

[3] Die Versuche wurden mit Unterstützung von Frl. C. Mäkelt ausgeführt.

[4] Dieser Silizium-Guß ist von Gießerei-Direktor Hammermann der Firma L. & C. Steinmüller, Gummersbach, entwickelt worden.

temperatur vermieden. Bei den Pendelglühungen wurden die Stäbe in den vorgewärmten Ofen eingesetzt, auf die Versuchstemperatur erhitzt, dort 5 h lang gehalten und schließlich im Ofen erkalten gelassen und dann gemessen. Bei den Dauerglühungen wurden die Proben bei den Versuchstemperaturen jeweils 8×24 h lang geglüht und nach dem Erkalten in der angegebenen Weise gemessen.

Die Wachstumsversuche im Vakuum wurden mit Hilfe eines Dilatometers der Bauart Leitz-Bollenrath mit optischer Registrierung unter Verwendung einer Zeitkassette ausgeführt. Die Proben von den Abmessungen 50×3 mm wurden zunächst in den kalten Ofen eingesetzt und in einer Zeit von 60 min auf die Versuchstemperatur (650° C) gebracht. Die Dauer der isothermen Erhitzungen der einzelnen Proben im Vakuum betrug etwa 30 bis 50 h. Bei den zu stärkerem Wachstum neigenden Proben I bis IV war der Endzustand nach dieser Zeit noch nicht erreicht, doch ist der Kurvenverlauf innerhalb der Versuchszeit zur Kennzeichnung des unterschiedlichen Verhaltens der verschiedenen Gußeisensorten völlig ausreichend.

Die zur Bestimmung des Wachstums verwendeten Probenstäbe von 135 mm Länge wurden nach Beendigung dieser Versuche zu Zugproben nach DIN DVM A 109, Form A, verarbeitet. Die aus den 20 mm dicken Rundstäben hergestellten Zugproben hatten einen Nenndurchmesser von 12,5 mm, die aus den 10 mm dicken Rundstäben hergestellten Zugproben hatten einen Nenndurchmesser von 6 mm. Zusammen mit den für die Längenmessungen verwendeten 135 mm Probestäben wurden jeweils auch die später zu den Biegeversuchen zu verwendenden Biegestäbe von 200 mm Länge in den Ofen eingesetzt. Die Biegeversuche wurden in Anlehnung an DIN DVM A 110 in einer 2 t Biegeprüfmaschine ausgeführt. Die Stützweite betrug 150 mm, der Durchmesser des Druckstücks betrug 36 mm, der der Auflagerollen 30 mm. Die Durchbiegung wurde mit einer Zeißuhr in 0,01 mm abgelesen. Zum Ausgleich von Versetzungen und Unrundungen wurde der Durchmesser der Stäbe in zwei zueinander senkrechten Stellungen gemessen und die Messungen auf 0,5 mm abgerundet. Die Proben hatten etwa folgende Querschnitte:

1. 20 mm rund } Cr-Guß und Al-Güsse
2. 10 mm rund }
3. 10×20 mm } Si-Guß
4. $6,5 \times 20$ mm }

Aus den nach den Biegeversuchen abfallenden Reststücken der Flachstäbe wurden die Flach-Zugstäbe herausgearbeitet, da nicht genügend Material für die Herstellung besonderer Flachzugstäbe vorhanden war.

Die Proben waren folgendermaßen bezeichnet:

1%iger Chrom-Guß: Nr. 1 Probendicke 20 mm
    „ 2 „ 10 mm
5%iger Al-Guß: „ 3 „ 20 mm
    „ 4 „ 10 mm
8,6%iger Al-Guß: „ 5 „ 20 mm
    „ 6 „ 10 mm
6,8%iger Si-Guß: „ 7 „ 6,5 mm
    „ 8 „ 10 mm

C. Ergebnisse der Versuche

1. Ergebnis der chemischen Analyse

Das Ergebnis der chemischen Analyse der im Anlieferungszustand untersuchten Proben ist in der folgenden Zahlentafel 1 enthalten.

Zahlentafel 1.
Analyse der Proben im Anlieferungszustand (in %)

Legierung	1% Cr		5% Al		8,6% Al		6,8% Si	
Probenbezeichnung	1	2	3	4	5	6	7	8
Probendicke	20 mm	10 mm	20 mm	10 mm	20 mm	10 mm	6 mm	10 mm
Gesamt-Kohlenstoff	3,33	3,37	3,28	3,24	2,87	2,83	1,83	1,83
Graphit	1,59	0,66	2,88	2,37	1,51	1,39	1,78	1,77
Gebundener Kohlenstoff	1,74	2,71	0,40	0,87	1,36	1,44	0,05	0,06
Silizium	1,95	1,85	1,91	1,91	1,90	1,92	6,78	6,78
Mangan	0,42	0,43	0,41	0,41	0,41	0,43	0,33	0,34
Phosphor	0,50	0,53	0,51	0,52	0,50	0,50	0,096	0,096
Schwefel	0,14	0,14	0,90	0,072	0,050	0,034	0,069	0,068
Chrom	**0,99**	**0,99**	—	—	—	—	—	—
Aluminium	—	—	**5,03**	**4,95**	**8,46**	**8,92**	—	—

Der Gehalt der 8 Proben an den kennzeichnenden Legierungselementen ist in Zahlentafel 1 durch fetten Druck hervorgehoben.

Der Dickeneinfluß der Proben macht sich wesentlich nur in dem unterschiedlichen Gehalt an Graphit bzw. an gebundenem Kohlenstoff und hier vorwiegend auch nur bei den drei ersten Probenpaaren geltend. Die schneller abgeschreckten, dünneren Proben enthalten im allgemeinen etwas **weniger Graphit und etwas mehr gebundenen Kohlenstoff** als die dickeren Proben. Hervorzuheben ist der sehr geringe Gehalt an gebundenem Kohlenstoff bei den beiden letzten, siliziumreichen Gußeisensorten, die praktisch rein ferritisch sind. Dies steht in Übereinstimmung mit der bekannten Tatsache, daß steigende Siliziumgehalte die Temperaturgrenzen der Graphitisierung herabsetzen, d. h. daß die Graphitbildung auf Kosten des gebundenen Kohlenstoffs befördert wird.

Die Verminderung des Lösungsvermögens von Eisen für Kohlenstoff in Abhängigkeit vom Siliziumgehalt kann in Anlehnung an F. Wüst und O. Petersen [22] durch die Formel

$$C = 4,23 - \frac{Si}{3,2}$$

dargestellt werden; den Quotienten

$$\frac{C}{4,23 - \frac{Si}{3,2}}$$

bezeichnet man als Sättigungsgrad. Dieser soll für hochwertiges Gußeisen unter 0,95 liegen, da andernfalls mit dem Auftreten von Garschaumgraphit gerechnet werden muß. Berechnet man ohne Berücksichtigung der sonstigen Legierungselemente den Sättigungsgrad für die untersuchten 8 Proben, so erhält man die in der folgenden Zahlentafel 2 zusammengestellten Werte:

Zahlentafel 2.
Sättigungsgrad der 8 untersuchten Gußeisenproben

	1	2	3	4	5	6	7	8
Gesamt-Kohlenstoff %	3,33	3,37	3,28	3,24	2,87	2,83	1,83	1,83
Silizium %	1,95	1,85	1,91	1,91	1,90	1,92	6,78	6,78
Sättigungsgrad	0,92	0,92	0,90	0,89	0,79	0,78	0,87	0,87

Zahlentafel 3. Ergebnis der Dauerglühungen an Luft bei 450°, 550°, 650° C. Längenänderung in %

Glühtemperatur	1% Cr		5% Al		6,8% Al		6,8% Si	
	1.	2.	3.	4.	5.	6.	7.	8.
190 h bei 450° C	+0,015	+0,007	+0,006	—0,014	—0,003	+0,002	—0,025	—0,021
190 h bei 550° C	+0,31	+0,22	+0,070	+0,230	+0,040	+0,048	—0,018	—0,026
190 h bei 650° C	+0,43	+0,54	+0,051	+0,16	+0,011	+0,030	—0,014	—0,006

Zahlentafel 4. Ergebnis von 10 Pendelglühungen an Luft bei 450°, 550°, 650° C. Längenänderung in %

Glühtemperatur	1% Cl		5% Al		6,8% Al		6,8% Si	
	1	2	3	4	5	6	7	8
10 mal 5 h bei 450° C	0	0	+0,038	+0,033	—0,007	—0,012	—0,091	—0,016
10 mal 5 h bei 550° C	+0,037	+0,008	+0,009	+0,026	+0,013	+0,007	+0,002	—0,009
10 mal 5 h bei 650° C	+0,29	+0,32	+0,11	+0,29	+0,046	+0,022	—0,021	—0,004

2. Ergebnis der Wachstumsversuche

Die Art der Versuchsdurchführung bei diesen Versuchen ist bereits einleitend beschrieben worden. Das Ergebnis der Dauerglühungen an Luft ist in der folgenden Zahlentafel 3 enthalten.

Die graphische Zusammenstellung der Versuchsergebnisse ist in Bild 1 enthalten.

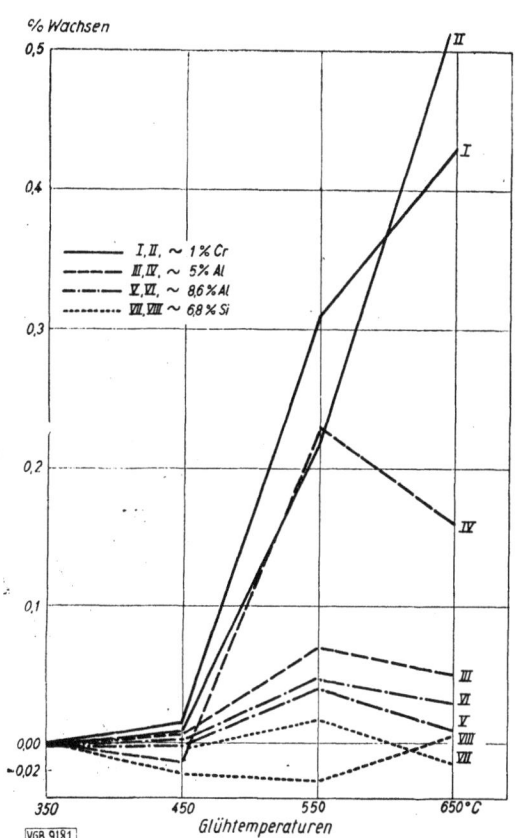

Bild 1. Einfluß von Dauerglühungen bei verschiedenen Temperaturen (an Luft) auf das Wachstum verschiedener Gußeisensorten

In der folgenden Zahlentafel 4 sind die Endergebnisse von je 10 Pendelglühungen an Luft an dem gleichen Probematerial zusammengestellt.

Bild 2 enthält in graphischer Darstellung den vollen Verlauf der Wachstumskurven für die Pendelglühungen an Luft bei 650° C. Die Längenänderungen bei 450° und 550° C sind so gering, daß sie vielfach innerhalb der Meßfehler liegen [5].

Gut meßbare Längenänderungen würden bei diesen beiden Temperaturen, wenn überhaupt, so erst nach einer wesentlich größeren Zahl von Pendelungen auftreten. Für den Zweck der vorliegenden, vergleichenden Untersuchung genügt die verhältnismäßig geringe Zahl von Pendelungen. Im Zusammenhang mit dem in Bild 2 gezeichneten Kur-

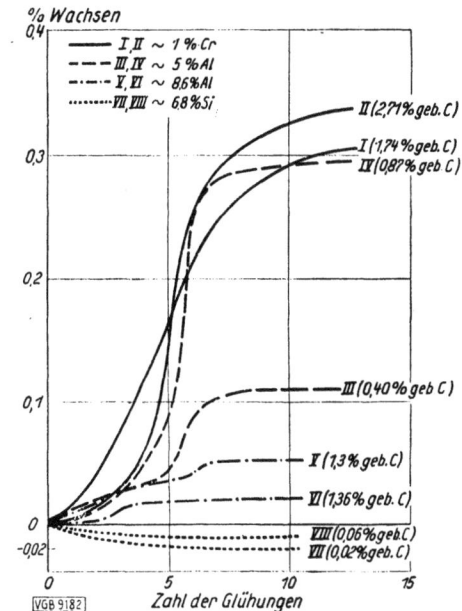

Bild 2. Einfluß von Pendelglühungen (an Luft) auf das Wachstum verschiedener Gußeisensorten

venverlauf sei schon jetzt darauf hingewiesen, daß das Wachsen der Proben augenscheinlich nicht sofort, sondern erst nach einer gewissen Anlaufzeit einsetzt. Auf die mögliche Deutung dieser von den Glühungen im Vakuum sich grundsätzlich unterscheidenden Erscheinung wird in den theoretischen Erörterungen im Anschluß an die Vakuumglühversuche näher eingegangen werden. Zahlen-

---

[5] Die dritte Dezimale ist unsicher.

tafel 5 enthält das Ergebnis der Vakuumglühversuche bei 650° C.

Zahlentafel 5.
Ergebnis der Vakuumglühversuche bei 650 C°.
Längenänderung in %

	1% Cr		5% Al		8,6% Al		6,8% Si	
	1	2	3	4	5	6	7	8
~30 h Vakuumglühung bei 650° C	+0,378	+0,360	+0,130	+0,250	0	0	0	0

Eine graphische Darstellung der Versuchsergebnisse ist in Bild 3 enthalten. Es fällt beim Vergleich mit Bild 2 auf, daß

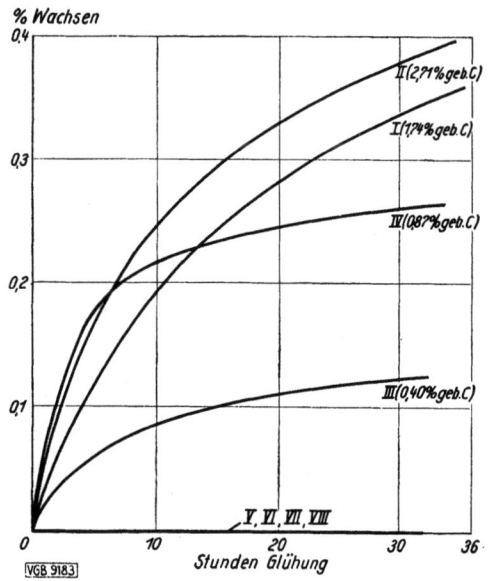

Bild 3. Prozentuale Längenänderungen bei isothermer Erhitzung der Proben im Vakuum bei 650° C

1. eine sog. Anlaufzeit bei den Vakuumglühungen nicht beobachtet wird, vielmehr setzt das Wachstum sofort mit verhältnismäßig steilem Anstieg (je nach der Legierungsart) ein, um später langsam einem End-

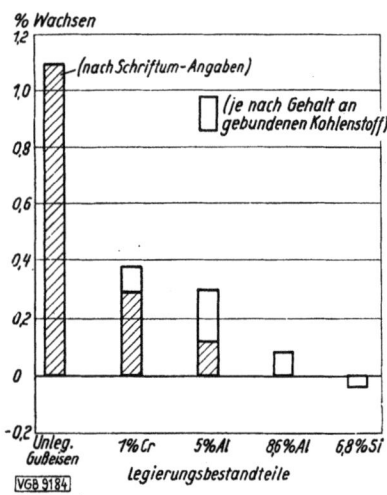

Bild 4. Einfluß von Pendelglühungen an Luft (10 × 5 Stunden) bei 650° C in Abhängigkeit von der Legierung

wert zuzustreben. Das Ausmaß des Wachstums ist annähernd das gleiche wie bei den Pendelglühungen an Luft.

2. die Proben 5 bis 8, die auch bei den Pendelglühungen nach Zahlentafel 4 bzw. Bild 2 entweder nur ein geringes Wachstum oder sogar eine Längenabnahme ergeben hatten, bei den Vakuumglühungen praktisch keine Längenänderungen ergaben.

Der in den erwähnten beiden Punkten sich äußernde Unterschied zwischen den Pendelglühungen an Luft und den Vakuumglühungen dürfte wohl in erster Linie als ein Einfluß des Luftsauerstoffs zu deuten sein. In Bild 4 ist das vorläufige Gesamtergebnis der Wachstumsversuche nochmals (unter Verwendung der Pendelglühungen an Luft bei 650° C) in Abhängigkeit von der Legierungszusammensetzung zusammengestellt und dem Ergebnis ähnlicher aus dem Schrifttum zu entnehmender Versuche an unlegiertem Gußeisen gegenübergestellt. Die Verminderung der Wachstumsneigung des Gußeisens unter der Wirkung der Legierungszusätze ist klar erkennbar. Ferner ist auch aus Bild 4 zu entnehmen, daß hinsichtlich der Verminderung der Wachstumsneigung der mit 1% Chrom legierte Guß keineswegs das Optimum darstellt, daß vielmehr der 8,6%ige Aluminiumguß sowie vor allem der mit 6,8% Si legierte Guß dem Chromguß in dieser Hinsicht noch merklich überlegen sind. Ein Schlußergebnis für die Beantwortung der Frage, ob es möglich oder zweckmäßig ist, den chromlegierten Guß durch einen andersartig legierten Guß zu ersetzen, kann jedoch erst nach Kenntnis der Ergebnisse der mechanisch-technologischen Versuche gezogen werden.

Bevor auf diese Versuche näher eingegangen werden kann, müssen zunächst noch einige allgemeine und grundsätzliche Bemerkungen über die Ursachen des Wachstums des Gußeisens und die Möglichkeiten zu seiner Beseitigung eingeschoben werden.

3. Die Ursache des Wachstums des Gußeisens vom Standpunkte der Theorie

Die primäre Ursache des Wachstums des Gußeisens ist in dem Zerfall des metastabilen Eisenkarbids Fe_3C in Eisen und Graphit zu suchen. Dieser Zerfall verläuft mit positiver Wärmetönung nach folgender Gleichung:

$$Fe_3C = 3 Fe + C + 5,4 \text{ kcal},$$

d. h. aus einem Mol Eisenkarbid entstehen 3 Atome Eisen und 1 Atom Kohlenstoff (Temperkohle oder Graphit). Setzt man (etwa nach dem Vorgang von P. Bardenheuer [20]) für die verschiedenen Komponenten dieser Zerfallsreaktion die entsprechenden spezifischen Gewichte sowie die zugehörigen Atom- bzw. Molekulargewichte ein:

Fe_3C : d = 7,72   M = 179,52
3 Fe : d = 7,86   M = 3 × 55,84 = 167,52
C (Graphit) : d = 2,1   A = 12,00

so kann man aus diesen Zahlen die beim Zerfall von 1 Mol Eisenkarbid theoretisch zu erwartende lineare Längenzunahme berechnen. Diese beträgt 4,97%. Für ein rein perlitisches Gußeisen mit 0,9% gebundenem Kohlenstoff beträgt die theoretisch zu erwartende Längenzunahme demnach 0,67%.

In der folgenden Zahlentafel 6 sind in ähnlicher Weise die unter Berücksichtigung des chemisch bestimmten Gehaltes an gebundenem Kohlenstoff theoretisch nach genügend langen Glühzeiten zu erwartenden maximalen Längenänderungen berechnet worden. Zugleich enthält Zahlentafel 6 die nach 8tägiger Dauerglühbehandlung tatsächlich noch vorhandenen Mengen an gebundenem Kohlenstoff und die diesem Gehalt entsprechenden theoretisch

Zahlentafel 6. **Vergleich zwischen theoretisch berechnetem und versuchsmäßig bestimmtem Wachstum**

Probe Nr.	1 Gebundener Kohlenstoff im Anlieferungszustand in %	2 Gebundener Kohlenstoff nach 8 × 24 h Dauerglühung bei 650° C in %	3 Änderung der Menge des gebundenen Kohlenstoffs als Folge der Dauerglühung in %	4 Bei genügend langer Glühdauer theoretisch zu erwartende Längenänderung in %	5 Theoretisches Wachstum, entsprechend der Änderung des gebundenen Kohlenstoffs nach Spalte 3 in %	6 Versuchsmäßig best. Wachstum bei 650° C in %
1	1,74	0,74	—1,00	+1,26	+0,74	+0,43
2	2,71	2,33	—0,38	+2,14	+0,28	+0,54
3	0,40	0,29	—0,11	+0,30	+0,08	+0,05
4	0,87	0,51	—0,36	+0,65	+0,27	+0,16
5	1,36	1,41	+0,05	+0,95	—0,04	+0,01
6	1,44	1,63	+0,19	+1,04	—0,12	+0,03
7	0,05	0,11	+0,06	+0,040	—0,05	—0,01
8	0,06	0,02	—0,04	+0,045	+0,03	—0,006

+ = Wachsen. — = Verkürzen.

zu erwartenden Längenänderungen zusammen mit den tatsächlich gemessenen Längenänderungen.

Der Vergleich der Spalten 5 und 6 in Zahlentafel 6 zeigt, daß die der Änderung des gebundenen Kohlenstoffs nach Spalte 3 entsprechenden theoretisch zu erwartenden Längenänderungen experimentell, wenigstens größenordnungsmäßig, auch gefunden worden sind. Eine genaue zahlenmäßige Übereinstimmung zwischen Rechnung und Experiment kann auch kaum erwartet werden, da 1. die Rechnung nicht den Einfluß der außer dem Eisen und dem Eisenkarbid noch vorhandenen Legierungselemente berücksichtigt, und da 2. bei der chemischen Bestimmung des gebundenen Kohlenstoffs kein Unterschied zwischen g e b u n d e n e m und g e l ö s t e m Kohlenstoff möglich ist. Für den Karbidzerfall kommt nur der wirklich in Form von Fe_3C gebundene Kohlenstoff in Frage, während in den Zahlenangaben der Spalten 1 bis 3 möglicherweise noch gewisse Beträge an gelöstem Kohlenstoff enthalten sind.

Beim Vergleich der Spalten 1 und 2 bzw. 3 in Zahlentafel 6 fällt auf, daß bei den Proben 5 und 6[6] nicht nur die theoretisch erwartete Abnahme des gebundenen Kohlenstoffs als Folge der Glühbehandlung n i c h t eingetreten ist, sondern daß vielmehr als Folge der Glühbehandlung sogar noch eine Zunahme des gebundenen Kohlenstoffs beobachtet wird. Diese zunächst einigermaßen überraschende Tatsache dürfte voraussichtlich mit einer Änderung der Stabilitätsverhältnisse des Eisenkarbids unter der Einwirkung des hohen Aluminiumgehaltes der Proben 5 und 6 (8,46% und 8,92% Al) zu erklären sein.

Die Zunahme des gebundenen Kohlenstoffs als Folge der Glühbehandlung, die metallographisch unmittelbar sichtbar gemacht werden kann[7], bedeutet, daß bei diesem hoch Al-haltigen Legierungstypus, ähnlich wie bei den Legierungen mit stabilen Sonderkarbidbildnern, z. B. Chrom, Molybdän oder Vanadin, der Kohlenstoff entweder ganz oder teilweise (evtl. unter Doppelkarbidbildung) an das Legierungselement Aluminium übergeht, wodurch selbstverständlich völlig neue Stabilitätsverhältnisse eintreten. Die oben für den Zerfall des Eisenkarbids angegebene Zerfallsgleichung hat unter diesen Umständen keine Gültigkeit mehr. Das Dreistoffsystem Eisen-Aluminium-Kohlenstoff, bzw. das Vierstoffsystem Eisen-Aluminium-Silizium-Kohlenstoff ist leider noch nicht genügend bekannt, um über die Natur der etwa oberhalb 5 bis 6% Aluminium entstehenden Phase eine Aussage machen zu können.

Immerhin dürfte aber die hier gemachte Feststellung über die Zunahme des gebundenen Kohlenstoffs bei Aluminiumgehalten über 6% mit einer Beobachtung von H. S a w a m u r a [23] in Zusammenhang stehen, wonach die Temperaturgrenzen der Graphitisierung mit steigendem Aluminiumgehalt ein Minimum durchlaufen. Nach H. Sawamura wird oberhalb 4,5% Aluminium eine Zunahme des gebundenen Kohlenstoffs festgestellt. Bild 5

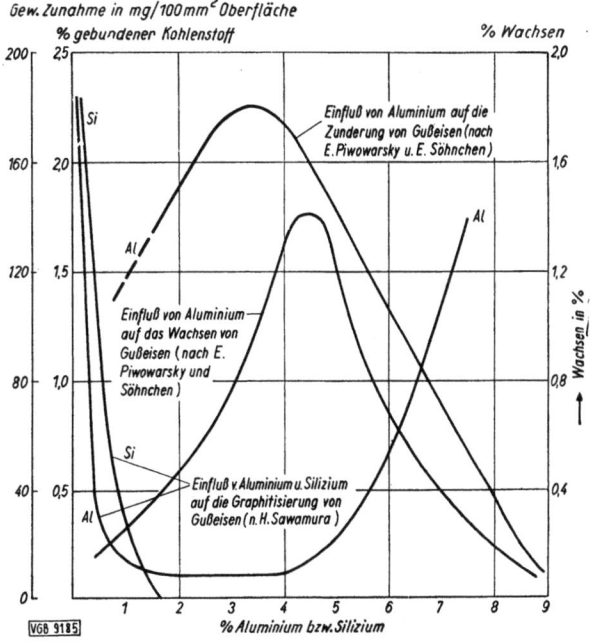

Bild 5. Einfluß des Si- und Al-Gehaltes auf die Wachstumsneigung

enthält deshalb neben der für die graphitisierende Wirkung des Siliziums geltenden Kurve auch die Kurve der Graphitisierungswirkung des Aluminiums in Abhängigkeit vom Aluminiumgehalt (beide Kurven nach Angaben von H. Sawamura) [8].

Entsprechend diesem Minimum nicht nur der Karbidmenge, sondern wohl auch der Karbidstabilität, beobachteten E. Piwowarsky und E. Söhnchen [24] ein Maximum des Wachsens des Gußeisens bei Aluminiumgehalten von etwa 4% und ebenso auch ein Maximum der Zunderung

---

[6] Die Menge des gebundenen Kohlenstoffes bei den Proben 7 und 8 ist so gering, daß die nach der Glühbehandlung gefundenen Änderungen z. T. schon innerhalb der durch Analysenfehler und Seigerungen bedingten Streuungen liegen.

[7] Vgl. Bild 10.

[8] Der Kurvenverlauf ist schematisch gezeichnet und erfährt je nach dem Gehalt an Gesamtkohlenstoff gewisse Änderungen!

Zahlentafel 7. **Einfluß des Porositätsgrades auf das Wachstum unlegierten Gußeisens nach Versuchen von F. Wüst und Leihener [18].**

Probe Nr.	Gesamt-Kohlenstoff %	Gebundener Kohlenstoff %	Si %	Mn %	P %	S %	Wachstum nach 50 Glühungen bei 600° C %	Theoret. max. zu erwartendes Wachstum %	Angaben über Porositätsgrad	Herstellungsverfahren
5	2,98	0,59	2,28	0,67	0,23	0,03	1,88	0,64	sehr porös	Öltiegelofen
37	2,86	0,84	0,50	0,75	0,50	0,12	0,06	0,91	dicht	Flammofen

von Gußeisen bei etwa 3,5% Al, d. h. oberhalb 3,5 bzw. 4% nimmt sowohl die Zunderung als auch das Wachsen des Gußeisens mit steigendem Aluminiumgehalt ab. Der in der vorliegenden Untersuchung festgestellte Abfall des Wachstums des Aluminium-legierten Gußeisens mit etwa 5% Al und besonders mit 8 bis 9% Al steht also in Übereinstimmung mit den Ergebnissen von E. Piwowarsky und E. Söhnchen und ist darüber hinaus auch nach den Ergebnissen von H. Sawamura zu erwarten.

Man muß demnach unterscheiden zwischen einer Verminderung des Wachstums als Folge wachsender Stabilität des Eisenkarbides (wenigstens innerhalb des untersuchten Temperaturbereichs) und der Verminderung des Wachstums als Folge der nahezu völligen Beseitigung des Eisenkarbids, wie sie bei den hoch mit Silizium legierten Gußeisensorten (Proben 7 und 8) vorliegt.

Die vorstehend etwas näher ausgeführten Überlegungen beziehen sich nur auf das Wachstum des Gußeisens, soweit es als Folge des Karbidzerfalls eintritt, d. h. in Abhängigkeit von der Menge des gebundenen Kohlenstoffs.

Nun ist aber nach allen neueren Versuchsergebnissen, soweit sie sich auf die Längenänderungen des Gußeisens bei Erhitzungen an Luft beziehen, zu entnehmen, daß neben dem Wachsen als Folge des Karbidzerfalls noch ein Wachsen als Folge des längs der Graphitlamellen eindringenden Luftsauerstoffs, d. h. als Folge einer Oxydation eintritt. Bei verhältnismäßig niedrigen Glühtemperaturen, etwa unterhalb A_1, überwiegt der Einfluß des Karbidzerfalls, bei merklich höheren Temperaturen, insbesondere oberhalb der Umwandlungstemperatur, überwiegt dagegen der Einfluß des Luftsauerstoffs.

Nach J. H. Andrews [16] kann man annehmen, daß der Angriff des Luftsauerstoffs in mehreren Stufen erfolgt. In der ersten Stufe verbrennt der Kohlenstoff (Graphit) zu Kohlensäure

$$C + O_2 = CO_2 \qquad (1)$$

Diese Umsetzung ist u. U. mit einer Schwindung verbunden und dürfte die Ursache für die etwa aus Bild 2 zu ersehende „Anlaufzeit" des Wachsens bei den an Luft geglühten Proben im Gegensatz zu den im Vakuum geglühten Proben sein, d. h. das Wachsen, welches als Folge des Karbidzerfalls, entsprechend den Versuchen im Vakuum, sofort einsetzen möchte, wird in seiner äußerlich meßbaren Wirkung bei den Glühungen an Luft zunächst durch das mit der Umsetzung nach Gl. 1 verbundene Schwinden überlagert.

Bei Temperaturen oberhalb 600° C kann dann nach den erwähnten Ansichten von J. H. Andrews (abgesehen vom Karbidzerfall) die entstandene Kohlensäure nach folgender Gleichung auf das Eisen einwirken:

$$3\,Fe + 4\,CO_2 = Fe_3O_4 + 4\,CO \qquad (2)$$

Beim Abkühlen unter 600° C kann ferner auch noch folgende Reaktion ablaufen:

$$3\,Fe + 4\,CO = Fe_3O_4 + 4\,C \qquad (3)$$

Das Wachsttum des Gußeisens an Luft ist also neben dem Karbidzerfall noch ursächlich mit der Entstehung von Fe_3O_4 verknüpft, wobei die Umsetzungen nach Gl. 2 und Gl. 3 beide in gleicher Richtung wirken.

Der Angriff des Luftsauerstoffs auf den Graphit wird um so stärker sein, je weniger dicht das Gußeisen ist und je gröber, bzw. je stärker untereinander zusammenhängend die Graphitadern sein werden. Von zwei Gußeisensorten, die sich nur durch die Art der Graphitverteilung und den Porositätsgrad unterscheiden, wird also die dichtere Probe mit der feineren Graphitverteilung ein geringeres Wachstum zeigen, als die andere Probe mit gröberer Graphitausbildung und höherer Porosität. Dies kann durch einige Daten belegt werden, die der Arbeit von F. Wüst und O. Leihener [18] entnommen sind (Zahlentafel 7).

Man erkennt aus dieser Zusammenstellung einmal, daß je nach dem Porositätsgrad sehr erhebliche Unterschiede im Wachstum beobachtet werden. Der Porositätsgrad selbst hängt wesentlich von der Gattierung, dem Schmelzverfahren und der Schmelztemperatur und den Abkühlungsbedingungen ab. Zum anderen dürfte das geringe Wachstum der Probe 37 auch auf den vergleichsweise niedrigen Siliziumgehalt (0,50%) zurückzuführen sein. Es geht aus dieser Zusammenstellung hervor, daß es gelingt, durch geeignete Gattierung und geeignete Maßnahmen bei der Herstellung (z. B. Schmelzüberhitzung zur Graphitverfeinerung) auch ein unlegiertes Gußeisen zu erschmelzen, welches wenigstens für nicht allzu hohe Temperaturen (600° C), genügend wachstumsbeständig ist.

Das hier über den Einfluß des Siliziums Gesagte steht scheinbar in Widerspruch zu den von anderer Seite gemachten Wachstumsversuchen. In Wirklichkeit sind aber nur mittlere Siliziumgehalte (von 1—2%) als schädlich anzusehen. Diese Tatsache kann auch aus dem überschläglichen Kurvenverlauf in Bild 5 entnommen werden. Bei kleinen Siliziumgehalten beginnend, nimmt mit steigendem Siliziumgehalt zunächst die Stabilität des Eisenkarbids ab, bzw. seine Zerfallsneigung und damit seine Wachstumsneigung zu. Erst wenn der Siliziumgehalt so groß wird, daß keinerlei Karbidbildung mehr möglich ist, ist auch der Anlaß zum Wachstum, soweit dies auf Karbidzerfall zurückzuführen ist, nicht mehr gegeben.

Eine besonders klare Darstellung der an ein wachstumfestes Gußeisen zu stellenden Forderungen ist in der Arbeit von R. Mitsche und O. v. Keil [21] gegeben. Hier wird besonders die Forderung der Wachstumfestigkeit bei höheren Temperaturen in den Vordergrund gestellt. Die ersten beiden von R. Mitsche und O. v. Keil aufgestellten Forderungen: Vermeidung von gebundenem Kohlenstoff und Vermeidung von Gefügeumwandlungen innerhalb der Betriebstemperaturen, beziehen sich auf die Zusammensetzung der Legierung. Diesen beiden Forderungen wird am besten die von den beiden Autoren vorgeschlagene Legierung mit hohem Siliziumgehalt gerecht. Mit steigendem Siliziumgehalt nimmt, wie bereits mehrfach ausgeführt, die Menge des gebundenen Kohlenstoffs ab, und zweitens wird infolge der mit steigendem Si-Gehalt erfolgenden Abschnürung des γ-Feldes im Eisen-Kohlenstoff-Diagramm die $\alpha-\gamma$ Umwandlung außerhalb des Bereichs der normalen Betriebstemperaturen verschoben. Die Grundmasse ist rein ferritisch.

Aluminium bis zu Gehalten von 10% Al erreicht. Ein Gußeisen mit 5% Silizium und 8% Aluminium zeigte nach den Patentangaben nach 5×4stündigem Erhitzen auf 1000° C weder Wachstum noch Zunderung.

Zusammenfassend kann also gesagt werden, daß die an den Legierungen 5 bis 8 erhaltenen Versuchsergebnisse

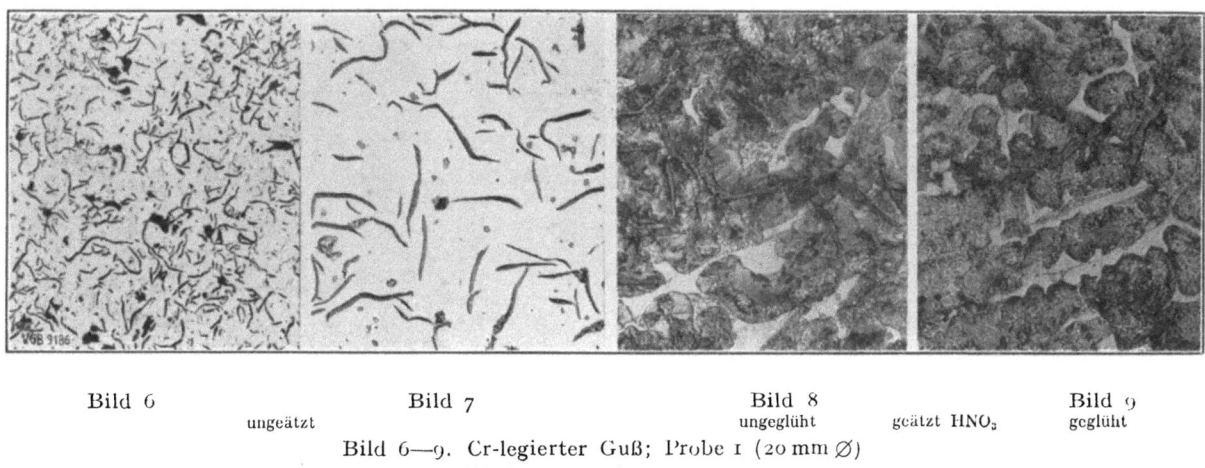

Bild 6   Bild 7   Bild 8   Bild 9
ungeätzt   ungeglüht   geätzt HNO₃   geglüht
Bild 6—9. Cr-legierter Guß; Probe 1 (20 mm ⌀)
Abb. 6   v = 100
Abb. 7—9 v = 400 } Verkl. auf ½

Eine Umkehrung der Karbidstabilität, wie dies bei den Legierungen mit hohem Aluminiumgehalt eintritt (vgl. Bild 5) wird dagegen bei den hoch siliziumhaltigen Legierungen nicht beobachtet.

Die beiden anderen Forderungen von R. Mitsche und O. v. Keil beziehen sich auf die Verfeinerung des Graphits und auf Erzielung einer mechanisch möglichst dichten Grundmasse. Die Erfüllung dieser Forderungen hängt z. T. wiederum von der Legierungszusammensetzung, z. T. aber auch vom Herstellungsverfahren und den Abkühlungsbedingungen ab. Allen vier Forderungen wird ein Gußeisen mit einem Siliziumgehalt von etwa 6% Si gerecht. Günstig wirkt sich ferner auch eine Erhöhung des Phosphorgehaltes auf etwa 0,5% P aus.

in bester Übereinstimmung mit der Theorie und mit den anderweitig gemachten Erfahrungen stehen.

4. Ergebnis der Gefüge-Untersuchungen

Die Ergebnisse der Gefügeuntersuchungen sind in den Bildern 6 bis 23 niedergelegt. Für jede Probe sind neben einer Aufnahme des Gefüges im ungeätzten Zustande bei schwächerer Vergrößerung (100×) jeweils noch eine gleiche Aufnahme bei stärkerer Vergrößerung (400×) sowie eine ähnliche Aufnahme, jedoch am geätzten Schliff, zusammengestellt. Diese Aufnahmen beziehen sich auf das Gefüge im Anlieferungszustande. Eine weitere Aufnahme zeigt die Veränderung des Gefüges nach 8×24stündiger Dauerglühung bei 650° C.

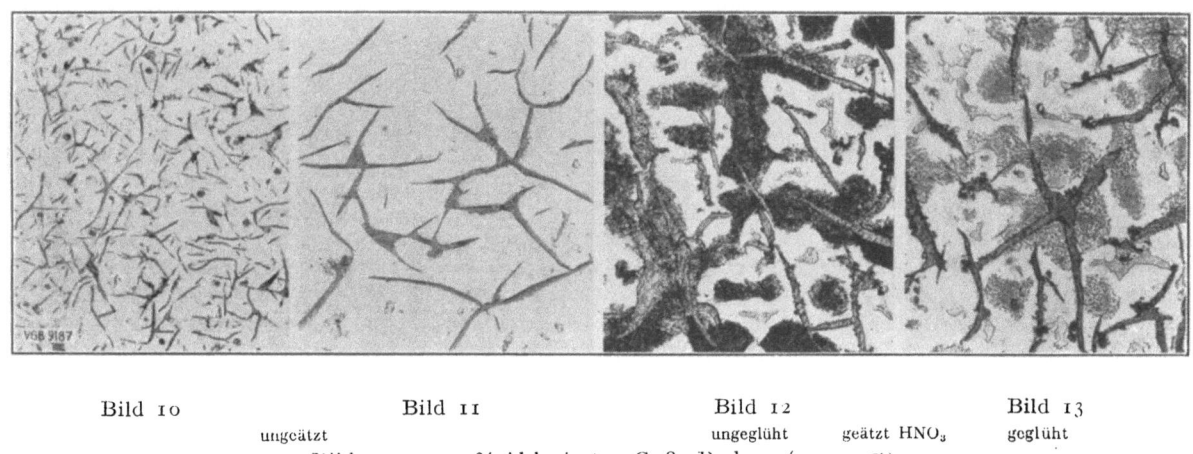

Bild 10   Bild 11   Bild 12   Bild 13
ungeätzt   ungeglüht   geätzt HNO₃   geglüht
Bild 10—13. 5% Al-legierter Guß; Probe 3 (20 mm ⌀)
Abb. 10   v = 100
Abb. 11—13 v = 400 } Verkl. auf ½

Die Versuchsergebnisse von R. Mitsche und O. v. Keil stehen in Übereinstimmung mit den in dem englischen Patent Nr. 323 076 vom Dezember 1929 gemachten Angaben über die Vermehrung der Wachstumsbeständigkeit des Gußeisens durch Erhöhung des Siliziumgehaltes auf 4% bis 10% Silizium. Eine weitere Verbesserung der Eigenschaften des Gußeisens wird durch Hinzulegieren von

Cr-legierter Guß

In den Bildern 6 und 7 erkennt man die Art der Graphitverteilung und Graphitausbildung von Probe 1. Bild 8 zeigt am geätzten Schliff eine vorwiegend perlitische Grundmasse mit Resten von Ledeburit. Bild 9 zeigt am Schliff der geglühten Probe eine ähnliche Gefügeausbildung, doch ist der in 8 noch erkennbare lamellare

Perlit bereits größtenteils körnig zusammengeballt und die beginnende Zersetzung ist angedeutet. Für eine volle Zersetzung des Perlits war die Glühtemperatur und Glühdauer noch nicht ausreichend wie auch aus der Änderung des gebundenen Kohlenstoffs nach Zahlentafel 6 hervorgeht.

Ausdruck. Bild 18 zeigt in starker Vergrößerung (1100×) besonders deutlich die Auflösung der Graphitlamellen in der Grundmasse und das Auftreten von körnigem Perlit auf den Ferritflächen. Die nach der Glühbehandlung auf den zunächst weißen Ferritflächen auftretenden Ausscheidungen zeigen ebenfalls die Kohlenstoffwanderung

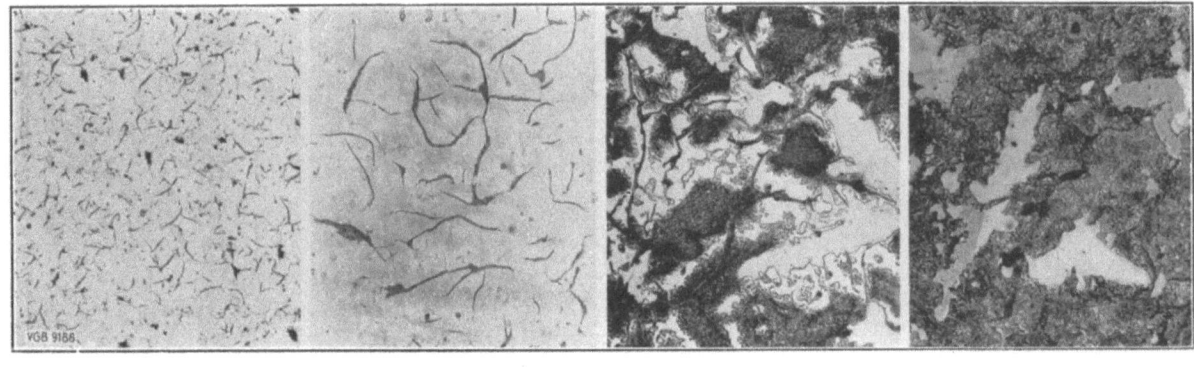

Bild 14 Bild 15 Bild 16 Bild 17
ungeätzt ungeglüht geätzt HNO₃ geglüht

Bild 14—17. 8% Al-legierter Guß; Probe 6 (10 mm ⌀)

Abb. 14   v = 100
Abb. 15—17 v = 400   } Verkl. auf ½

In ähnlicher Weise zeigten sich die Gefügeausbildung und -änderung der Probe 2.

Entsprechend der Verminderung des Probendurchmessers bei Probe 2 von 20 mm auf 10 mm ist erstens die Absolutmenge des Graphits vermindert (vgl. auch Zahlentafel 1) und zweitens die Graphitausbildung und -verteilung wesentlich feiner. Das Ledeburit-Eutektikum ist stärker ausgebildet. Die nach der Glühbehandlung einsetzende Auflösung der perlitischen Grundmasse war auch hier erkennbar.

5% Al-legierter Guß

In der gleichen Anordnung geben die Bilder 10 bis 13 die Gefügeausbildung vor und nach der Glühbehandlung der Probe 3. Die nach der Glühbehandlung einsetzende Perlitauflösung ist besonders in Bild 13 gut erkennbar. Die Grundmasse dieser Proben enthält schon beträchtliche Mengen Ferrit. Daneben ist in den Bildern 12 und 13 noch das eingesprengte Phosphid-Eutektikum zu erkennen. Auch bei diesen beiden Proben ist in Zusammenhang mit der verminderten Probendicke die Graphitausbildung der dünneren Probe 4 etwas feiner als die von Probe 3.

8% Al-legierter Guß

Den Gefügeaufbau der hoch aluminiumhaltigen (8% Al) Probe 6 zeigen die Bilder 14 bis 17. Das Bild 18 ist der Probe 5 entnommen.

Auch hier enthält die Grundmasse wieder viel Ferrit; daneben tritt, besonders gut erkennbar in Bild 16, ein neuer Gefügebestandteil auf, der auch schon von A. B. Everest [25] sowie von E. Piwowarsky und E. Söhnchen [24] beobachtet worden ist. Nach den letztgenannten Verfassern handelt es sich bei der „weißen Phase" wahrscheinlich um eine der im System Eisen-Aluminium auftretenden zahlreichen Verbindungen.

Die in Abschnitt 2 und 3 (Zahlentafel 6) beschriebene Abnahme des Graphits und die Zunahme des gebundenen Kohlenstoffs unter der Einwirkung der Glühbehandlung kommt besonders in den Bildern 16 und 17 sowie 18 zum

bzw. die Zunahme des gebundenen Kohlenstoffs an (vgl. Bild 17). Unverändert bleibt im wesentlichen anscheinend die erwähnte Eisen-Aluminium-Verbindung (vgl. Bild 17).

Si-legierter Guß

Die Bilder 19 bis 23 zeigen schließlich die Ausbildung des Gefüges der hoch siliziumhaltigen Probe 8. Die Grundmasse ist rein ferritisch, der Graphit zeigt vielfach die auch von R. Mitsche und O. v. Keil [21] beschriebene

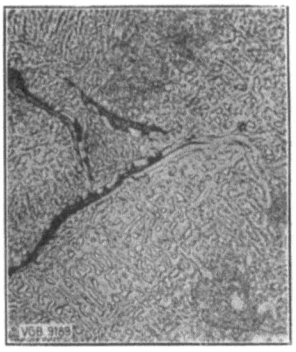

←——
In Auflösung begriffene Graphit-Lamellen.

graupelige Ausbildung. Das Bild 19 läßt besonders deutlich das Ferrit-Graphit-Eutektoid erkennen. Diese graupelige Ausbildung des Graphits, die die Folge einer weitgehenden Unterkühlung einer keimarmen Schmelze ist und die vom Standpunkte der Wachstumsverhinderung durchaus erwünscht erscheint, hat jedoch nach Versuchen von P. Bardenheuer und W. Bröhl [26] einen ungünstigen Einfluß auf die Festigkeitswerte. Durch geeignete keimführende Pfannenzusätze könnte diese vom Festigkeitsstandpunkte unerwünschte, als „Scheineutektikum" bezeichnete Graphitausbildung vermieden und die Festigkeit noch merklich gesteigert wer-

Bild 18. v = 1100, verkl. auf ½
8% Al-legierter Guß,
geglüht, geätzt HNO₃; Probe 5 (20 mm ⌀)

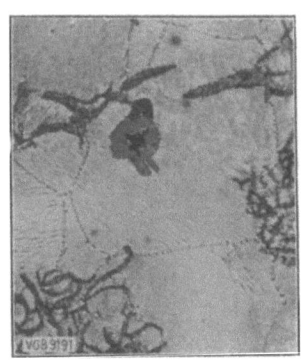

Bild 23. v = 1100, verkl. auf ½
Si-legierter Guß,
geglüht, geätzt HNO₃; Probe 8 (10 mm dick)

den, ohne nennenswerte Verschlechterung der Wachstumseigenschaften. Bemerkenswert ist, daß auch an diesen Proben nach der Glühbehandlung eine, wenn auch geringe Ausscheidung auf den Korngrenzen bzw. auf den Kornflächen beobachtet wird (vgl. Bild 23). Ob sich hier doch, d. h. im Gegensatz zu der bisher meist vertretenen Ansicht, eine leichte Umkehr der Karbidstabilität andeutet, oder ob es sich um Ausscheidungen anderer Art handelt, kann nicht ganz sicher entschieden werden.

Man gewinnt jedoch beim Vergleich von Bild 21 und 22 den Eindruck, als ob die Ausbildung der einzelnen Graphitnadeln bei der geglühten Probe etwas feiner ist, als bei der ungeglühten Probe. Dies würde in Übereinstimmung mit der chemisch-analytisch festgestellten leichten Abnahme des Graphits der geglühten Probe, von 1,82 auf 1,76 % C, stehen. Dieser Befund würde in der Tat den Gedanken an das Auftreten einer ganz schwachen Umkehr der Karbidstabilität bei den Proben mit höherem Siliziumgehalt nahelegen.

Das Auftreten von Ausscheidungen auf den Korngrenzen bei der geglühten Probe würde u. U. auch den im folgenden Abschnitt zu besprechenden leichten Abfall der Biegefestigkeit von Probe 8 als Folge der Glühbehandlung verständlich erscheinen lassen.

5. Bestimmung der mechanisch-technologischen Eigenschaften der untersuchten Proben

Die Versuchsbedingungen bei der Ausführung der Festigkeitsversuche sind bereits einleitend behandelt worden. Ebenso wurde dort auf die aus der mangelnden Probenzahl, der nicht normgerechten Länge der Biegestäbe und der Ungleichartigkeit der Probenformen (Rundstäbe und Flachstäbe) erwachsenden Schwierigkeiten hingewiesen. Die Zusammenstellung der Versuchsergebnisse ist in Zahlentafel 8 enthalten. Eine bildliche Wiedergabe der Versuchsergebnisse zeigt Bild 24.

Vergleicht man zunächst die Ergebnisse der Zugfestigkeitsbestimmung des Chromgusses mit den entsprechenden Werten für die drei anderen Legierungssorten, so sieht

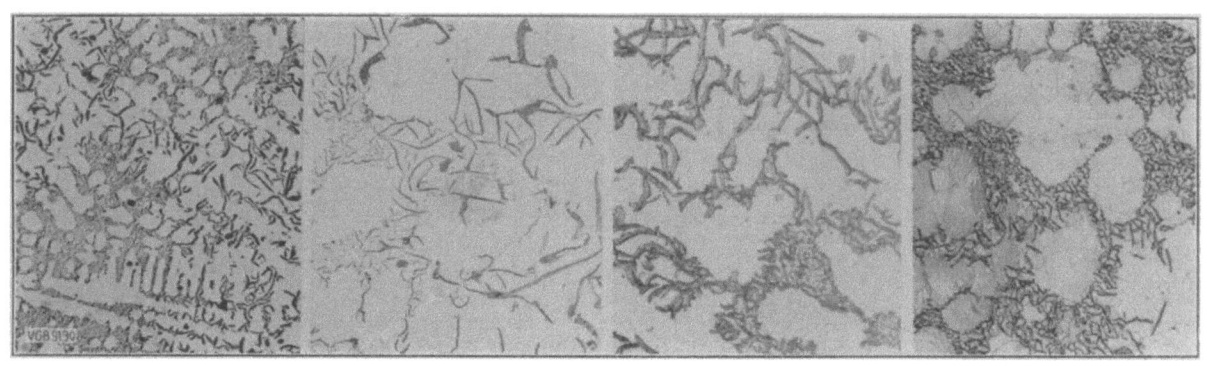

Bild 19   Bild 20   Bild 21   Bild 22
ungeätzt   ungeglüht   geätzt HNO₃   geglüht
Bild 19—22. Si-legierter Guß; Probe 8 (10 mm dick)
Abb. 19   v = 100
Abb. 20—22 v = 400   } Verkl. auf ½

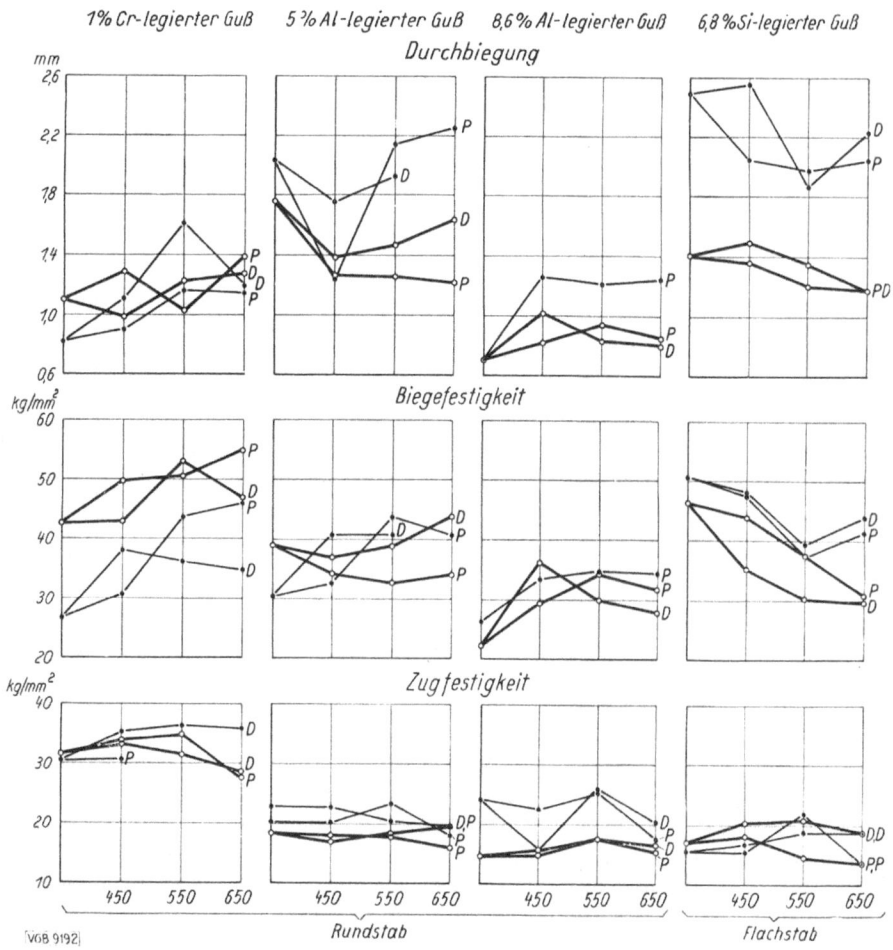

Bild 24. Änderung der Festigkeitseigenschaften der 8 Gußeisenproben in Abhängigkeit von der Glühbehandlung
P = Pendelglühung   D = Dauerglühung
○—○ Probedicke 20 mm (10 mm)   ●—● Probedicke 10 mm (6,5 mm)
Die eingeklammerten Probendicken beziehen sich auf den Flachstab

Zahlentafel 8. Zugfestigkeit, Biegefestigkeit und Durchbiegung der untersuchten 8 Proben in Abhängigkeit von der Glühbehandlung

Probe Nr.	Gußart	Proben-dicke	Glüh-temperaturen in °C	Zugfestigkeit σ_B kg/mm²		Biegefestigkeit σ_b kg/mm²		Durchbiegung f mm	
				Pendel-glühung	Dauer-glühung	Pendel-glühung	Dauer-glühung	Pendel-glühung	Dauer-glühung
1	1%iger Chromguß	20 mm ⌀	Anlieferung	31,5	31,5	42,5	42,5	1,10	1,10
			450	33,7	33,3	49,6	42,8	1,28	0,98
			550	34,9	31,6	50,4	53,0	1,02	1,22
			650	30,1	28,9	54,7	47,0	1,38	1,26
2		10 mm ⌀	Anlieferung	30,1	30,1	26,9	26,9	0,81	0,81
			450	30,6	35,2	30,8	38,0	0,89	1,10
			550	(15,3)	36,4	43,4	36,1	1,15	1,60
			650	(18,9)	36,0	45,8	34,9	1,13	1,08
3	5%iger Aluminium-guß	20 mm ⌀	Anlieferung	18,9	18,9	39,0	39,0	1,75	1,75
			450	18,1	17,1	34,4	37,0	1,26	1,38
			550	18,1	18,4	32,7	38,8	1,25	1,46
			650	16,1	17,2	34,2	43,7	1,21	1,63
4		10 mm ⌀	Anlieferung	20,5	20,5	30,4	30,4	2,03	2,03
			450	20,1	22,9	32,6	40,6	1,23	1,75
			550	23,1	20,5	43,5	40,6	2,13	1,92
			650	18,3	19,7	40,5	(22,9)	2,24	(1,10)
5	8,6%iger Aluminium-guß	20 mm ⌀	Anlieferung	14,7	14,7	22,1	22,1	0,70	0,70
			450	16,0	15,1	29,3	36,1	0,81	1,01
			550	17,8	17,5	34,4	29,9	0,94	0,83
			650	15,5	19,7	31,7	27,0	0,85	0,80
6		10 mm ⌀	Anlieferung	24,2	24,2	26,3	26,3	1,15	1,15
			450	16,6	22,9	33,2	—	1,25	—
			550	26,0	25,2	34,4	—	1,20	—
			650	20,5	17,5	34,4	31,5	1,23	0,98
7	6,8%iger Silizium-guß	6 × 20 mm	Anlieferung	15,7	15,7	50,3	50,3	2,47	2,47
			450	15,5	16,8	47,5	48,0	2,03	2,54
			550	21,7	18,8	37,5	39,4	1,96	1,85
			650	13,5	18,4	41,3	43,9	2,02	2,21
8		10 × 20 mm	Anlieferung	17,1	17,1	46,1	46,1	1,39	1,39
			450	18,3	20,6	43,7	35,3	1,47	1,35
			550	14,7	21,1	35,8	31,3	1,33	1,19
			650	13,5	18,9	30,8	29,8	1,16	1,15

Zahlentafel 9. Berechnung der Quotien aus Biegefestigkeit für den 1%igen Chromguß und den 6,8%igen Siliziumguß

Glühtemperatur °C	1%iger Chromguß, Dauerglühung ⌀ 20 mm			6,8%iger Siliziumguß, Dauerglühung, 1 × 20 mm		
	Zugfestigkeit kg/mm²	Biegefestigkeit kg/mm²	Biegefestigkeit / Zugfestigkeit	Zugfestigkeit kg/mm²	Biegefestigkeit kg/mm²	Biegefestigkeit / Zugfestigkeit
	durch Versuch bestimmt			durch Versuch bestimmt		
Anlieferung	31,5	42,5	1,35	17,1	46,1	2,69
450	33,3	42,8	1,28	20,6	35,3	1,71
550	31,6	53,0	1,68	21,1	31,3	1,48
650	28,9	47,0	1,62	18,9	29,8	1,57

man, daß erstens die Zugfestigkeit des Chromgusses z. T. mehr als doppelt so groß ist als die der mit Aluminium und Silizium legierten Proben. Hinsichtlich seiner Zugfestigkeit ist der Chromguß also den übrigen Legierungssorten bedeutend überlegen. Zweitens geht aus den Versuchen hervor, daß unter dem Einfluß der Glühbehandlung eine leichte Abnahme der Zugfestigkeit bei allen vier Legierungsarten eintritt.

Im Gegensatz zu dem verhältnismäßig leicht zu übersehenden Verhalten der vier Legierungsarten bei einfacher Zugbeanspruchung tritt bei Biegebeanspruchung eine merkliche Unterscheidung ein. Auf die von der Norm abweichende Länge der Probestäbe und die Unterschiede im Querschnitt der Proben 1—6 einerseits und der Proben 7 und 8 andererseits war bereits einleitend hingewiesen worden. Vergleicht man zunächst die vergleichbaren Probenformen der Proben 1 bis 6 untereinander, so erkennt man deutlich die Abnahme der Biegefestigkeit mit zunehmendem Aluminiumgehalt. Ferner ist besonders bei den Proben 1, 2 und 5, 6 unter dem Einfluß der Glühbehandlung eine merkliche Steigerung der Biegefestigkeit nach der Glühbehandlung festzustellen. Einen deutlich anderen Verlauf zeigt dagegen die Biegefestigkeit der siliziumlegierten Proben 7 und 8. In ihrer absoluten Höhe ist sie der Biegefestigkeit des Chromgusses vergleichbar, unter der Einwirkung der Glühbehandlung tritt jedoch beim Siliziumguß eine starke Abnahme der Biegefestigkeit ein. Eine Erklärung für diese Erscheinung könnte in den in Bild 23 gut erkennbaren Korngrenzenausscheidungen gefunden werden.

Es muß noch die Frage erörtert werden, wie der Einfluß der verschiedenen Probenformen besonders beim Vergleich der Proben 1, 2 und 7, 8 in Rechnung gestellt werden kann.

Auf die Zugfestigkeit dürfte die Gestalt des Probestabes kaum von nennenswertem Einfluß sein, so daß die gefundenen Zugfestigkeitswerte annähernd vergleichbar sind. Beim Vergleich der Biegefestigkeit muß jedoch die Gestalt berücksichtigt werden. Nach C. v. Bach [27] ist bei Gußeisen die mit der üblichen Formel gerechnete Biegefestigkeit von Gußeisen bei rechteckigem Probenquerschnitt etwa gleich dem 1,70fachen, bei kreisförmigem Querschnitt etwa gleich dem 2,05fachen der Zugfestigkeit. Um die vorliegenden Verhältnisse zu verdeutlichen, sind in der folgenden Zahlentafel 9 die aus dem durch Versuch bestimmten Zugfestigkeits- und Biegefestigkeitswerten berechneten Quotienten für die beiden Stabformen zusammengestellt.

Die vorstehende Rechnung beansprucht selbstverständlich keine quantitative Gültigkeit, sondern soll nur den gefundenen Gang der Zahlenwerte den von C. v. Bach an unlegiertem Gußeisen festgestellten Faktoren gegenüberstellen. Für den Rundstab (1%iger Chromguß) sollte der Quotient aus Biegefestigkeit und Zugfestigkeit etwa gleich 2, für den prismatischen Stab sollte dieser Quotient etwa gleich 1,70 sein. Wie aus Zahlentafel 9 zu entnehmen ist, weichen die aus den Versuchswerten berechneten Zahlen beim Chromguß (Rundstab) beträchtlich von dem Bachschen Quotienten 2 ab. Die Ursache dieser Abweichungen dürfte in erster Linie wohl darin zu suchen sein, daß die im Versuch bestimmten Biegefestigkeitswerte infolge vielfacher Oberflächenfehler der Stäbe zu niedrig ausgefallen sind.

Bei den prismatischen Stäben werden die nach C. v. Bach geforderten Quotienten 1,70 bei den drei geglühten Proben annähernd erreicht. Der Quotient für die Proben im Anlieferungszustand liegt jedoch mit 2,69 bei weitem zu hoch. Man ist geneigt, anzunehmen, daß die Ursache dieser Hochlage des Quotienten in einem etwa durch Lunker bedingten Versuchsfehler bei der Bestimmung der Zugfestigkeit zu suchen ist. Es kommen also, wie schon mehrfach hervorgehoben, durch die Ungleichmäßigkeit des Versuchsmaterials gewisse Unsicherheiten in die Beurteilung der Festigkeitswerte hinein, die nur in erster Annäherung die Aussage gestatten, daß die Zugfestigkeit und die Biegefestigkeit der mit 6,8% Silizium legierten Proben doch wohl nicht ganz die der mit 1% Chrom legierten Proben erreichen dürfte. Auf die Bedeutung des „Scheineutektikums" und der Korngrenzenausscheidungen im Siliziumguß für diesen Abfall der Zug- bzw. Biegefestigkeit sowie die Möglichkeit der Gefügeverbesserungen durch schmelztechnische Maßnahmen war bereits im Abschnitt 4 hingewiesen worden.

Das Bestreben müßte also dahin gehen, die Festigkeitseigenschaften des hinsichtlich der Wachstumsbeständigkeit dem Chromguß bedeutend überlegenen Siliziumgusses durch geeignete Einflußnahme beim Schmelzverfahren soweit zu verbessern, daß der Siliziumguß auch in dieser Hinsicht dem Chromguß annähernd gleichwertig wird.

Wie weit eine Verbesserung der Festigkeitseigenschaften des Gußeisens allein durch geeignete Maßnahmen bei der Erschmelzung möglich ist, geht aus einer interessanten Gegenüberstellung von C. W. Pfannenschmidt [28] hervor:

Zwei Zylinder waren aus gleichen Öfen erzeugt worden, der eine im Jahre 1907, der andere im Jahre 1933. Die Analyse beider Werkstoffe war praktisch genau die gleiche. Der Zylinder aus dem Jahre 1933 war aus Gußbruch und Stahlschrott ohne Roheisen im Kupolofen vorgeschmolzen und dann im basischen Elektroofen überhitzt und dabei auch entschwefelt worden. Der Werkstoff des älteren Zylinders hatte eine Zerreißfestigkeit von 19,8 kg/mm² und eine Brinellhärte von 187, der Werkstoff des neueren Zylinders hatte eine Zerreißfestigkeit von 37,0 kg/mm² und eine Brinellhärte von 255.

Betrachtet man schließlich in Zahlentafel 8 bzw. Bild 24 den Verlauf der Durchbiegung bei den vier Legierungssorten, so kann aus diesen Werten wegen der geringen Auflageentfernung, die auch die Meßgenauigkeit herabsetzte, nicht allzuviel entnommen werden. Der Einfluß der Legierungszusammensetzung auf die Durchbiegung ist nicht sehr bedeutend und wirkt sich beim 5%igen Aluminiumguß sogar im Sinne einer Verbesserung aus. Die außergewöhnliche Verbesserung der Durchbiegung beim 6,8%igen Siliziumguß, Probe Nr. 7, dürfte vorwiegend auf die für Durchbiegungen besonders günstige Probenform und Probendicke, 6 × 20 mm, dieser Probe zurückzuführen sein.

Zum Schluß soll noch hervorgehoben werden, daß der Einfluß der Art der Glühbehandlung, also Pendelglühung oder Dauerglühung, auf die Festigkeitseigenschaften nur von untergeordneter Bedeutung ist.

D. Zusammenfassung

Die Frage, die die Veranlassung zu der vorliegenden Untersuchung gab, lautete: ist es möglich, ein bisher für Luftvorwärmer verwendetes, wachstumsarmes Cr-legiertes Gußeisen durch ein Gußeisen zu ersetzen, welches bei gleichen oder ähnlichen Eigenschaften frei ist von Chrom und anderen Sparmetallen?

Die Untersuchung hat zu dem Ergebnis geführt, daß hinsichtlich der Kleinheit ihrer Wachstumsneigung verschiedene andere Legierungstypen dem mit 1% Chrom legierten Gußeisen gleichwertig, bzw. bedeutend überlegen sind. Nicht oder nicht ganz erreicht werden jedoch durch diese Ersatzlegierungen die Festigkeitseigenschaften des Chromgusses.

Am ehesten dürfte als Ersatz für den erwähnten Chromguß ein hoch mit Silizium legiertes Gußeisen anzusehen sein, welches in dem untersuchten Temperaturgebiet (450° bis 650° C) keinerlei Wachsen, sondern vielmehr ein geringes Schwinden zeigte. Die Zugfestigkeit dieses mit 6,8% Silizium legierten, rein ferritischen Gußeisens erreicht jedoch nur etwa die Hälfte der Zugfestigkeit des Chromgusses.

Hinsichtlich der Biegefestigkeit im Anlieferungszustand scheinen die Verhältnisse etwas günstiger zu liegen. Hier beträgt der Verlust gegenüber dem Chromguß nur etwa 30%. Es besteht sogar die Möglichkeit, daß durch geeignete Maßnahmen bei der Erschmelzung (Überhitzung sowie geeignete Pfannenzusätze) der Unterschied der Biegefestigkeitswerte der beiden in Rede stehenden Gußeisenarten noch weiter vermindert wird. Noch geringer dürften voraussichtlich die Schwierigkeiten beim Erzielen brauchbarer Durchbiegungen sein. Ungünstig scheint sich beim Siliziumguß die Glühbehandlung auszuwirken, die zu einer Herabsetzung der Biegefestigkeit nahezu um 1/3 führt. Die Ursache dieser Verschlechterung dürfte in Korngrenzenausscheidungen zu suchen sein. Im Gegensatz hierzu wird beim Chromguß und bei den Aluminiumgüssen durch die Glühbehandlung die Biegefestigkeit verbessert.

Die Wachstumsneigung der untersuchten beiden mit

Aluminium legierten Gußeisensorten (5% Al und 8,6% Al) ist ebenfalls geringer, als die des Chromgusses. Die Festigkeitswerte dieser beiden letztgenannten Gußeisensorten liegen jedoch so wesentlich unter denen des Chromgusses, daß selbst bei veränderter Schmelzführung kaum ausreichende Festigkeitseigenschaften erreicht werden würden, was aber bei Si-Guß durch geeinete Schmelzführung und Pfannenzusätze erreicht werden kann.

Im einzelnen wird durch die vorliegende Untersuchung die für Erhitzungen unterhalb des A_1-Punktes geltende Theorie bestätigt, daß das Wachstum des Gußeisens seine primäre Ursache in der Zerfallsneigung des metastabilen Eisenkarbids hat. Der Einfluß der bei höheren Temperaturen stark das Wachstum begünstigenden Oxydation durch Eindringen von Luftsauerstoff längs der Graphitlamellen scheint in dem hier untersuchten Temperaturgebiet eine untergeordnete Rolle zu spielen.

Entsprechend der Instabilität des Eisenkarbids als Ursache des Wachsens der normalen Gußeisensorten zeigen innerhalb des gleichen Legierungstyps, z. B. innerhalb des Chromgusses oder innerhalb des 5%igen Aluminiumgusses, diejenigen Proben das geringere Wachstum, die den geringeren Gehalt an gebundenem Kohlenstoff haben. Diese Aussage gilt jedoch nicht für den 8,6%igen Aluminiumguß, da hier eine Umkehrung der Karbidstabilität beobachtet wird. Die geringe Wachstumsneigung dieser Legierungssorte hat ihre Ursache in der durch die Legierungsbildung vermehrten Karbidstabilität.

Das geringe Wachstum des 6,8%igen Siliziumgusses innerhalb des untersuchten Temperaturbereiches ist schließlich auf das praktisch vollständige Fehlen von gebundenem Kohlenstoff zurückzuführen.

Eine weitere Klärung des Einflusses des gebundenen Kohlenstoffs auf das Wachsen wird durch ergänzende Untersuchungen herbeigeführt werden.

Schrifttum.

[1] A. E. Outerbridge, jr., J. Franklin Inst. 157 (1904), 121—140; Trans. Am. St. Min. Eng. 35 (1905), 233—244; Ref. Stahl u. Eisen 24 (1904), 407—410.

[2] H. F. Rugan und H. C. H. Carpenter: I. Iron Steel Inst. 80 (1909), 29—143; Ref. Stahl u. Eisen 29 (1909), 1748/49.

[3] J. E. Hurst: Foundry Trade I., 32 (1925), 49—52.

[4] J. H. Andrew und H. Heyman: Foundry 55 (1927), 65—67.

[5] M. Okochi und N. Sato: I. Iron Steel Inst. 109 (1924), 451—463; Ref. Stahl u. Eisen 44 (1924), 1050—1053.

[6] T. Kikuta: Science Rep. Tôhoku Imp. Univ. 11 (1922), 1—17.

[7] P. Oberhoffer und E. Piwowarsky: Stahl u. Eisen 45 (1925), 1173—1178.

[8] C. Benedicks und H. Löfquist, I. Iron Steel Inst. 115 (1927), 603—639; Stahl u. Eisen 47 (1927), 1408—1410.

[9] J. H. Andrew und R. Higgins: I. Iron Steel Inst. 112 (1925), 167—189; Foundry Trade J. 32 (1925), 235; Ref. Stahl u. Eisen 46 (1926), 114/115.

[10] H. C. H. Carpenter: I. Iron Steel Inst. 83 (1911), 196—248; Stahl u. Eisen 31 (1911), 866/867.

[11] J. Durand: C.r. 175 (1922), 522—524.

[12] W. Campbell und J. Glassford: Mitt. Inst. f. Materialprüfungen 6 (1912), Bd. II; Stahl u. Eisen 32 (1912), 2181.

[13] J. E. Stead, I. Iron Steel Inst. 83 (1911), 230.

[14] O. Bauer und K. Sipp: Gießerei 15 (1928), 1018—1026, 1047—1060.

[15] W. Schwinning und H. Flößner: Stahl u. Eisen 47 (1927), 1075.

[16] J. H. Andrews: Ref. Stahl u. Eisen 47 (1927) II, 2126.

[17] J. W. Donaldson: Foundry Trade J. 35 (1927), 143—146 u. 167—171.

[18] F. Wüst und O. Leihener, Mitt. K.-Wilh.-Inst. Eisenforschg. 10 (1928), 265—281.

[19] E. Piwowarsky: Berlin 1929.

[20] P. Bardenheuer: Stahl u. Eisen 50 (1930), 71.

[21] R. Mitsche und O. v. Keil, Gießerei 18 (1931), 200—204.

[22] F. Wüst und O. Petersen: Metallurgie 3 (1906), 811.

[23] H. Sawamura: Mem. Coll. Engng. Kyoto 4 (1926), 159.

[24] E. Piwowarsky und E. Söhnchen: Metallwirtsch. 12 (1933), Bd. II, 417.

[25] A. B. Everest: Foundry Trade Journ. 36 (1927), 169.

[26] P. Bardenheuer und W. Bröhl: Mitt. K.-Wilh. Inst. Eisenforschg. 20 (1938), 135—146.

[27] C. v. Bach: 7. Aufl., Berlin 1917 (Verlag-Springer).

[28] C. W. Pfannenschmidt: Mitt. Forsch.-Anst. Gutehoffn. Nürnberg, Bd. (1941), S. 105, Heft 5.

EINFLUSS DES GEBUNDENEN KOHLENSTOFFS AUF DAS WACHSEN VON GUSSEISEN[1]

Von O. Werner

Einleitung

In der vorhergehenden Veröffentlichung wurde das Verhalten verschiedener Gußeisensorten bei höheren Temperaturen untersucht. Dabei ergab sich, daß die Volumbeständigkeit des Gußeisens außer durch seinen Gehalt an besonderen Legierungselementen in starkem Maße von dem Gehalt an gebundenem Kohlenstoff beeinflußt wird. Diese Erscheinung findet ihre Begründung darin, daß das im Gußeisen vorhandene Eisenkarbid Fe_3C eine endotherme Verbindung ist, die bei höherer Temperatur in ihre Komponenten 3 Fe und C zu zerfallen bestrebt ist. Dieser Zerfall ist mit einer Volumvermehrung verbunden, die eine Hauptursache für das Wachsen des Gußeisens bei höheren Temperaturen ist [2].

Diese an sich bekannten Zusammenhänge werden bei legierten Gußeisensorten zuweilen verschleiert oder verändert infolge Veränderung der Stabilität des Eisenkarbids durch die Legierungselemente bzw. durch die Entstehung von stabileren Sonderkarbiden mit den Legierungselementen.

Es erschien daher zur Herausarbeitung der für das Wachsen des Gußeisens maßgebenden Grundvorgänge erwünscht, neben den bereits in der ersten Veröffentlichung behandelten Gußeisensorten noch einige unlegierte Gußeisenproben zu untersuchen, die sich durch ihren Gehalt

---

[1] Erschien auch in Mitteilungen d. Vereinigung d. Großkesselbesitzer Heft 90/91 (1942) S. 31/35.

[2] Eine Schrifttumsübersicht zu diesem Thema ist in der vorstehenden Veröffentlichung enthalten.

an gebundenem Kohlenstoff in charakteristischer Weise unterscheiden. Unter der Voraussetzung der Richtigkeit der oben erwähnten Annahmen über die Hauptursache des Wachsens des Gußeisens mußten die erwähnten Gußeisensorten auch kennzeichnende Unterschiede im Wachstum bei höheren Temperaturen zeigen.

Probenmaterial

Als Probenmaterial dienten Roststäbe, die von mehreren Kraftwerken zur Verfügung gestellt worden waren. Vorläufige Analysen dieser Proben ermöglichten die Auswahl von zwei Roststäben, die ausreichende Unterschiede in ihrem Gehalt an gebundenem Kohlenstoff zeigten, um ein positives Ergebnis der Wachstumsversuche erwarten zu lassen. Die beiden aus den Werken B und C stammenden Proben hatten folgende Zusammensetzung:

Zahlentafel 1. Chemische Zusammensetzung der beiden untersuchten Gußeisenproben

	IB	IC
Gesamt-Kohlenstoff	$3,6_8$ %	$3,5_1$ %
Graphit	$2,0_0$ %	$3,0_1$ %
Gebundener Kohlenstoff	$1,6_8$ %	$0,50$ %
Silizium	$1,7_8$ %	$2,6_1$ %
Mangan	$0,2_6$ %	$0,5_7$ %
Phosphor	$0,5_9$ %	$0,7_0$ %
Schwefel	$0,1_7$ %	$0,0_8$ %

Nach den in den ersten Veröffentlichungen mitgeteilten Überlegungen über die Ursachen des Wachsens des Gußeisens, soweit es auf den Zerfall des gebundenen Kohlenstoffs zurückzuführen ist, konnte für die bei den beiden vorliegenden Proben festgestellten Gehalte an gebundenem Kohlenstoff folgendes Wachstum theoretisch erwartet werden:

Der Zerfall des Eisenkarbids erfolgt nach der Gleichung

$$Fe_3C \longrightarrow 3\,Fe + C + 5{,}4\ \text{Kcal} \qquad (1)$$

d. h. aus 1 Mol Eisenkarbid Fe_3C (Molekulargewicht $M = 179{,}52$) entstehen 3 Atome Eisen ($M = 3 \times 55{,}84 = 167{,}52$) und 1 Atom Kohlenstoff (Atomgewicht $A = 12{,}01$). Berücksichtigt man noch die zugehörigen Dichten d, die für das Eisenkarbid 7,72, für das Eisen 7,86 und für den Kohlenstoff in Form von Graphit 2,1 betragen, so kann man die theoretisch zu erwartende lineare Längenzunahme eines nur aus Eisenkarbid bestehenden Gußeisenstabes, welcher bei der Glühung vollständig nach obenstehender Gleichung zerfällt, berechnen, indem man einmal in die Formel $\sqrt[3]{\dfrac{M\,(Fe_3C)}{d\,(Fe_3C)}}$ Molekulargewicht M und Dichte d des Eisenkarbids, in dem anderen Falle in die Formel

$$\sqrt[3]{\dfrac{M\,(3\,Fe)}{d(Fe)} + \dfrac{A\,(C)}{d(C)}}$$

die entsprechenden Größen für die Zerfallsprodukte einsetzt. Der Unterschied beträgt 5,14%.

Diese Längenzunahme berechnet sich unter der Voraussetzung, daß der Gehalt an Eisenkarbid 100% beträgt. Für die oben an den beiden zu untersuchenden Proben festgestellten Gehalte an gebundenem Kohlenstoff, und zwar 1,68% geb. C entsprechend 25,02% Fe_3C und 0,50% geb. C entsprechend 7,5% Fe_3C errechnen sich die zu erwartenden Längenzunahmen als Folge des Karbidzerfalls in dem einen Falle zu 1,29% (Probe IB), im anderen Falle zu 0,39% (Probe IC).

Ausführung der Versuche

Die Entnahme der für die Ausführung der Wachstumsversuche bestimmten Gußeisenstäbe aus den Roststäben IB und IC erfolgte nach Maßgabe der Bilder 1a und b. Es wurden jeweils 2 Stäbe entnommen, von denen je einer aus beiden Proben einer Anzahl Pendelglühungen bei 450° C, die beiden anderen einer Anzahl Pendelglühungen bei 800° C unterworfen wurde. Die Form und Abmessung der Probestäbe ist aus Bild 1c zu entnehmen.

Da bei Vorversuchen die Stäbe bei den Pendelglühungen bei 800° C ein so starkes Wachsen zeigten, daß die zur Ermöglichung genauer Längenmessungen eingesetzten durchgehenden Nichrotherm-Niete sich in ihren Bohrungen lockerten, wurden bei den endgültigen Versuchen diese durchgehenden Niete durch beiderseits eingesetzte Schrauben aus Nichrotherm ersetzt, deren Köpfe die Abstandmarken für die Komparatormessungen trugen (vgl. Bild 1c). Eine Lockerung dieser Schrauben wurde nicht beobachtet. Die Messungen der Längenänderungen nach den einzelnen Glühungen wurden wieder auf beiden Seiten der Probestäbe vorgenommen, um die durch ein Verziehen der Stäbe entstandenen Fehler auszuschalten.

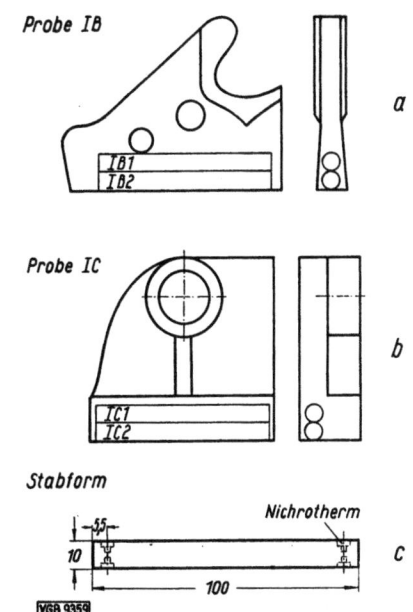

Bild 1. Zerlegungsplan der Roststäbe IB und IC und Abmessungen der Probestäbe

Die Proben wurden in einen Silitstab-Ofen eingesetzt und auf die Versuchstemperatur geheizt, wo sie während 5 Stunden gehalten wurden. Nach dem Abkühlen der Proben wurden die Längenänderungen mit Hilfe eines Komparators gemessen, der eine Ablesegenauigkeit von ± 0,001 mm gestattete. Diese Glühungen wurden mehrfach wiederholt (Pendelglühungen).

Ergebnis der Versuche

Die zunächst bei der Versuchstemperatur von 450° C vorgenommenen Pendelglühungen ergaben nur verhältnismäßig geringe Längenänderungen und Unterschiede zwischen den beiden Probestäben, so daß die Versuche bereits nach 10 Pendelungen abgebrochen wurden. Das Ergebnis dieser Versuche ist in Zahlentafel 2 enthalten.

Aus Zahlentafel 2 ist zu entnehmen, daß wohl gewisse Unterschiede zwischen den beiden Proben erkennbar sind, insbesondere, daß Probe IB vorwiegend leichte Längenzunahmen, Probe IC dagegen meist geringe Verkürzungen zeigt, daß aber doch die Längenänderungen im allgemeinen

Zahlentafel 2. Ergebnis der Pendelglühungen an Luft bei 450° C

Zahl der Glühungen	Probe IB Längenänderung in %	Probe IC Längenänderung in %
1	+ 0,031	+ 0,010
2	— 0,002	— 0,006
3	+ 0,002	— 0,002
4	+ 0,002	± 0
5	+ 0,001	— 0,003
6	+ 0,001	— 0
7	± 0	± 0,001
8	+ 0,008	— 0,003
9	+ 0,004	+ 0,007
10	+ 0,006	+ 0,002

die Versuchsfehler nur wenig überschreiten. Die Glühtemperatur von 450° C reicht augenscheinlich nicht aus, um die erwartete Reaktion des Karbidzerfalls in nennenswerter Weise auszulösen. Die beiden Gußeisensorten können bei dieser Temperatur im großen und ganzen als volumenbeständig angesehen werden. Dieses Ergebnis steht in Übereinstimmung mit den in der ersten Veröffentlichung mitgeteilten Erfahrungen an den legierten Gußeisensorten, deren Längenänderungen sich bei den Glühungen bei 450° C ebenfalls in der Größenordnung von +0,002% bewegten.

Ein ganz anderes Bild erhält man jedoch, wenn man die Versuchstemperatur auf 800° C steigert. Der Werkstoff befindet sich hier im Gebiet der für das Eisen-Kohlenstoffsystem kennzeichnenden Umwandlungen, die neben der allein schon durch die Temperaturerhöhung bewirkten Zunahme der Reaktionsgeschwindigkeit noch zu einer zusätzlichen Erhöhung der Platzwechselvorgänge führen. Dementsprechend liegen die hier festzustellenden Längenänderungen der Proben um mehrere Größenordnungen über den bei 450° C festzustellenden Längenänderungen. Das Ergebnis der Pendelglühungen an Luft bei 800° C ist in Zahlentafel 3 zusammengestellt.

Zahlentafel 3. Ergebnis der Pendelglühungen an Luft bei 800° C

Zahl der Glühungen	Probe IB Längenänderung in %	Probe IC Längenänderung in %
1	+ 0,64	+ 0,47
2	+ 0,91	+ 0,45
3	+ 1,08	+ 0,49
4	+ 1,50	+ 0,81
5	+ 1,70	+ 0,91
6	+ 1,93	+ 1,03
7	+ 2,22	+ 1,10
8	+ 2,24	+ 1,15
9	+ 2,83	+ 1,22
10	+ 3,07	+ 1,27
11	+ 3,52	+ 1,33
12	+ 3,78	+ 1,35
13	+ 4,12	+ 1,38
14	+ 4,45	+ 1,46
15	+ 4,69	+ 1,49
16	+ 5,08	+ 1,55
17	+ 5,40	+ 1,66
18	+ 5,54	+ 1,49
19	+ 5,76	+ 1,75
20	+ 5,90	+ 1,80
21	+ 6,14	+ 1,84
22	+ 6,46	+ 1,89
23	+ 6,59	+ 1,95
25	+ 6,73	+ 1,97
25	+ 6,91	+ 2,06
26	+ 7,03	+ 2,07
27	+ 7,24	+ 2,09
28	+ 7,50	+ 2,18
29	+ 7,71	+ 2,22
30	+ 7,92	+ 2,27

Die zeichnerische Darstellung der Längenänderungen nach Glühungen bei 800° C zeigt Bild 2. Aus ihr ist zunächst zu entnehmen, daß die beiden Proben IB und IC die nach ihrem Gehalt an gebundenem Kohlenstoff zu erwartenden Unterschiede im Wachstum zeigen; d. h. daß die Probe mit dem **geringeren Gehalt an ge-**

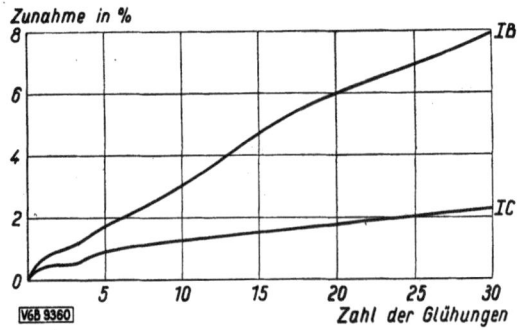

Bild 2. Wachstum zweier Gußeisenproben nach 30 Pendelglühungen an Luft bei 800° C
Probe IB = 1,68% } geb. Kohlenstoff
Probe IC = 0,50%

bundenem Kohlenstoff weniger gewachsen ist, als die andere. Nach den einleitend gemachten Angaben über diese theoretisch zu erwartenden Unterschiede in dem linearen Längenwachstum ist bei Probe IB mit einem etwa 3,4 mal so starken Wachsen zu rechnen, als bei Probe IC. Das tatsächlich beobachtete Verhältnis beträgt nach 30 Pendelglühungen ebenfalls etwa 3,4. Diese großen Unterschiede im Wachstum der beiden

Bild 3. Längenunterschied der beiden Proben IB und IC nach 30 Pendelglühungen bei 800° C

Proben sind anschaulich aus Bild 3 zu entnehmen, welches das Aussehen der beiden Proben nach 30 Pendelglühungen wiedergibt.

Die Absolutwerte des Wachsens waren theoretisch zu höchstens 1,25% bei Probe IB und zu 0,37% bei Probe IC errechnet worden; die nach 30 Pendelglühungen tatsächlich festgestellten Werte sind aber 7,92% bzw. 2,27%, übertreffen also das theoretisch allein auf Grund des Karbidzerfalls zu erwartende Wachsen um ein Vielfaches. Aus dem Kurvenverlauf in Bild 2 ist sogar zu schließen, daß der Endwert des Wachsens weder bei Probe IB noch bei Probe IC nach 30 Pendelglühungen erreicht ist.

Die Ursache für dieses beim praktischen Versuch beobachtete wesentlich stärkere Wachsen des Gußeisens im Vergleich zu dem theoretisch zu erwartenden Wachstum ist nach den in der ersten Mitteilung bereits gebrachten ausführlichen Darlegungen in der Einwirkung des Luftsauerstoffs zu suchen, die eine zusätzliche Volumvermehrung zur Folge hat.

Die Einwirkung des Luftsauerstoffs auf das Gußeisen bei Glühungen bei erhöhter Temperatur vollzieht sich nach den Darlegungen von J. H. Andrews[4] in drei Stufen.

---

[4] H. J. Andrews, Ref. Stahl u. Eisen, 47 (1927) II, S. 2126.

Auf der ersten Stufe verbrennt der Graphit des Gußeisens zu Kohlensäure nach der Gleichung

$$C + O_2 = CO_2 \qquad (2)$$

Diese Umsetzung, die zu einem Verlust an Kohlenstoff führt, ist mit einer Schwindung des Gußeisens verbunden und dürfte die Ursache für die in der ersten Veröffentlichung und auch in der vorliegenden Untersuchung wieder festgestellte Unstetigkeit im Anfangsstadium der Wachstumskurve sein (vgl. Bild 2). Das Wachsen möchte auf Grund des Karbidzerfalls stetig einsetzen, wird aber in seiner äußerlich meßbaren Wirkung durch die mit der Umsetzung nach Gl. (2) verbundene Schwindung überlagert, so daß die beim praktischen Versuch bei den Glühungen an Luft festzustellende Unstetigkeit eintritt. Bei entsprechenden Glühungen im Vakuum wird eine derartige Unstetigkeit des Kurvenverlaufs nicht beobachtet [5].

Die im ersten Stadium der Oxydation entstehende Kohlensäure vermag höchstwahrscheinlich nur teilweise zu entweichen und wirkt bei weiterer Glühung auf metallisches Eisen nach der Gl. (3) ein:

$$3\,Fe + 4\,CO_2 = Fe_3O + 4\,CO \qquad (3)$$

Bei Abkühlung der Probe unterhalb 600° C kann das als Reaktionsprodukt entstehende Kohlenoxyd seinerseits nochmals mit metallischem Eisen nach Gl. (4) reagieren:

$$3\,Fe + 4\,CO = Fe_3O_4 + 1\,C \qquad (4)$$

In beiden Fällen entsteht nach diesen Umsetzungen Eisenoxyduloxyd, Fe_3O_4, wodurch neben dem Karbidzerfall eine zusätzliche Volumvermehrung eintritt. Hierbei wird der Angriff des Luftsauerstoffs auf den Graphit um so stärker sein, je weniger dicht das Gußeisen ist, und je stärker untereinander zusammenhängend die Graphitlamellen sein werden.

Der Einfluß der Temperatur wird sich fernerhin dahin auswirken, daß bei verhältnismäßig niedrigen Temperaturen (etwa bei 450° C) die Reaktionsgeschwindigkeit so gering wird, daß weder der Karbidzerfall noch die Oxydation durch den Luftsauerstoff ein nennenswertes Ausmaß annehmen. Bei mittleren Temperaturen (etwa 650° C) wird höchstwahrscheinlich der Karbidzerfall vorwiegend für das praktisch bei den Glühungen zu beobachtende Wachstum maßgebend sein (vgl. die erste Veröffentlichung), und bei merklich höheren Temperaturen, insbesondere auch bei Glühungen im Umwandlungsbereich (800° C) wird schließlich das Wachsen als Folge der Oxydation das Wachsen als Folge des Karbidzerfalls wesentlich übersteigen.

Daneben können sich jedoch Unterschiede im Porositätsgrad und in der Art der Graphitausbildung gelegentlich dahingehend geltend machen, daß die tatsächlich zu beobachtenden Volumänderungen sich umkehren, d. h. daß ein Gußeisen mit dem höheren Gehalt an gebundenem Kohlenstoff ein geringeres Wachstum zeigt, als ein Gußeisen mit einem geringeren Gehalt an gebundenem Kohlenstoff. Diese Umkehrung wird immer dann eintreten, wenn das Gußeisen mit dem größeren Gehalt an gebundenem Kohlenstoff zugleich einen vergleichsweise geringen Porositätsgrad und eine weniger zusammenhängende Graphitausbildung aufweist, als das Gußeisen mit dem geringeren Gehalt an gebundenem Kohlenstoff. Hinzuzufügen ist auch, daß Porositätsgrad und Graphitausbildung keineswegs immer parallel zu laufen brauchen. Die alleinige Wirkung des gebundenen Kohlenstoffs kann also nur bei Vakuumglühungen erfaßt werden; diese haben jedoch für die Beurteilung des Gußeisens nur geringe Bedeutung, da sie mit den praktisch vorkommenden Verhältnissen nur selten übereinstimmen werden.

Bild 4. Probe IB ungeglüht. v = 200

Es ergibt sich also, daß das Wachsen des Gußeisens bei Temperaturen, die 650° C merklich überschreiten, nicht allein von seinem Gehalt an gebundenem Kohlenstoff abhängt, sondern auch von dem Porositätsgrad des Gußeisens und von seiner Graphitausbildung beeinflußt wird. Es wird in diesem Zusammenhang auch auf die Zahlentafel 7 in der ersten Veröffentlichung hingewiesen, die sich auf Versuche von F. Wüst und O. Lei-

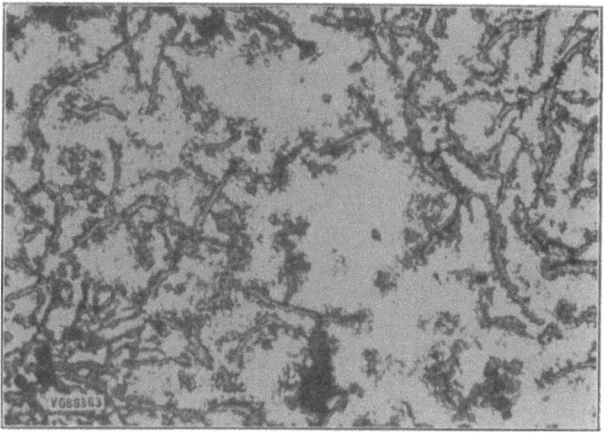

Bild 5. Probe IB geglüht. v = 200

hener [6] bezieht, bei denen die erwähnte Umkehrung des Wachstums verwirklicht ist. Die Übereinstimmung der theoretisch errechneten Verhältniszahl für das Wachsen des Gußeisens als Folge des Karbidzerfalls mit der praktisch nach 30 Pendelglühungen bei 800° C gefundenen Verhältniszahl 3,4 dürfte unter Berücksichtigung dieser Überlegungen wohl mehr zufällig sein. Die tatsächlich erreichten Absolutwerte überschreiten ja auch die theoretisch errechneten Werte um ein Vielfaches.

Zur Beurteilung der Graphitausbildung der beiden Gußeisensorten IB und IC wurden noch einige Gefügeaufnahmen gemacht, deren Ergebnis in den Bildern 4 bis 7 enthalten ist. Die Proben wurden geschliffen, poliert und

---

[5] Vgl. Mitt. VGB. 1942, H. 86/87, S. 44, Abb. 3.

[6] F. Wüst und O. Leihener, Mitt. K.-Wilh.-Inst. Eisenforschg. 10. 265—281 (1928).

mit verd. Salpetersäure geätzt. Man erkennt zunächst beim Vergleich von Bild 4 mit Bild 5, und von Bild 6 mit Bild 7, daß nach der Glühbehandlung der Proben die per-

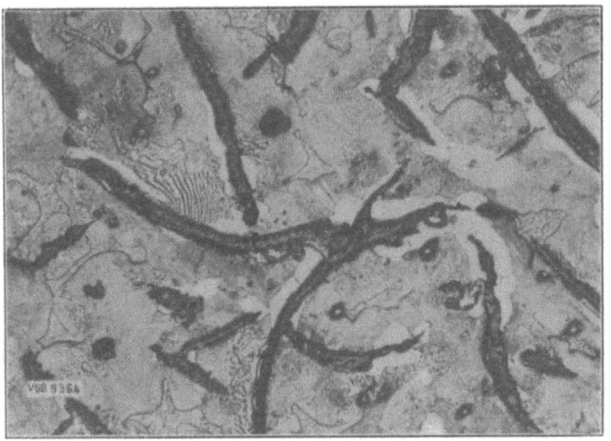

Bild 6. Probe IC ungeglüht. v = 200

litische Grundmasse verschwunden ist, und das Gußeisen damit rein ferritisch geworden ist. Der Kohlenstoff, der durch den Zerfall des Perlits frei geworden war, hat sich augenscheinlich an die Graphitlamellen angelagert und diese merklich verbreitert. Weiterhin erkennt man, daß die beiden Proben IB und IC große Unterschiede in der Art der Graphitausbildung zeigen. Während Probe IB einen feinblättrigen, vielfach zu Nestern zusammengeballten Graphit hat, besteht der Graphit der Probe IC aus wenigen, verhältnismäßig groben Lamellen. Da die Probe

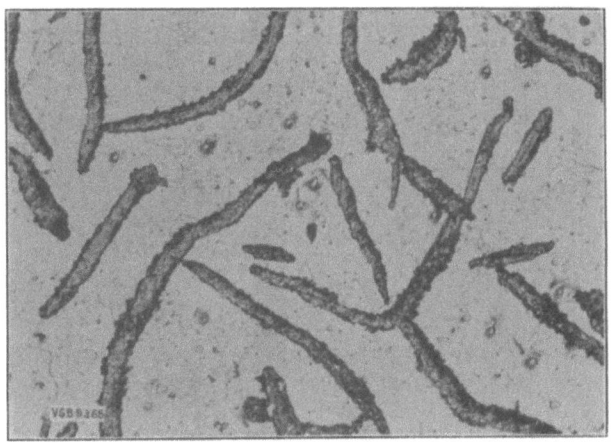

Bild 7. Probe IC geglüht. v = 200

Bild 4—7. Graphitausbildung der beiden untersuchten Gußeisenproben.

IC trotz ihres höheren Gehaltes an Graphit ein geringeres Wachsen gezeigt hat als die Probe IB, so kann hieraus der Schluß gezogen werden, daß der **Absolutgehalt** an Graphit augenscheinlich für das mit der Einwirkung des Luftsauerstoffs verbundene Wachsen des Gußeisens bei höheren Temperaturen von geringerer Bedeutung ist, als die Art seiner **Ausbildung und Verteilung**, insbesondere im Hinblick darauf, wie weit diese das Eindringen des Luftsauerstoffs erleichtert oder nicht. Eine Entscheidung hierüber kann auf Grund der Gefügebilder, deren Aussagen notwendigerweise immer qualitativ bleiben müssen, nur selten getroffen werden. Wichtiger und aufschlußreicher würde vermutlich eine quantitative Untersuchung über den Porositätsgrad sein, deren Ausführung jedoch nicht Gegenstand der gegenwärtigen Untersuchung war. Immerhin erkennt man jedoch qualitativ bei Betrachtung von Bild 5, daß nach der Glühung der Probe IB der Graphit von feinen ungleichmäßigen Ausscheidungen umgeben ist. Es besteht die Möglichkeit, daß diese Ausscheidungen neben Temperkohle auch aus sekundär entstandenem Eisenoxyduloxyd (entsprechend Gl. 3 u. 4) bestehen; zugleich kann aus der Art der Verteilung und Ausbildung der Ausscheidungen ein gewisser Rückschluß auf eine verhältnismäßig große Porosität der Probe IB gezogen werden. Das besonders starke Wachsen der Probe IB wäre also durch das Zusammenwirken des verhältnismäßig großen Gehaltes an gebundenem Kohlenstoff und einer erheblichen Porosität des Gefüges zu erklären.

Zusammenfassung

1. Durch vielfache Pendelglühungen an Luft bei den Temperaturen 450° C und 800° C wurde der Einfluß des gebundenen Kohlenstoffs auf das Wachsen zweier Gußeisenproben untersucht.

Es kamen hierbei zwei aus Roststäben entnommene Gußeisenproben IB und IC zur Untersuchung, die nach ihrer chemischen Analyse sich durch einen erheblichen Unterschied in ihrem Gehalt an gebundenem Kohlenstoff auszeichneten. Probe IB enthielt 1,68%, Probe IC enthielt nur 0,50% gebundenen Kohlenstoff.

2. Theoretische Überlegungen über die mit dem Karbidzerfall des Gußeisens verbundenen Volumänderungen ergaben, daß bei Probe IB mit einem Höchstwert des Wachsens als Folge des Karbidzerfalls von 1,29% und bei Probe IC mit einem Wachsen von 0,39% zu rechnen war.

3. Die praktischen Versuche ergaben, daß bei Glühtemperaturen von 450° C die Längenänderungen der Proben so gering waren, daß sie praktisch als volumbeständig bei dieser Temperatur angesehen werden konnten. Die Pendelglühungen bei 800° C dagegen ergaben ein wesentlich stärkeres Wachsen der Probe mit dem höheren Gehalt an gebundenem Kohlenstoff, und zwar ein die theoretisch auf Grund des Karbidzerfalls errechneten Höchstwerte um ein Vielfaches überschreitendes Wachsen von 7,92% bei Probe IB und von 2,27% bei Probe IC.

4. Dieses den theoretisch auf Grund der Karbidzerfallstheorie zu erwartenden Betrag erheblich überschreitende Wachsen der beiden Proben wird als Folge des Eindringens von Luftsauerstoff ins Innere der Proben erklärt, wobei die primär durch Oxydation des Graphits entstandene Kohlensäure mit dem Eisen unter Bildung von Fe_3O_4 sich umzusetzen vermag. Es wird in diesem Zusammenhang an Hand von einigen Gefügeaufnahmen auf die Bedeutung der Porosität des Gußeisens und der Art der Graphitausbildung auf die Wachstumsneigung des Gußeisens bei höheren Temperaturen hingewiesen und gezeigt, daß nicht nur der Gehalt an gebundenem Kohlenstoff, sondern auch die letzgenannten beiden Faktoren von Einfluß auf das Wachsen des unlegierten Gußeisens sind.

DIE KOLORIMETRISCHE BESTIMMUNG VON NICHTMETALLEN[1]

Von O. Werner

Die Aufgabe, die hauptsächlichsten Verfahren zur kolorimetrischen Bestimmung von Nichtmetallen zusammenzustellen, erscheint im ersten Augenblick verhältnismäßig einfach, da ja die Zahl der Nichtmetalle im Vergleich zu der der Metalle merklich geringer ist. Bei näherem Zusehen ergibt sich jedoch, daß diese Aufgabe keineswegs so einfach ist, wie es zunächst den Anschein hat, da ja zu den Elementen selbst noch ihre verschiedenen Bindungsformen und Wertigkeitsstufen der Anionen hinzukommen. Neben dem Chlor steht das Chlorion, und hinzu kommen noch das Chloration und das Perchloration, die alle wieder durch besondere Reaktionen ausgezeichnet sind.

Um also die gestellte Aufgabe in einem verhältnismäßig kurzen Vortrage bewältigen zu können, muß man sich eine gewisse Beschränkung auferlegen. In den folgenden Ausführungen soll daher nur eine verhältnismäßig kleine Zahl von Nichtmetallen und Anionen behandelt werden, und aus der großen Zahl der möglichen und vorgeschlagenen kolorimetrischen Bestimmungsmethoden sollen vorwiegend diejenigen herausgehoben werden, die nach dem gegenwärtigen Stande der Kenntnisse als besonders wichtig oder zuverlässig und allgemeinerer Anwendung für fähig gehalten werden.

Es kann ferner auch nicht Aufgabe dieser Ausführungen sein, in jedem Falle eingehende Arbeitsvorschriften mitzuteilen. Für diese muß vielmehr auf das einschlägige Schrifttum verwiesen werden. Es soll aber der Versuch gemacht werden, aus den mitgeteilten Analysenverfahren die allgemeinen Grundsätze herauszuarbeiten und gegebenenfalls noch bestehende Lücken aufzuzeigen und so zur Weiterarbeit anzuregen.

Hinsichtlich der anzuwendenden kolorimetrischen und photometrischen Verfahren ist schließlich zu sagen, daß auch bei der Bestimmung der Nichtmetalle alle aus den anderen Gebieten bekannten allgemeinen Verfahren zur Anwendung kommen, wobei sich durch Einbeziehung der kolorimetrischen Titration und gewisser Sonderverfahren auf dem Gebiet der Fluoreszenzmessungen Erweiterungen ergeben können. Ordnet man die in Frage kommenden Reaktionen nach gewissen allgemeinen Grundsätzen, so kommt man etwa zu folgender Reihenfolge:

1. **Die direkten farbgebenden Reaktionen.** Hierunter sind diejenigen Reaktionen zu verstehen, bei denen der zu bestimmende Stoff mit einem gefärbten oder ungefärbten Stoff umgesetzt wird, wobei eine entstehende konzentrationsabhängige Färbung die Grundlage des Verfahrens bildet.

2. **Die indirekten farbgebenden Reaktionen.** Hierunter sind diejenigen Reaktionen zu verstehen, die selbst nicht unmittelbar zu einer gefärbten Verbindung führen, bei denen man aber doch durch weitere Umsetzung zu einem gefärbten Stoff gelangen kann, der eine quantitative Bestimmung ermöglicht. Man kann hier an das Freiwerden von Jod unter der Einwirkung von Oxydationsmitteln denken, oder an die Umsetzung von Sulfationen mit Bariumchromat, wobei die bei dieser Umsetzung in Lösung gehenden Chromatmengen mit Diphenylcarbazid zur Reaktion gebracht werden. Die hierbei entstehende konzentrationsabhängige Färbung ist dann ein Maß für die Menge des an sich farblosen Sulfations. Schließlich gehören hierher auch die unter Zersetzung, d. h. Abschwächung einer Färbung verlaufenden Reaktionen, denen wir besonders bei der Bestimmung des Fluorions begegnen werden.

3. **Die Trübungsmessungen.** In vielen Fällen sind auch die bei gewissen Umsetzungen auftretenden Trübungen als Grundlage für die quantitative Bestimmung der betreffenden Elemente oder Ionen geeignet. Es sei hier an die Bestimmung von Chlorionen mit Silbernitrat oder an die Phosphorbestimmung mit Strychnin-Molybdat erinnert.

4. **Fluoreszenzmessungen.** In manchen Fällen kann auch das konzentrationsabhängige Auftreten oder Verschwinden einer Fluoreszenz für ein Bestimmungsverfahren von Bedeutung werden, wie etwa bei der p_H-Messung mit Fluoreszenzindikatoren oder bei der Bestimmung von Fluorionen mit Morin. Auf die Möglichkeit der Fluoreszenzlöschung durch gewisse Anionen wird am Schluß dieser Ausführungen noch kurz eingegangen werden.

5. **Photometrische Titrationen mit Indikatorfarbstoffen.** Zum Schluß sei noch auf die in der letzten Zeit besonders in den Vordergrund getretene Möglichkeit der Verwendung photometrischer Methoden bei der Säure-Basen-Titration unter Verwendung geeigneter Indikatoren hingewiesen, bei denen die Endpunktsbestimmung auf objektiv-photometrischer Grundlage vielfach exakter möglich ist, als auf subjektiv visuellem Wege.

Wir wenden uns nunmehr der Erörterung der Analysenverfahren für einzelne Nichtmetalle bzw. Anionen zu, wobei die Auswahl nach den oben erwähnten Grundsätzen getroffen wurde.

I. Fluorbestimmung

Zum kolorimetrischen Nachweis und zur Bestimmung von Fluor und Fluoriden sind nur wenige und meist indirekte Farbreaktionen bekannt geworden. Als direkter Nachweis kommt die bereits von Berzelius beschriebene Reaktion mit dem im Fernambukholz enthaltenen Farbstoff Brasilin in Frage. Mit Flußsäure und Siliziumfluorid gibt dieser Farbstoff eine charakteristische zitronengelbe Färbung. Die Methode hat bisher nur als Nachweisverfahren Verwendung gefunden. Über ihre Eignung für quantitative Zwecke ist nichts bekannt geworden[2].

Die Mehrzahl der Bestimmungsverfahren für das Fluor bzw. das Fluorion sind indirekter Natur und beruhen auf der Zerstörung bzw. Schwächung einer Färbung durch das Fluorion. Von den älteren Verfahren ist hier die bleichende Wirkung des Fluorions auf die durch Wasserstoffsuperoxyd hervorgerufene Gelbfärbung des vierwertigen Titans zu nennen. Das Verfahren wurde zuerst von G. Steiger angegeben[3] und später von L. Fresenius, K. Schröder und M. Frommes nachgeprüft[4]. Nach I. M. Korenmann[5] soll das Verfahren für F-Gehalte in der Größenordnung von 3 bis 4 mg recht brauchbare Werte liefern. Auch die bekannte Eisen (III)-rhodanid-Färbung wird in ihrer Intensität durch Fluorionen geschwächt, auf

---

[1] Erschien auch in „Die Chemie", Beiheft 48. Nach einem Vortrage auf der II. Kolorimetrietagung in Frankfurt a. M. am 18. Februar 1943.

[2] Vgl. F. Feigl, Tüpfelreaktionen, I. Aufl. S. 266.
[3] I. Amer. chem. Soc. **30**, 219 (1908).
[4] Z. analyt. Chem. **73**, 65 (1928)
[5] Z. anorg. Chem. **216**, 33 (1933).

welcher Tatsache von N. K. S m i t [6] ein F-Bestimmungsverfahren aufgebaut wurde.

Von den indirekten Färbungen ist ferner die über den Kieselsäurenachweis mit Molybdänblau zu nennen. Das Verfahren wurde von F. F e i g l und P. K r u m h o l z [7] entwickelt und beruht darauf, daß lösliche oder auch unlösliche Fluoride durch Erhitzen mit Quarzsand und konzentrierter Schwefelsäure als Siliziumtetrafluorid verflüchtigt werden, welches durch Wasser unter Kieselsäureabscheidung hydrolysiert wird, die ihrerseits wieder mit Molybdat und Benzidin die bekannte Molybdänblaureaktion gibt. Es ist noch nicht bekannt geworden, ob das Verfahren auch für quantitative Zwecke anwendbar ist.

Ein weiteres Nachweisverfahren beruht auf der Beobachtung von J. H. d e B o e r [8], daß der rotviolett gefärbte Zirkon-Alizarinlack durch Fluoride unter Bildung des komplexen Ions $[ZrF_6]'''$ entfärbt wird, unter Freisetzung des gelbgefärbten, in dem Lack zunächst in gebundener Form enthalten gewesenen Alizarins. Das Verfahren wurde von F. F e i g l [9] als Tüpfelreaktion ausgearbeitet. Die Auswertung dieser Reaktion für quantitative Zwecke wurde bereits von d e B o e r und J. B a s a r t [10] versucht, doch hat sich das von ihnen entwickelte maßanalytische Verfahren nicht recht einführen können.

In einer kürzlich erschienenen Arbeit hat sich F. R i c h t e r [11] der Sache wieder angenommen und das Verfahren zu einer kolorimetrischen Bestimmung von einfachen und komplexen Fluoriden ausgewertet, die sich durch eine bemerkenswerte Genauigkeit auszuzeichnen scheint. Die Erreichung der vom Verfasser angegebenen Genauigkeit hängt freilich von einer Reihe von Vorsichtsmaßnahmen ab, über die hier kurz berichtet werden soll.

Zunächst ist bereits die Herstellung des Zirkon-Alizarin-Farblacks nicht ohne Schwierigkeiten. Nach den Versuchen von F. R i c h t e r ergab sich, daß der Lack einen gewissen Überschuß an Zirkon enthalten muß, wenn er über längere Zeit haltbare klare Lösungen ergeben soll. Als günstig hat sich ein Verhältnis Alizarin : Zirkon von etwa 1 : 3 herausgestellt.

Nach der oben angegebenen Zersetzungsreaktion sollten aus dem Farblack mit steigendem Fluorgehalt auch wachsende Mengen Alizarin freigemacht werden. Tatsächlich scheint aber die Umsetzung nicht so einfach zu verlaufen, wie man nach obigem Schema anzunehmen geneigt ist. Bei der praktischen Erprobung des Verfahrens stellte sich heraus, daß kleine Fluormengen etwa von 1 bis 5 mg/50 ccm Lösung nur eine Flockung des Farblacks bewirken, ohne daß hierbei eine entsprechende Menge Alizarin in Freiheit gesetzt wird. Bei etwa 7 bis 8 mg Fluor/50 ccm wurde die Lösung nach Zusammenballung des Niederschlages vollkommen farblos. Die ersten meßbaren Mengen von freiem Alizarin traten erst bei Erhöhung der F-Konzentration auf etwa 9 bis 10 mg F/50 ccm Lösung auf. Von dieser Konzentration ab nahm die Färbung der Lösung etwa proportional der angewendeten Fluor-Menge zu, wobei sich die Menge des ausgeschiedenen Farblacks ständig verminderte. Werden die Fluormengen wesentlich größer als 20 mg F/50 ccm Lsg., so findet keine weitere Farbvertiefung mehr statt. Eine Bestimmung noch größerer F-Mengen ist unter diesen Umständen also nicht möglich. Das Verfahren ist nur innerhalb des Bereichs von 10 bis 20 mg F/50 ccm Lsg. brauchbar. Dies hat bei der Bestimmung sehr kleiner F-Mengen, wie sie z. B. in Pflanzenaschen vorkommen können, natürlich einige Nachteile, doch kann man sich dadurch helfen, daß man der zu analysierenden Substanz bekannte Fluor-Mengen zusetzt und den wahren Gehalt durch Differenzrechnung ermittelt. Bei größeren Fluormengen könnte man die Einwage entsprechend vermindern.

Die erwähnten Angaben über die nach diesem Verfahren zu bestimmenden Fluormengen hängen weiterhin von der herrschenden Säurekonzentration recht wesentlich ab, auf deren genaue Einhaltung geachtet werden muß. Die eigentliche photometrische Messung des Alizarins wird dadurch ermöglicht, daß der zunächst sich kolloidal ausscheidende Niederschlag durch 30 min langes Erhitzen auf dem Wasserbade koaguliert wird und die Lösung dann durch ein mit Kieselgur bedecktes Glasfilter filtriert wird. Kieselgur hält wohl den Lack zurück, adsorbiert jedoch kein Alizarin, wie dies bei Papierfiltern beobachtet wird. Letzte Reste des schwer zu flockenden Farblacks können durch Zusatz von Natriumchlorid entfernt werden, dem zur Beseitigung von Spuren von Sulfaten noch etwas Bariumchlorid zugesetzt wird. Es hat sich herausgestellt, daß selbst Spuren von Sulfaten, die entweder durch den Analysengang oder von der Probe selbst her eingeschleppt sein können, stören. Dies steht in Übereinstimmung mit Angaben von F. F e i g l [12], wonach neben Sulfaten alle Anionen stören, die mit Zirkon komplexe Ionen liefern. Hierher gehören neben den genannten Sulfaten noch Thiosulfate, Phosphate, Arseniate und Oxalate.

Der Aufschluß der meist unlöslichen Fluoride erfolgt entweder durch Salzsäure-Borax oder durch Überchlorsäure-Wasserdampfdestillation, wie dies im Prinzip schon von H. H. W i l l a r d und O. B. W i n t e r [13] beschrieben wurde. Das letztgenannte Aufschlußverfahren wurde in eingehenden Versuchen weiter entwickelt. Durch diese Abänderungen wurde die Genauigkeit des Gesamtverfahrens soweit gesteigert, daß es nach Ansicht von F. R i c h t e r für schiedsanalytische Zwecke übernommen werden kann. Die Fehlertoleranz wird mit 0,02% angegeben.

Noch ungeklärt bleibt trotz der von F. R i c h t e r aufgewendeten, sehr sorgfältigen Arbeit der eigentliche Mechanismus der Umsetzung zwischen dem Farblack und dem Fluorid. Hier scheinen noch weitere erfolgversprechende Arbeiten möglich zu sein, die möglicherweise zu einer Erweiterung des Anwendungsbereiches des Verfahrens führen könnten.

Zu den indirekten Reaktionen, die auf der Zersetzung einer Färbung beruhen, gehört auch ein neuerdings von J. F a h e y [14] empfohlenes Verfahren, welches durch P. U r e c h [15] für die photometrische Bestimmung sehr kleiner Fluormengen eingerichtet wurde. Bei diesem Verfahren findet das Eisenreagens Ferron (7-Jod-8-oxychinolin-5-sulfosäure) Verwendung, welches mit Eisen(III)-ionen eine grüne Färbung liefert. Bei Gegenwart von Fluorionen wird diese grüne Färbung in konzentrationsabhängiger Weise nach gelb verändert. Das Verfahren ermöglicht in der von P. U r e c h angegebenen Form die Bestimmung von Fluorgehalten bis herunter zu Konzentrationen von 0,2 mg F/100 ccm. Störungen im Kurvenver-

---

[6] Chem. Trade J. **71**, 325 (1922).
[7] Mikrochemie, Pregl-Festschrift 1928, S. 83.
[8] Chem. Weekbl. **21**, 404 (1924).
[9] a. a. O. S. 261.
[10] Ztschr. f. anorg. Chem. **152**, 213 (1926).
[11] Z. analyt. Chem. **124**, 161 (1942).

[12] a. a. O. S. 261.
[13] Ind. Eng. Chem. Analyt. Ed. **5**, 7 (1933).
[14] Ind. Eng. Chem. Analyt. Ed. **11**, 362 (1939).
[15] Helv. Chim. Acta, **25**, 1115 (1942).

lauf, wie sie von F. Richter bei seinem Verfahren bei kleineren Fluorgehalten beobachtet wurden, scheinen bei dieser Reaktion nicht aufzutreten, das Verfahren würde also eine wertvolle Ergänzung der bestehenden Verfahren nach der Richtung kleiner Fluormengen darstellen.

Schließlich sei noch ein letztes Verfahren genannt, welches ebenfalls auf einer Farbschwächung beruht. Es handelt sich in diesem Falle um die Schwächung der Fluoreszenz, welche Aluminiumsalze mit Morin bei Gegenwart von Fluorionen ergeben. Die fluoreszierende Aluminium-Morin-Verbindung wird ähnlich wie der Zirkon-Alizarin-Farblack durch Fluorionen unter Bildung des farblosen und nicht fluoreszierenden Ions $[AlF_6]'''$ zersetzt. Die Reaktion wurde von A. Okac [16] angegeben, der das Morin zunächst als Fluoreszenzindikator bei der Titration von Al-Salzen mit Fluoriden bzw. umgekehrt anwendet. Es erscheint lohnend, auch diese Reaktion auf ihre Anwendbarkeit in der quantitativen Photometrie zu prüfen.

Es wurde in diesem Abschnitt auf die kolorimetrische Bestimmung des Fluors etwas näher eingegangen, da die gewichtsanalytische Bestimmung, besonders kleiner Fluormengen, zuweilen als schwierig empfunden wird. Wenn auch die hier wiedergegebenen Verfahren noch nicht in allen Fällen befriedigen, so erscheint doch bei weiterer Durcharbeitung ein nutzbringender Einsatz dieser Verfahren durchaus möglich.

II. Freies Chlor und Chloride

Für die Bestimmung von freiem Clor sind eine Reihe von Farbreaktionen vorgeschlagen worden, die in der Mehrzahl auf der oxydierenden Wirkung des freien Chlors auf organische Substanzen beruhen. Da der gleiche Effekt jedoch meist auch mit verschiedenen anderen Oxydationsmitteln erreicht werden kann, so sind die Reaktionen meist nicht spezifisch. Hinzu kommt noch, daß die entstehenden Färbungen infolge weiter laufender Reaktionen meist nach kurzer Zeit wieder verblassen, so daß eine exakte photometrische oder kolorimetrische Bestimmung im allgemeinen mit Schwierigkeiten verbunden ist.

Von den vorgeschlagenen Reagentien seien genannt die Reaktion mit o-Toluidin, welches mit freiem Chlor eine gelbe Färbung ergibt, mit deren Hilfe nach T. W. Richards [17] noch ein Nachweis von $0,01 \gamma/ccm$ möglich sein soll. Weiterhin gibt freies Chlor mit Benzidinhydrochlorid eine grüne Färbung, die jedoch nach 2 min bereits wieder verblaßt. Das Verfahren ist bei Anwesenheit von Sulfaten infolge Bildung von Benzidinsulfat nicht anwendbar (J. C. Whitehorn [18]). Schließlich sei noch die Reaktion mit Dimethyl-p-Phenylendiamin erwähnt, die aber ebenfalls nicht spezifisch ist, da auch andere Halogene die gleiche rote Färbung ergeben. Der Meßvorgang soll nach spätestens 30 min beendet sein (O. Folin und H. Wu [19]).

Für die Bestimmung von Chloriden kommt zunächst die nephelometrische Messung der bei Zusatz von Silbernitrat entstehenden Trübung in Frage. Arbeitet man mit genau eingestellten Silberlösungen, so kann man auch die Bestimmung des Chlorions in indirekter Weise durch Messung des nicht verbrauchten Silbers mit Kaliumrhodanidlösung nach Volhard ausführen. Auf diesem Gedanken beruht ein neuerdings gemachter Vorschlag von O. Hettche [20], wonach das überschüssig vorhandene Silber mit einer eingestellten Menge Kaliumrhodanidlösung übertitriert wird. Bei Gegenwart von Eisen(III)-salz entsteht eine dem ursprünglich vorhandenen Gehalt an Cl-Ionen proportionale Eisen-(III)-rhodanid-Färbung, die photometrisch ausgewertet wird. Ein gewisser Nachteil des Verfahrens muß darin gesehen werden, daß die Lösungen zweimal durch Hartfilter filtriert werden müssen: einmal muß vom Silberchlorid und einmal muß vom Silberrhodanid abfiltriert werden. Eine Beeinflussung der Löslichkeit des Silberchlorids durch überschüssig vorhandenes Rhodanid, die bei dem alten Volhardschen Verfahren zu Schwierigkeiten in der Endpunktseinstellung führen kann, wird bei dem Verfahren von O. Hettche vermieden. Der Meßbereich der Methode liegt in der von Hettche angegebenen Form zwischen 1 und 100 mg Chlorion/Liter. Das Verfahren soll sich besonders zur laufenden Kontrolle von Wässern eignen.

Eine weitere indirekte Methode zur Bestimmung von Chlorionen beruht auf der Umsetzung mit Silberchromat, wobei Natriumchromat frei wird, welches kolorimetrisch oder photometrisch mit Diphenylkarbazid bestimmt werden kann. Das Verfahren ist in ganz ähnlicher Weise zur Bestimmung von Sulfationen vorgeschlagen worden und wird an dieser Stelle näher besprochen werden. Auf dem genannten Wege soll noch eine Bestimmung von $0,4 \gamma$ Cl' mit einer Genauigkeit von 3% möglich sein (B. B. Westfall [21], T. V. Letonoff [22]).

Schließlich sei noch erwähnt, daß das Nitrat-Reagens Diphenylamin bei konstanten Mengen Nitrat eine Blaufärbung ergibt, deren Farbtiefe direkt proportional der gleichzeitig vorhandenen Menge an Cl-Ionen ist. Der Anwendungsbereich der Methode (J. Tillmanns und W. Sutthoff [23] sowie H. Riehm [24]) ist jedoch nur begrenzt.

Erwähnt sei endlich auch noch die bekannte Methode zur Verflüchtigung von Chloriden, die sich mit konzentrierter Schwefelsäure unter Salzsäurebildung umsetzen zusammen mit Chromat als Chromylchlorid. Es wäre denkbar, daß auch hier der mit Diphenylcarbazid mögliche Chromnachweis als indirektes Reagens auf Chlorion sich noch zu einem quantitativen Verfahren ausarbeiten läßt. Das Verfahren setzt jedoch voraus, daß die zu untersuchende Zubstanz in fester Form vorliegt (s. a. F. Feigl [25]).

III. Schwefelwasserstoff und Sulfate

Die Bestimmung des Schwefels erfolgt im allgemeinen nicht direkt, sondern über das Produkt seiner vollständigen Reduktion, den Schwefelwasserstoff oder über das Produkt seiner vollständigen Oxydation, die Schwefelsäure. Die Verfahren zur Bestimmung des Schwefels laufen also entweder auf die Bestimmung des Schwefelwasserstoffs oder die des Sulfations heraus.

a) Schwefelwasserstoff und Sulfide

Die hauptsächlichsten Nachweisverfahren für Schwefelwasserstoff, das sind die Umsetzung mit Bleiazetat, die mit Nitroprussidnatrium entstehende Rotviolettfärbung und die Methylenblaubildung mit Dimethyl-p-phenylendiamin können auch zu seiner Bestimmung herangezogen werden.

---

[16] durch C. 1938 II, 1999.
[17] Proc. Am. Acad. Arts Sci. 30, 385 (1894).
[18] J. Biol. Chem. 45, 449 (1920/21).
[19] J. Biol. Chem. 38, 84 (1919).
[20] Z. analyt. Chem. 124, 270 (1942).
[21] Am. J. Med. Sci. 185, 148 (1933).
[22] J. Clin. Lab. Med. 20, 1293 (1935).
[23] Z. analyt. Chem. 50, 473 (1911).
[24] Z. analyt. Chem. 81, 353 u. 439 (1930).
[25] a. a. O. S. 254.

Die letztgenannte, bereits von Caro und E. Fischer[26] vorgeschlagene Methode, wurde neuerdings wieder von W. Diemair, R. Strohecker und H. Keller[27] einer Einrichtung für quantitative Zwecke unterzogen. Die Umsetzung beruht darauf, daß zwei Molekeln der Base Dimethyl-p-phenylendiamin bei Anwesenheit von Schwefelwasserstoff durch Eisenchlorid in den Thiazinfarbstoff Methylenblau übergeführt werden. Eine Molekel Methylenblau enthält 1 Atom Schwefel. Die entstehende Methylenblaufärbung ist bei geeigneter Arbeitsweise direkt proportional der vorhandenen Schwefelwasserstoff- bzw. Sulfidmenge. Die Messung kann entweder kolorimetrisch, durch Vergleich mit einer Sulfidlösung bekannten Gehaltes durchgeführt werden, oder photometrisch unter Verwendung einer entsprechenden Eichkurve. Gewisse Schwierigkeiten traten zunächst dadurch auf, daß die zugesetzte 5%ige Eisenchloridlösung durch ihre Eigenfärbung störte, und daß bei Verringerung der Eisenmengen die erhaltenen Methylenblaulösungen sehr instabil wurden und schnell verblaßten. Die Schwierigkeit wurde dadurch überwunden, daß an Stelle einer einfachen Eisenchloridlösung eine solche nach Reissner verwendet wurde, deren Oxydationswirkung durch Zusatz von Salpetersäure stabilisiert ist, so daß nun trotz Zusatz erheblich geringerer Eisenmengen, deren Eigenfärbung nicht mehr störte, zeitlich ausreichend konstante und photometrisch gut meßbare Methylenblaulösungen erhalten wurden. Das Verfahren kann zur Bestimmung des Schwefelwasserstoffgehaltes von Wässern und auch zur Bestimmung des Schwefels in biologischen Objekten, z. B. in Lebensmitteln, Verwendung finden. Für die Tüpfelreaktion wird von F. Feigl (a. a. O.) eine Erfassungsgrenze von 1 γ Schwefelwasserstoff angegeben.

Von großer Bedeutung kann ferner die Bestimmung kleiner Schwefelmengen in Metallen oder auch bei der Rückstandsanalyse von Metallen werden. Für größere Einwagen ist bei der Analyse von unlegierten Stählen noch immer das sog. Entwicklungsverfahren in Gebrauch. Dieses beruht auf dem Austreiben des Schwefels durch nascierenden Wasserstoff, indem man die Probe in Salzsäure auflöst. Der ausgetriebene Schwefelwasserstoff wird meist mit Cadmiumacetat umgesetzt, wobei das ausgefällte Cadmiumsulfid entweder mit Kupfersulfat in Kupfersulfid übergeführt und der Schwefel so gewichtsanalytisch bestimmt wird, oder aber man bestimmt die ausgeschiedenen Cadmiummengen maßanalytisch mit eingestellter Jodlösung. Das letztgenannte Verfahren wurde von P. Klinger, W. Koch und G. Blaschczyk[28] zu einem photometrischen, mikroanalytischen Schnellverfahren ausgearbeitet. Der Schwefelgehalt ist dabei proportional der Abnahme der Farbintensität der Jodlösung. Die Empfindlichkeit des Verfahrens beträgt nach Angaben der genannten Verfasser 20 γ Schwefel.

b) Sulfate

Ein weiteres, in der Stahlindustrie sehr häufig geübtes Verfahren ist das sog. Verbrennungsverfahren, bei dem der Schwefel durch Verbrennung im Sauerstoffstrom zu SO_2 und SO_3 verbrannt wird, welche Gase schließlich durch Wasserstoffsuperoxyd in Schwefelsäure übergeführt werden. Damit kommen wir zu einer Erscheinungsform des Schwefels, die auch in Wässern, Abwässern und ähnlichen Objekten häufig zu finden ist. Die kolorimetrische und photometrische Bestimmung des Sulfations ist auf verschiedenen Wegen möglich. Häufig angewendet wurde das nephelometrische Verfahren, bei dem das Sulfation mit Bariumchlorid als Bariumsulfat ausgefällt und die entstehende Trübung nephelometrisch gemessen wird (Mohler[29]). Das Verfahren ist jedoch, wie alle nephelometrischen Verfahren, nicht ganz ohne Bedenken, da die Stärke der entstehenden Trübung nicht allein von der vorhandenen Sulfatmenge abhängt, sondern auch von der Größe der ausgefällten Bariumsulfatteilchen, die ihrerseits wieder durch Konzentration, Temperatur, Keimwirkung, Lösungsgenossen und sonstige Fällungsbedingungen beeinflußt wird.

Neben diesem direkten Bestimmungsverfahren stehen verschiedene indirekte Bestimmungsverfahren, von denen die Fällung mit Benzidin als Benzidinsulfat genannt sei. Das ausgeschiedene Benzidinsulfat kann durch Diazotieren und Kuppeln mit Phenol in einen gelben Farbstoff übergeführt werden, dessen Farbtiefe kolorimetrisch oder photometrisch bestimmt wird (S. Kahn und L. Leiboff[30]).

Ein indirektes Bestimmungsverfahren ist auch die Umsetzung des Sulfations mit Bariumchromat unter Ausscheidung von Bariumsulfat und Freisetzung von Chromation. Das Verfahren ähnelt dem bereits erwähnten Verfahren zur Chlorbestimmung durch Umsetzung des Chlorions mit Silberchromat. Auch hier wird neben einem schwer löslichen Niederschlag eine äquivalente Menge Chromation in Freiheit gesetzt, welches mit Diphenylcarbazid eine konzentrationsabhängige rotviolette Färbung liefert und somit einen Rückschluß auf die vorhandene Menge Chlorid- bzw. Sulfation ermöglicht. Das Verfahren wurde in Anwendung auf die Bestimmung von Sulfationen in Wässern vor einigen Jahren von C. Urbach neu bearbeitet[31]. Der Vorschlag selbst stammt von K. Lang[32], die Farbreaktion mit Diphenylcarbazid geht auf P. Caseneuve[33] zurück. Das in Form einer salzsauren Lösung zugesetzte Bariumchromat wird, soweit es nicht durch die Sulfatreaktion verbraucht wurde, durch Alkalisierung aus der Lösung wieder entfernt. Die Beseitigung der Niederschläge geschieht durch Zentrifugieren. Eine gewisse Schwierigkeit entsteht durch die Eigenlöslichkeit des Bariumchromats. Diese Schwierigkeit wurde dadurch ausgeschaltet, daß man als Vergleichslösung eine sulfatfreie Lösung unter Verwendung der gleichen Reagentien herstellt. Um Unregelmäßigkeiten auszuschalten muß besonders darauf geachtet werden, daß das zur Alkalisierung verwendete Ammoniak frei von Kohlensäure ist, da sonst die Gefahr besteht, daß durch Ausscheidung von Bariumcarbonat zusätzliche Mengen Chromation in Lösung gebracht werden. Die Reaktion wird durch Phosphate und durch Eisen gestört.

IV. Bestimmung des Phosphors und des Phosphations

Die wichtigsten Verfahren zur Bestimmung des Phosphors, bzw. des Phosphations beruhen auf der Reaktion der Phosphorsäure mit der Molybdänsäure. Ähnlich wie die Arsensäure und die Kieselsäure bildet auch die Phosphorsäure mit der Molybdänsäure eine Heteropolysäure von der allgemeinen Zusammensetzung $P_2O_5 \cdot 24 MoO_3 \cdot xH_2O$. Im Gegensatz zur Silicomolybdänsäure wird jedoch im allgemeinen die ebenfalls gelb gefärbte Phosphormolyb-

---

[26] Ber. Dtsch Chem. Ges. **16**, 2234 (1883).
[27] Z. analyt. Chem. **116**, 385 (1938).
[28] Techn. Mitt. Krupp, Forschungsber. **3**, 263 (1940).
[29] Z. analyt. Chem. **92**, 15 (1933).
[30] J. Biol. Chem. **80**, 623 (1928).
[31] Mikrochemie **14**, 321 (1934).
[32] Biochem. Ztschr. **213**, 469 (1929).
[33] C. r. **131**, 346 (1900).

dänsäure nicht selbst zur photometrischen Bestimmung herangezogen, sondern die aus ihr durch Reduktion entstehende Molybdänblauverbindung.

Über die Eignung der Molybdänblaureaktion zur Phosphorbestimmung sind außerordentlich zahlreiche Untersuchungen ausgeführt worden, die vorwiegend durch folgende Gründe veranlaßt zu sein scheinen (eine ziemlich ausführliche, bis zum Jahre 1932 reichende Schrifttumsübersicht ist in der Arbeit von E. T s c h o p p und E. T s c h o p p zu finden [34]):

1. Die an die Reaktion zu stellenden Anforderungen sind recht mannigfaltig, insofern, als je nach der Art des zu untersuchenden Stoffes entweder sehr kleine oder mittlere oder u. U. auch recht hohe Phosphorgehalte zu bestimmen sind. Als Hauptanwendungsgebiete seien etwa genannt: Die P-Bestimmung in Wässern (Trinkwasser, Meerwasser, Kesselspeisewasser). Die in diesen Fällen vorkommenden P-Gehalte sind im allgemeinen verhältnismäßig gering, so daß besondere Anforderungen an die Empfindlichkeit des Verfahrens gestellt werden müssen. Ähnlich liegt der Fall bei der P-Bestimmung in physiologischen Objekten, bei denen ebenfalls meist geringe P-Mengen zu bestimmen sind. Im Gegensatz dazu wird der P-Gehalt in Düngemitteln und Schlacken meist recht erheblich sein, so daß man hier die letzte Epfindlichkeit des Verfahrens nur selten ausnützen wird. Schließlich kommt noch die P-Bestimmung in Metallen, insbesondere im Eisen und Stahl hinzu. Je nach der Werkstoffart hat man hier meist mit kleinen (Stahl) oder auch höheren P-Gehalten (Roh- und Gußeisen) zu rechnen.

2. Die Entwicklung der Molybdänblaufärbung hängt in ihrer Geschwindigkeit und in der erreichten Farbtiefe, sowie auch in ihrer zeitlichen Beständigkeit von einer Reihe von Faktoren ab, von denen in erster Linie die Art des verwendeten Reduktionsmittels, ferner die während oder nach der Reduktion herrschende Säurekonzentration und die Temperatur zu nennen sind. Von diesen Einflußgrößen ist besonders das verwendete Reduktionsmittel für die Erreichung eines gewünschten Empfindlichkeitsgrades von besonderer Bedeutung. Die Beständigkeit der Färbung hängt vorwiegend von der herrschenden Säurekonzentration ab.

Die stärkste Reduktionswirkung und damit auch wohl die größte Nachweisempfindlichkeit ist dem Zinn (II)-chlorid zuzuschreiben. Daneben hat aber auch eine Reihe organischer Reduktionsmittel weitgehende Verwendung gefunden, von denen viele, wie Rodinal, Hydrochinon oder Eikonogen auch in der photographischen Technik als Entwickler gebraucht werden. Unter den organischen Reduktionsmitteln ist auch noch das Benzidin zu nennen, welches neuerdings bei der Bestimmung der kleinen in Kesselspeisewässern enthaltenen PO_4-Mengen vorgeschlagen wurde (D e m b e r g [35]). Vielfache Anwendung hat auch das Verfahren von Sch. R. Z i n z a d z e [36] gefunden, der mit metallischem Molybdän reduzierte Molybdänsäure als Molybdänblaureagens verwendet. Die Farbenentwicklung findet hierbei mit tragbarer Geschwindigkeit erst bei Siedetemperaturen statt, zeichnet sich dann aber durch gute zeitliche Beständigkeit aus.

3. Eine große Zahl von Arbeiten beschäftigt sich ferner mit der Untersuchung des Einflusses von Störsubstanzen, die in ihrer Art und Menge, je nach der Art der zu untersuchenden Substanz u. U. einen recht erheblichen Einfluß haben können. In diesem Zusammenhange ist auf eine neuere Arbeit von J. T. W o o d s und M. G. M e l l o n [37] zu verweisen, die den Einfluß von 31 Kationen und 32 Anionen auf die Molybdänblaureaktion untersuchen. Die Wirkung der verschiedenen Störsubstanzen ist entweder darauf zurückzuführen, daß sie ebenfalls unter Blaufärbung reduzierbare Heteropolysäuren bilden. Hierher gehören das Arsen und das Silizium; oder aber die Störsubstanzen haben eine zusätzliche oxydierende oder reduzierende Wirkung, so daß die gesetzmäßige Farbentwicklung behindert wird. Hierher gehören u. a. Cer- und Eisenionen. Weitere Störmöglichkeiten entstehen durch die Eigenfärbung von Störsubstanzen, wie z. B. der Kupfer-, Nickel- oder Uranyl-Ionen, oder auch durch Niederschlagsbildung, wie dies z. B. bei Gegenwart von Barium- oder Blei-Ionen der Fall ist. Verschiedene organische Ionen können infolge von Komplexbildung stören, wie dies z. B. bei Gegenwart größerer Mengen Zitronensäure oder Weinsäure beobachtet wurde.

Glücklicherweise sind im konkreten Falle nicht alle Störmöglichkeiten gleichzeitig vorhanden, so daß das Verfahren meist auf die Ausschaltung oder Berücksichtigung von einigen wenigen Störsubstanzen beschränkt werden kann. Eine sich besonders häufig störend bemerkbar machende Substanz ist die bereits erwähnte Kieselsäure, die eine ebenfalls unter Molybdänblaubildung reduzierbare Heteropolysäure mit der Molybdänsäure bildet. Die Bildungsgeschwindigkeit und Beständigkeit dieser Heteropolysäure ist jedoch von der der Phosphormolybdänsäure erheblich verschieden, so daß unter Ausnutzung dieser Tatsache verschiedene Abhilfen geschaffen werden konnten. So bildet sich z. B. die Kieselmolybdänsäure in stark salpetersaurer Lösung erheblich langsamer (D e m b e r g [35]), ist freilich aber auch, einmal entstanden, wesentlich beständiger als die Phosphormolybdänsäure, deren blaues Reduktionsprodukt u. U. durch Erwärmen zersetzt werden kann, so daß die Eigenfarbe der Silicomolybdänsäure hervortritt. Die Entstehung von Phosphormolybdänblau kann ferner auch durch Zusatz von Oxalsäure verhindert werden, die die Reduktion der Kieselmolybdänsäure nicht behindert. Das Verfahren kann so z. B. zur Bestimmung von Phosphor und Silizium nebeneinander Verwendung finden (P. U r b a c h [38], M. Z i m m e r m a n n [39]). Eine weitere Möglichkeit besteht in der Maskierung der Kieselsäure durch Zusatz von Bisulfit (E. T s c h o p p und E. T s c h o p p [34] ferner K. S c h e e l [40]).

Im Anschluß an diese allgemeinen Bemerkungen über die Molybdänblaureaktion seien einige neuere Arbeiten besprochen, die sich mit der Anwendung der Reaktion auf verschiedenen Gebieten beschäftigen.

Über die Bestimmung der Phosphorsäure in Düngemitteln unter Verwendung der Molybdänblaureaktion berichtet K. C. S c h e e l [40]. Die Arbeit ist insofern von Interesse, als sie, ausgehend vom Besonderen zu einigen allgemeineren Erkenntnissen über die Molybdänblaureaktion führt. Die Untersuchung wurde in Anlehnung an R. D. B e l l und E. A. D o i s y [41], C. H. F i s k e und Y. S u b a r o w [42], und E. T s c h o p p und E. T s c h o p p [34] ausgeführt. Dabei erwies sich der von den letztgenannten Verfassern gemachte Vorschlag, die Farbentwicklung durch

---
[34] Helv. Chim. Acta 15, 793 (1932).
[35] Die Chemie 55, 318 (1942).
[36] Ind. Eng. Chem. analyt. Ed. 7, 227 (1935).
[37] Ind. Eng. Chem. analyt. Ed. 13, 760 (1941).
[38] Mikrochemie 14, 198 (1934).
[39] Die Chemie 55, 28 (1942).
[40] Z. analyt. Chem. 105, 256 (1936).
[41] J. Biol. Chem. 44, 55 (1920).
[42] J. Biol. Chem. 66, 375 (1925).

Erwärmen zu beschleunigen, als unzweckmäßig, da hierbei die Gefahr besteht, daß ein unkontrollierbarer Teil der überschüssig vorhandenen Molybdänsäure ebenfalls dabei mit reduziert wird. Dagegen wurde das von E. T s c h o p p und E. T s c h o p p [34] empfohlene Reduktionsmittel p-Methylaminophenolsulfat (Rodinal) in 30%iger Natriumbisulfitlösung als brauchbar übernommen. Untersuchungen über den Einfluß der Säurekonzentration ergeben in Übereinstimmung mit C. H. F i s k e und Y. S u b a r o w [42], daß die Farbentwicklung mit zunehmender Säurekonzentration soweit beschleunigt wird, daß auf eine Temperaturerhöhung verzichtet werden kann. Dabei konnte die bereits von Sch. R. Z i n z a d z e [36] gemachte Beobachtung bestätigt werden, daß mehr als 90% der Farbentwicklung bereits nach 5 Min. erreicht werden, daß dann aber ein langsamer Anstieg der Färbung einsetzt, der der beginnenden Reduktion von überschüssig vorhandenem Molybdat zugeschrieben wird. Diese Färbung erreicht kein bestimmtes Maximum, sondern nimmt langsam weiter zu, was zweifellos eine Behinderung des Verfahrens darstellt. Es wurde daher der Versuch gemacht, die Reaktion durch Zusatz geeigneter Pufferlösungen abzubremsen, nachdem sie zum größten Teil zu Ende gelaufen war. Der gewünschte Erfolg wurde in vollem Umfange durch Zusatz einer bestimmten Menge Natriumazetat erreicht, wobei nur darauf zu achten war, daß nicht durch allzugroße Verminderung der Säurekonzentration auch eine Verminderung der Beständigkeit des Molybdänblaus einträte.

Das hier von K. S c h e e l angewendete Prinzip, die Reaktion zunächst in einem für die Geschwindigkeit der Umsetzung möglichst günstigen, verhältnismäßig niedrigen p_H-Gebiet ablaufen zu lassen, und sie dann durch Zusatz eines geeigneten Puffers abzufangen, um auf diese Weise Störungen durch weiterlaufende Folgereaktionen auszuschalten, scheint ziemlich allgemein in Anwendung zu sein, denn auch bei eigenen Arbeiten des Verfassers über die zeitlichen Verhältnisse bei der Farblackbildung zwischen Aluminium und Eriochromcyanin konnte trotz eines erheblich anderen Reaktionsmechanismus von dem gleichen Prinzip Gebrauch gemacht werden.

Weitere Untersuchungen von K. C. S c h e e l befassen sich mit dem Einfluß verschiedener Störsubstanzen, wie sie bei der Analyse von Düngemitteln auftreten können. Es ergab sich, daß 10 mg Fe_2O_3, 10 mg SiO_2 und bis 70 mg Zitronensäure bei Anwesenheit von 2 mg P_2O_5/100 ccm keine die allgemeinen Fehler des Verfahrens übersteigenden Wirkungen auf den Extinktionskoeffizienten haben.

Die in dieser Arbeit zur Anwendung kommenden P_2O_5-Mengen von 2 mg/100 ccm liegen verhältnismäßig hoch. Hat man, wie dies in Wässern, z. B. im Meerwasser der Fall ist, mit wesentlich geringeren P_2O_5-Mengen, etwa von der Größenordnung 0,01 mg/100 ccm zu rechnen, so reicht die Empfindlichkeit des Verfahrens in der geschilderten Form nicht mehr aus. Es war bereits darauf hingewiesen worden, daß bei Verwendung von Zinn(II)-chlorid als Reduktionsmittel eine merkliche Erhöhung der Empfindlichkeit erreicht wird. Von diesem Reduktionsmittel macht K. S t o l l [43] Gebrauch, der eine eingehende Untersuchung der bei der Bestimmung sehr kleiner Phosphorsäurekonzentrationen im Meerwasser sich ergebenden Möglichkeiten ausführt. Dabei zeigte sich, daß in dem Maße, wie sich die Menge der zu bestimmenden Phosphationen vermindert, sich die Störwirkung durch die im Wasser vorhandenen Begleitstoffe vermehrt. Als solcher Störstoff kommt in erster Linie die Kieselsäure in Frage. Unter den bei den Arbeiten von K. S t o l l herrschenden Verhältnissen war eine Maskierung der Kieselsäure durch Bisulfitzusatz nicht möglich, da die Reduktionswirkung des Zinn(II)-chlorids auf die Silicomolybdänsäure auch diese Schranke durchbricht. Wollte man also nicht eine Störung des Verfahrens durch Kieselsäure in Kauf nehmen, so mußte für eine Trennung der Phosphormolybdänsäure von der Kieselmolybdänsäure gesorgt werden. Die Lösung der Schwierigkeiten ergab sich durch Extraktion der Phosphormolybdänsäure mit Hilfe von organischen Lösungsmitteln. Der zunächst eingeschlagene Weg, das blaue Reduktionsprodukt der Phosphormolybdänsäure entsprechend einem Vorschlage von G. D e n i g è s [44] mit Äther zu extrahieren, erwies sich als nicht gangbar, da auch das Silicomolybdänblau ätherlöslich ist. Führt man die Extraktion aber vor der Reduktion durch, so gelingt die Trennung, da die Silicomolybdänsäure, im Gegensatz zur Phosphormolybdänsäure, in organischen Lösungsmitteln unlöslich ist. Als Extraktionsmittel kamen Gemische von Äther und Amylalkohol oder auch Essigester zur Anwendung. Die Reduktion mit Zinn(II)-chlorid wurde in dem Extraktionsmittel, also z. B. in dem Essigester selbst ausgeführt. Die Extraktion der Phosphormolybdänsäure gelingt am besten aus einer 0,1 n schwefelsauren Lösung. Gewisse bei dem Arbeiten mit organischen Lösungsmitteln auftretende Schwierigkeiten konnten überwunden werden.

Nicht ganz so gering sind die Phosphatmengen, mit denen man in Kesselspeisewässern zu rechnen hat. Sie liegen in der Größenordnung von 1 mg/100 ccm. In einer neueren Untersuchung hat W. D e m b e r g [35] eine Schnellmethode ausgearbeitet, die Benzidin als Reduktionsmittel verwendet, welches nach F. F e i g l [45] sich durch besondere Empfindlichkeit auszeichnet, da die Blaufärbung der reduzierten Phosphormolybdänsäure durch das in äquivalenter Menge entstehende, ebenfalls blau gefärbte Oxydationsprodukt des Benzidins verstärkt wird. Störungen durch Kieselsäure sollen durch Verwendung stark salpetersaurer Lösungen ausgeschaltet werden können.

Wesentlich anders geartet sind die Anforderungen, die bei der photometrischen Phosphorbestimmung im Stahl auftreten. Hier ist es vor allem die Beseitigung der als Hauptbestandteil vorhandenen Störsubstanz Eisen, die besondere Vorkehrungen erfordert. Die Phosphormolybdänblaureaktion wurde von J. L. H a g u e und H. A. B r i g h t [46] auf die Bestimmung von Phosphor in Gußeisen und Stahl angewendet, wobei die Anwesenheit von Silizium und Arsen besonders berücksichtigt wird, und die Eigenfarbe von zusätzlich vorhandenen Legierungselementen durch Kompensation unterdrückt wird.

Eine wesentliche Vereinfachung des Verfahrens ergibt sich jedoch anscheinend, wenn man bei der Phosphorbestimmung im Stahl die Phosphormolybdänblaureaktion ganz verläßt und nach dem Vorschlage von G. M i s s o n [47] durch zusätzliche Einführung von Vanadin die gelborange gefärbte Phospho-Vanado-Molybdänsäure erzeugt, deren konzentrationsabhängige Färbung dem L a m b e r t - B e e r schen Gesetz folgt und allein vom Phosphorgehalt des Stahles abhängt. Das Verfahren wurde von G. B o g a t z k i [48] einer Prüfung unterzogen und weiter ausge-

---

[43] Z. analyt. Chem. **112**, 81 (1938).
[44] C. r. **171**, 802 (1920).
[45] Z. analyt. Chem. **61**, 454 (1922), **74**, 386 (1928).
[46] J. Res. Bur. Stand. **26**, 405 (1941).
[47] Chemiker-Ztg. **53**, 633 (1908).
[48] Arch. df. Eisenhüttenw. **12**, 195 (1938).

staltet. Die Säurekonzentrationen wurden so gewählt, daß die Bildung der gelb gefärbten Silicomolybdänsäure noch nicht eintritt. Ebensowenig stören Eisen, Mangan und Schwefel. Da das Verfahren mit Kompensation der Eigenfärbung der Lösungen arbeitet, und da die Eisenfärbung durch Fluoridzusatz unterdrückt wird, ist es auch auf die P-Bestimmung in legierten Stählen anwendbar. Ob die Phosphorbestimmung auch bei Gegenwart größerer Si-Mengen, wie sie im Gußeisen vorkommen, möglich ist, bedarf wohl noch weiterer Untersuchungen.

Von ähnlicher Empfindlichkeit wie das vorgenannte Verfahren ist auch das von W. Koch [49] ausgearbeitete Phosphorbestimmungsverfahren mit Strychnin auf nephelometrischem Wege. Spuren von Phosphaten geben bei Gegenwart von Strychnin-Molybdänsäure in salpetersaurer Lösung eine nephelometrisch meßbare Trübung. Die mancherlei Schwierigkeiten, die sich der praktischen Anwendung des Verfahrens zunächst in den Weg stellten, und die in ähnlicher oder abgewandelter Form wohl stets bei dem Versuch einer quantitativen Auswertung von Trübungsmessungen auftreten, konnten überwunden werden, so daß das Verfahren z. B. bei der Betriebsanalyse bereits ausgedehnte Anwendung findet. Die erwähnten Schwierigkeiten sind einmal durch die Eigentrübung des Reagenses bedingt und stehen zweitens anscheinend mit einer von dieser Eigentrübung ausgeübten Keimwirkung auf den entstehenden Niederschlag in Zusammenhang, wodurch die Bildung größerer Teilchen begünstigt wird, und so zu niedrige Resultate vorgetäuscht werden. Durch Zusammenmischen des Reagenses erst unmittelbar vor der Messung und durch Ultrafiltration der Reagenslösung konnten die genannten Schwierigkeiten ausgeschaltet werden. Die Empfindlichkeit des Verfahrens ist so groß, daß noch 0,01% Phosphor bei einer Einwage von 0,1% fehlerfrei zu erfassen sind. Das Verfahren erreicht damit die Empfindlichkeit der empfindlichsten Form der Molybdänblaureaktion.

Zahlreiche Untersuchungen beschäftigen sich auch mit der Phosphorbestimmung in biologischen und physiologischen Objekten. Sie bringen im allgemeinen jedoch nichts Neues. Da die hier auftretenden Phosphormengen wohl verhältnismäßig gering sein werden, wird man auch hier meist zu der empfindlichsten Form der Methode, d. h. zu der Reduktion mit Zinn(II)-chlorid greifen, wie dies von J. Tischner [50] bei der Untersuchung von Pflanzenaschen geschehen ist.

V. Ammoniak und Nitrate

Die kolorimetrische Bestimmung des Stickstoffs kommt entweder in Form des Ammoniaks oder der Nitrate in Frage.

Das am häufigsten verwendete Reagens für Ammoniak ist das Neßlersche Reagens. Über die Bestimmung des Ammoniaks nach diesem Verfahren sind zahlreiche Arbeiten erschienen. Dabei ist, wie auch in anderen Fällen, die große Zahl der sich mit dieser Reaktion beschäftigenden Arbeiten weniger ein Beweis für die besondere Brauchbarkeit der Reaktion, als vielmehr ein Hinweis darauf, daß noch vielfach Schwierigkeiten bestehen, die die verschiedenen Autoren, jeder in seiner Weise, zu überwinden trachten.

Mit dem Mechanismus der Neßlerschen Reaktion beschäftigt sich in einer grundsätzlichen, kürzlich erschienenen Arbeit E. Geiger [51], die auch eine ausführliche Schrifttumsübersicht zu dieser Frage enthält. Nach den sehr eingehenden Untersuchungen von E. Geiger findet die Umsetzung nach der bereits von J. Neßler [52] angegebenen Gleichung statt:

$$2 K_2[HgJ_4] + 3 KOH + NH_3 \rightleftarrows O\diagup^{Hg}_{\diagdown Hg}\diagdown NH_2J + + 7 KJ + 2 H_2O$$

Das Kennzeichnende dieser Gleichung ist die Annahme der Bildung einer sauerstoffhaltigen, von Geiger als Oxydimercuriammoniumjodid bezeichneten Verbindung, für deren Entstehung die Verwendung alkalischer Lösungen Voraussetzung ist. Der später von M. L. Nichols und C. Willits [53] angenommene Reaktionsmechanismus, nach welchem neben dem Kaliumjodmercurat (II) kein Alkali notwendig ist, konnte nicht bestätigt werden. Ebensowenig konnte die von den letzgenannten Autoren angenommene Entstehung eines Dimercuriammoniumtrijodid bestätigt werden. Das für die Reaktion zu verwendende Kaliumjodmercurat (II) steht mit seinen Komponenten Kaliumjodid und Quecksilber (II)-jodid im Gleichgewicht:

$$K_2[HgJ_4] \rightleftarrows 2 KJ + HgJ_2$$

In verdünnten und wenig Alkali enthaltenden Lösungen ist dies Gleichgewicht stark nach rechts verschoben, wobei der Gedanke nahe liegt, die im Neßlerschen Reagens leicht auftretenden Trübungen mit der Bildung des Quecksilber(II)-jodids in Verbindung zu bringen. Da jedoch Versuche, das Vorhandensein dieses Zersetzungsprodukts direkt nachzuweisen, fehl schlugen, wird angenommen, daß das Quecksilber(II)-jodid an die Neßler-Verbindung als Doppeljodid gebunden ist.

Aus der eingangs wiedergegebenen Neßlerschen Reaktionsgleichung ist zu entnehmen, daß neben der Neßler-Verbindung noch eine äquivalente Menge Kaliumjodid in Freiheit gesetzt wird. Um einen Rücklauf des Gleichgewichtes durch das freigesetzte Kaliumjodid zu verhindern soll das Reagens zweckmäßigerweise einen Überschuß an Quecksilber(II)-jodid enthalten, welches sich mit dem freigesetzten Kaliumjodid wieder zu Kaliumjodmercurat(II) umsetzt. Nach der Formel dieser Verbindung kommen auf 2 Mol Kaliumjodid 1 Mol Quecksilberjodid. Um den Rücklauf des Gleichgewichtes zu vermeiden, verwendet E. Geiger in der Herstellungsvorschrift für sein Reagens ein Verhältnis von 1,795 Mol KJ auf 1 Mol HgJ$_2$.

Die Untersuchung ergab weiterhin, daß die Alkalität der Lösung, in der sich die Bildung der Neßlerverbindung vollzieht, von ausschlaggebender Bedeutung für Empfindlichkeit und Durchführbarkeit der Reaktion ist. Unter einem p_H-Wert von 12 tritt überhaupt keine Reaktion ein. Da die Alkalität der Prüflösung außerdem noch von der Menge des zu bestimmenden Ammoniaks abhängt, wird vorgeschlagen, zunächst diese Alkalität auf einen Alkaligehalt von 0,105 bis 0,135-n NaOH oder KOH einzustellen und dann erst die Kaliumjodmercurat(II)-Lösung zuzugeben. Die Entwicklung der Färbung soll sich in 30 min vollziehen und die Messung soll unmittelbar anschließend erfolgen. Angaben über die zeitliche Beständigkeit der Färbungen werden nicht gemacht, es wird nur hervorgehoben, daß die Lösungen sich durch optische Leere auszeichnen. Ob die Vorschrift von E. Geiger

---

[49] Techn. Mitt. Krupp. Forschungsber. 1938, S. 37.
[50] Pflanzenernährung, Düngung und Bodenkunde, Teil A. 33, 192 (1934).
[51] Helv. Chim. Acta 25, 1453 (1942).
[52] Über das Verhalten des Jodquecksilbers zu Ammoniak. Freiburg 1856, S. 18.
[53] I. Amer. chem. Soc. 56, 769 (1934).

einen Fortschritt gegenüber den bestehenden Vorschriften bedeutet, muß erst eine Nachprüfung seiner Versuchsergebnisse zeigen.

Mit der praktischen Anwendung der Neßler-Reaktion bei der Bestimmung des Stickstoffs im Stahl beschäftigen sich in einer neueren Arbeit A. Gotta und H. Seehof[54]. Die sorgfältige Prüfung mehrerer Vorschriften für die Herstellung des Neßler-Reagenses ergab, daß diese sich zwar grundsätzlich wenig voneinander unterscheiden, daß jedoch hinsichtlich ihrer Brauchbarkeit bei der praktischen photometrischen Messung beträchtliche Unterschiede vorhanden sind. Diese Unterschiede beziehen sich vor allem auf das Vermeiden von Trübungen und auf die zeitliche Konstanz der erhaltenen Extinktionswerte. Nach verschiedenen Versuchen erwies sich die von R. A. Cleghorn und L. Jendrassik[55] angegebene Vorschrift als besonders geeignet. Die besondere Wirksamkeit der nach dieser Vorschrift hergestellten Lösungen scheint einmal mit ihrer vergleichsweise ziemlich hohen Alkalität, etwa im Sinne der Ausführungen von E. Geiger[51], sowie mit einer vor dem Gebrauch vorgenommenen vierwöchigen Alterung der Lösung zur Abscheidung basischer Quecksilberverbindungen zusammenzuhängen. Der Erfolg der Bemühungen ist jedenfalls gewesen, daß ein Reagens erhalten wurde, bei dem die Farbentwicklung bereits 1 min nach der Zugabe ihr Maximum erreicht und während etwa 20 min danach völlig konstant bleibt. Hinsichtlich der Geschwindigkeit der Farbentwicklung scheint also die letztgenannte Vorschrift der von E. Geiger gegebenen Vorschrift überlegen zu sein. Die Frage der Nachweisempfindlichkeit der nach den beiden Vorschriften hergestellten Lösungen bedarf dagegen wohl noch einer Nachprüfung. Ein nach einer anderen Vorschrift hergestellten Ansatz ergab bei den Versuchen von A. Gotta und H. Seehof dauernde Extinktionszunahmen während mehr als einer halben Stunde.

Die weiteren Bemühungen von A. Gotta und H. Seehof bezogen sich auf die Umgehung der sonst bei der Stickstoffbestimmung in der Stahlanalyse üblichen Wasserdampfdestillation. Nach dem von den Verfassern angegebenen Verfahren wird die Stahl- oder Eisenlösung durch eine Laugentrennung von den Schwermetallen befreit und in dem erhaltenen alkalischen Filtrat der Stickstoff mit dem genannten Reagens kolorimetrisch oder photometrisch bestimmt.

Die weitere Durcharbeitung des Verfahrens ergab, daß das Auftreten von Trübungen mit Sicherheit nur dann vermieden werden kann, wenn bei der Herstellung der Stahllösungen darauf geachtet wird, daß diese nicht zu hohe Laugen- oder Salzgehalte enthalten. Die Gesamtkonzentration an Lauge und Natriumsulfat (es wird mit Schwefelsäureaufschluß gearbeitet) soll 0,25 normal nicht überschreiten. Ebenso sind Chloride in der Lösung zu vermeiden. Die günstigsten Ergebnisse wurden ferner mit Stickstoffgehalten von 0,05 mg/100 ccm Lösung erhalten. Messungen mit Konzentrationen von mehr als 0,1 mg Stickstoff/100 ccm Lösung waren nur schwer zu reproduzieren.

Die hier etwas ausführlicher wiedergegebene Untersuchung ist zwar in erster Linie auf die Bestimmung von Stickstoff im Stahl und Eisen abgestellt, doch dürften sich die dabei gemachten Beobachtungen entsprechend auch auf die Bestimmung des Stickstoffs in anderen Objekten übertragen lassen.

Die gleiche Reaktion verwenden auch P. Klinger und W. Koch[56] zur mikroanalytischen Bestimmung des Stickstoffs im Stahl, wobei der besondere Wert ihrer Untersuchung in der Konstruktion einer Einrichtung zur schichtenweisen Abtragung und damit zur Bestimmung des Stickstoffs in nitrierten Oberflächenschichten zu erblicken ist. Das von P. Klinger und W. Koch angegebene Neßlersche Reagens wird ebenfalls erst nach mehrwöchigem Ablagern verwendet. Angaben über zeitliche Veränderungen der Extinktion werden nicht gemacht.

Ein anderes Verfahren zur Bestimmung sehr kleiner Mengen Ammoniak, welches bisher anscheinend noch nicht viel Beachtung gefunden hat, wurde von K. Makris[57] angegeben. Es bedient sich der Reduktion von Silberlösungen mit Tannin, wobei die Intensität der Färbung der hierbei erhaltenen kolloiden Silberlösungen proportional dem Gehalt an gleichzeitig vorhandenen Ammoniak sein soll. Eine Nachprüfung des Verfahrens, welches besonders zur Bestimmung sehr kleiner Ammoniakmengen, bei denen das Neßlersche Reagens bereits versagt, geeignet sein soll, erscheint wünschenswert.

Für die kolorimetrische Bestimmung von Nitratstickstoff sind verschiedene Reaktionen angegeben worden, die sich vorwiegend organischer Reagentien bedienen. Eine der empfindlichsten Reaktionen dürfte wohl die mit Strychnin und Schwefelsäure entstehende Rotfärbung sein (G. Denigès[58] sowie F. M. Scales und A. P. Harrison[59]), die vorwiegend bei der Bestimmung sehr kleiner Gehalte an Nitrat-Stickstoff in der Größenordnung von 0,01 γ/ccm in Frage kommt. Die Reaktion wird durch die Anwesenheit weiterer oxydierender Reagentien gestört.

Bekannt ist ferner die vielfach verwendete Reaktion mit Diphenylamin. Die sich hierbei entwickelnde Blaufärbung, die bereits bei der Chlorionenbestimmung erwähnt wurde, ist bei konstantem Chloridgehalt der Nitratkonzentration proportional. Da auch für diese Reaktion ein günstiger Konzentrationsbereich besteht, überzeugt man sich zunächst zweckmäßig von der ungefähr vorhandenen Nitratmenge. Nach Angaben von I. M. Kolthoff und G. E. Noponen[60] soll die Diphenylaminsulfosäure sich für die Reaktion noch besser eignen als die Lösung von Diphenylamin in Schwefelsäure. Die Reaktion wird durch die Gegenwart anderer Oxydationsmittel, zu denen auch Eisen(III)-Ionen gehören, gestört.

Eine weitere Möglichkeit zur Nitratbestimmung besteht in der Umsetzung mit Brucin in schwefelsaurer Lösung, wobei sich zunächst eine rote Färbung ausbildet, die jedoch nach einiger Zeit eine schwefelgelbe Farbe annimmt, die nach L. W. Haase[61] für kolorimetrische Zwecke besonders geeignet sein soll. Die Farbe bleibt während 24 Stunden konstant. Die Besonderheit des Haaseschen Verfahrens besteht in der Verwendung einer Brucin-Chloroformlösung, wodurch gegenüber früheren Vorschlägen eine erhöhte Brucin-Konzentration möglich wird, die der Nachweisempfindlichkeit des Verfahrens zugute kommt. Die untere Nachweisgrenze liegt bei 0,5 mg N_2O_5/Liter.

In den vorstehenden Ausführungen sind einige wenige Verfahren für die kolorimetrische und photometrische Be-

---

[54] Z. analyt. Chem. **124**, 216 (1942).
[55] Biochem. Ztschr. **274**, 189 (1934).
[56] Techn. Mitt. Krupp, Forschungsber. **5**, 61 (1937).
[57] Z. analyt. Chem. **84**, 241 (1931).
[58] Bull. Soc. Chim. (4) **9**, 544 (1911).
[59] Ind. Eng. Chem. **16**, 571 (1924).
[60] J. Am. Chem. Soc. **55**, 1448 (1933).
[61] Chem.-Ztg. **50**, 372 (1926.)

stimmung einiger Nichtmetalle und ihrer Anionen wiedergegeben worden. Von den eingangs erwähnten grundsätzlichen Möglichkeiten zur photometrischen und kolorimetrischen Konzentrationsbestimmung hat das Verfahren der Fluoreszenzmessung bisher noch am wenigsten Anwendung gefunden. Unter der hier wiedergegebenen Reihe von Verfahren war nur die durch Fluorionen erwähnte Schwächung der Fluoreszenz der Morin-Aluminiumverbindung erwähnt worden. Es handelt sich hierbei um eine Fluoreszenzschwächung infolge einer Zersetzung einer fluoreszierenden Verbindung durch das zu bestimmende Ion. Um äußerlich den gleichen Effekt, wenn auch wohl um einen grundsätzlich anderen Reaktionsmechanismus, handelt es sich bei der sog. Fluoreszenzlöschung. Hierunter versteht man die Abnahme oder das Verschwinden der Fluoreszenzintensität bestimmter fluoreszierender Stoffe, wie z. B. des Acridin oder des Chinin bei Gegenwart vielfach schon sehr geringer Mengen anorganischer Salze und organischer Stoffe. Es hat sich herausgestellt, daß bei der Löschwirkung der anorganischen Salze das Kation im allgemeinen kaum beteiligt ist, daß bestimmte Anionen dagegen u. U. eine ausgeprägte Löschwirkung zeigen. Die Erfahrungen auf diesem Gebiet sind bisher noch gering. Für einige anorganische Anionen liegen Untersuchungen von W. West, R. H. Müller und E. Jette[62] vor. Die Fluoreszenz einer Lösung, die 0,0025 Mol Chinin im Liter enthält, wird durch 0,0040 Mol Kaliumjodid/Ltr. auf die Hälfte herabgesetzt, während vom Kaliumchlorid für die gleiche Wirkung bereits die doppelte Menge erforderlich ist. Kaliumoxalat erfordert sogar mehr als die vierfache Menge und Kaliumacetat bereits die achtfache Menge. Die hier wiedergegebene Reihe der Löschwirkung ist die gleiche wie die der Anionenrefraktionen, deren Zunehmen die Zunahme locker gebundener Elektronen im Löscher anzeigt. Wenn auch die praktische Anwendbarkeit des Verfahrens noch kaum sichtbar erscheint, und der Vorschlag von H. Fischer[63], die Löschwirkung der Salzsäure auf Chininlösungen zu ihrer Bestimmung heranzuziehen, wohl nur mehr theoretische Bedeutung hat, so ist es doch wohl nicht ausgeschlossen, daß eine künftige weitere Forschung auf diesem Gebiet in besonders günstig gelagerten Fällen noch zu praktisch brauchbaren Anwendungen führen kann. Für die praktische Fluoreszenzanalyse ist die Beschäftigung mit diesen Fragen insofern von Bedeutung, als durch die Löschwirkung wechselnder Mengen von Anionen, die bei der Messung als Lösungsgenossen zugegen sein können, u. U. erhebliche Fehler in die Messung getragen werden können.

[62] Proc. Roy. Soc. Ser. A. **121**, 294, 299, 313 (1928).

[63] Die physikalische Chemie in der gerichtlichen Medizin und in der Toxikologie mit spezieller Berücksichtigung der Spektrographie und der Fluoreszensmethoden. Verlag A. Rudolf, Zürich 1925.

DIE BESTIMMUNG VON THORIUM IN THORIERTEN WOLFRAM-DRÄHTEN[1]

Von W. Böhm

Bekanntlich finden thorierte Wolframdrähte als Glühfäden in der Glühlampenindustrie weitverzweigte Verwendung; wird doch durch den Zusatz von Thorium eine Erhöhung der Bruchfestigkeit und eine Formbeständigkeit der Fäden bei hohen Temperaturen erzielt. Außerdem wird die Elektronenemission eines thorierten Wolframdrahtes gegenüber reinem Wolframdraht beträchtlich vergrößert.

Über die quantitative Trennung von Thorium und Wolfram auf chemischem Wege finden sich in der Literatur nur wenige Angaben. Eine Arbeitsweise, nach der thoriumhaltige Wolframdrähte auf ihren Gehalt an Thoriumoxyd untersucht werden, ist von D. H. Brophy und Ch. van Brunt[2] angegeben. Sofern nur kleine Mengen dieser Fäden zur Verfügung stehen, lehnen sie die Trennung auf nassem Wege nach dem Lösen in Salpeter-Flußsäure ab; sie gehen vielmehr so vor, daß sie die Fäden durch längeres Erhitzen im Sauerstoffstrom oxydieren und über das erhaltene Oxydgemisch einen Strom von Salzsäuregas und Sauerstoff leiten, wobei das Wolfram als Oxychlorid verflüchtigt wird. Der verbliebene Rückstand wird dann als Thoriumoxyd angesehen.

Eine Trennung von Thorium und Wolfram führen M. Wunder und A. Schapiro[3] in der Weise durch, daß sie ebenfalls zunächst ein Oxydgemisch der Metalle herstellen und dieses dann mit Natriumkarbonat aufschließen; beim Auslaugen der Schmelze mit Wasser geht das Wolfram als Natriumwolframat in Lösung, während das Thoriumoxyd ungelöst zurückbleibt und nach dem Abfiltrieren als solches ausgewogen wird.

Die genannten Verfahren sind hier nicht praktisch überprüft worden, so daß ein Urteil über ihre Zuverlässigkeit nicht abgegeben werden kann. Voraussetzung bei beiden Methoden ist jedoch, daß keine anderen Stoffe vorhanden sind, die beim Erhitzen im Salzsäurestrom bzw. beim Schmelzen mit Natriumkarbonat im Rückstand verbleiben, da eine Reinigung der Rückstände nicht mehr erfolgt. Die Verflüchtigung des Wolframs als Oxychlorid erfordert außerdem besondere apparative Aufwendungen. Da schließlich nur kleine Mengen des Materials in Arbeit genommen werden, besteht die Möglichkeit, daß nicht immer eine gleichmäßige Durchschnittsprobe zur Untersuchung gelangt.

Für die Laboratoriumspraxis schien es geboten, ein Trennungsverfahren zu finden, das ermöglicht, die Bestimmung des Thoriums in den thorierten Wolframdrähten auf einfache Weise und zugleich mit absoluter Genauigkeit auszuführen. Es wurde hierbei die Trennung der beiden Stoffe auf nassem Wege, die auch die Anwendung von größeren Einwaagen gestattet, vorgenommen. Das Verfahren wurde an Modellversuchen mit Wolframmetall und Thoriumsalz überprüft und zu einer für die Praxis brauchbaren Analysenmethode entwickelt.

Grundlage des Verfahrens

Wolframmetall in fein verteilter Form läßt sich, wie bekannt, beim Behandeln mit einem Gemisch von Fluß-

[1] Erschien auch in Metall u. Erz **40** (1943) S. 179.
[2] Ind. and. Engin. Chem. **19**, 107 (1927).
[3] Ann. chim. anal. appl. **18**, 257 (1913).

säure und Salpetersäure leicht in Lösung bringen. Dampft man die Lösung zur Trockne, hinterbleibt gelbe Wolframsäure, die mit Alkalilauge lösliches Natriumwolframat bildet.

Thorium und Thoriumoxyd setzen sich, wie entsprechende Versuche ergeben haben, beim Erwärmen mit dem Säuregemisch ebenfalls um; die gebildeten Salze bilden jedoch mit Alkalilauge unlösliches Hydroxyd. Liegt daher ein Gemisch von Wolframmetall und Thorium bzw. Thoriumoxyd vor, können beide Stoffe auf diesem Wege von einander getrennt werden. Um das abgeschiedene Thoriumhydroxyd von etwaigen Begleitstoffen zu reinigen, wird der abfiltrierte und ausgewachsene Hydroxydniederschlag in Salzsäure gelöst und das Thorium in dieser Lösung als Oxalat zur Abscheidung gebracht. Nach dem Abfiltrieren und Glühen wird es als Oxyd ausgewogen.

Arbeitsvorschrift

Für die chemische Untersuchung von thorierten Wolframdrähten werden 2—5 g in einer Platinschale mit etwa 10—20 cm³ Fluorwasserstoffsäure übergossen und tropfenweise mit konzentrierter Salpetersäure — vorteilhaft unter Benutzung einer Tropfflasche — versetzt. Da die Reaktion des Säuregemisches mit dem Metall lebhaft einsetzt, gibt man zunächst kleine Mengen Salpetersäure hinzu, um infolge der entstehenden Gasentwicklung ein Spritzen zu vermeiden; nach Beendigung der ersten Einwirkung kann man die Salpetersäuremenge steigern. Die Auflösung des Metalls ist beendet, wenn sich keine aufsteigenden Gasblasen mehr in der Flüssigkeit erkennen lassen. Der Schaleninhalt wird danach noch auf dem Wasserbade erwärmt, wobei schließlich eine klare Lösung entsteht. Diese wird darauf auf dem Wasserbade zur Trockne verdampft, wobei gelbe Wolframsäure vermengt mit Thoriumsalzen als Rückstand verbleibt. Um die Fluorwasserstoffsäure vollständig zu vertreiben, wird der Trockenrückstand noch zweimal mit wenig Salpetersäure abgedampft, danach mit etwas Wasser aufgenommen und mit einer der Einwaage entsprechenden Menge Natronlauge behandelt. Durch Umrühren mit einem Glasstabe und durch Erwärmen auf dem Wasserbade läßt sich die Wolframsäure leicht in Lösung bringen, während das Thoriumhydroxyd als unlöslicher, flockiger Niederschlag in der Flüssigkeit verbleibt. Nach dem Verdünnen des Schaleninhaltes mit Wasser wird das unlösliche Hydroxyd abfiltriert und mit warmem Wasser gut ausgewaschen. Der Niederschlag wird danach wieder in die Schale zurückgespritzt und mit Salzsäure übergossen, wobei der Lösungsvorgang durch Erwärmen zu Ende geführt wird. Sollte ausnahmsweise hierbei keine vollständige Lösung des Niederschlages eintreten, so ist der verbliebene Rückstand abzufiltrieren, zu veraschen und mit Kaliumhydrogensulfat aufzuschließen. Die erhaltene Schmelze ist mit salzsäurehaltigem Wasser aufzunehmen und mit der Hauptmenge der thoriumhaltigen Lösung zu vereinen.

Für die danach folgende Abscheidung des Thoriums mit Oxalsäure ist die Menge der Salzsäure, wie aus den später ausgeführten Fällungsbeispielen ersichtlich ist, nicht so kritisch. Es empfiehlt sich, bei einem Fällungsvolumen von etwa 125—150 cm³ Thoriumlösung 10—15 cm³ Salzsäure vom spez. Gew. 1,12 anzuwenden und in der Wärme zu fällen. Geringere Salzsäuremengen lassen bei der Fällung des Thoriums mit Oxalsäure ein weniger gut kristallisiertes und zu filtrierendes Oxalat entstehen. Ammoniumoxalat ist als Fällungsmittel nicht geeignet, da es bekanntlich teilweise lösliches Ammoniumoxalothorat bildet. Der Oxalatniederschlag wird am nächsten Tage abfiltriert, mit Wasser ausgewaschen, bis zur Gewichtskonstanz stark geglüht und als Thoriumoxyd ausgewogen.

Beleganalysen

Zur Nachprüfung des vorstehend beschriebenen Verfahrens diente reines metallisches Wolfram in Pulverform, dem wechselnde Mengen eines Thoriumsalzes zugegeben wurden. Als Thoriumsalz wurde reines Thoriumnitrat verwendet, dessen hergestellte wässrige Lösung in 1 cm³ einem Gehalt von 0,0036 g Thoriumoxyd entsprach.

Die Versuche wurden so gewählt, daß nachstehende Gehalte des Wolfframs an Thoriumoxyd vorlagen:
1. etwa 6%, 2. etwa 1,2%, 3. etwa 0,6%, 4. etwa 0,1%.

Die Ergebnisse der nach dem vorstehend beschriebenen Verfahren durchgeführten Versuche sind in nachstehender Tabelle zusammengestellt:

Versuch Nr.	Angewandte Menge		Gefundene Menge Thoriumoxyd g
	Wolfram g	Thoriumoxyd g	
1	1,5	0,0900	0,0904
2	3,0	0,0360	0,0361
3	3,0	0,0180	0,0179
4	6,0	0,0072	0,0070

Wie die Versuche erkennen lassen, besteht zwischen den zugegebenen und gefundenen Mengen Thoriumoxyd eine gute Übereinstimmung, so daß die Brauchbarkeit und die Zuverlässigkeit des angegebenen Analysenverfahrens bestätigt werden konnte.

Im Zusammenhang mit dem beschriebenen Trennungsverfahren schien es angebracht, nachzuprüfen, in wieweit die zur Lösung des Thoriumhydroxydes verwendeten Salzsäuremengen einen Einfluß auf die Fällung des Thoriums mit Oxalsäure auszuüben vermögen. Nähere Angaben über das Verhalten von Thoriumoxalat gegenüber Säuren finden sich u. a. bei R. J. Meyer und O. Hauser[4].

Im Rahmen der vorstehenden Versuche wurde eine abgemessene Menge Thoriumnitrat mit wechselnden Mengen Salzsäure vom spez. Gew. 1,12 versetzt und mit Wasser auf ein Volumen von 100 cm³ gebracht. Es wurden 5 Versuchslösungen hergestellt, deren Thoriumgehalt je 0,036 g ThO_2 entsprach und deren Salzsäuremengen, bezogen auf die angegebene Säure, 2, 5, 10, 15, und 20% betrug. Zu den kochend heißen Lösungen wurden je 10 cm³ einer gesättigten Oxalsäurelösung gegeben und der entstandene Niederschlag in üblicher Weise behandelt.

Die Versuchsergebnisse sind in nachstehender Zahlentafel wiedergegeben.

Versuch	Salzsäure 1,12 cm³	Angewandt ThO_2 g	Gefunden ThO_2 g	Unterschied mg
1	2	0,0360	0,0364	0,4
2	5	0,0360	0,0364	0,3
3	10	0,0360	0,0364	0,4
4	15	0,0360	0,0362	0,2
5	20	0,0360	0,0365	0,5

Aus diesen Versuchen läßt sich erkennen, daß Salzsäuremengen bis zu 20 cm³ in einem Fällungsvolumen von 100 cm³ ohne jeden Einfluß auf die Abscheidung des Thoriums mit Oxalsäure sind. Da im allgemeinen bei dem angegebenen Trennungsverfahren höhere Salzsäurekonzen-

---

[4] Die Analyse der seltenen Erden und Erdsäuren 1912 S. 165. Verlag Ferd. Enke, Stuttgart.

trationen nicht angewandt zu werden brauchen, lassen sich die Fällungen des Thoriums mit Oxalsäure innerhalb der angegebenen Grenzzahlen für die Salzsäuremengen stets quantitativ durchführen.

Zusammenfassung.

Es wurde ein Verfahren entwickelt, nach dem es ohne besondere Schwierigkeiten gelingt, das in den thorierten Wolframfäden enthaltene Thorium und Thoriumoxyd schnell und mit absoluter Genauigkeit zu bestimmen.

Das Verfahren beruht im wesentlichen darauf, daß das Metall in Salpeter-Flußsäure gelöst und der nach dem Eindampfen erhaltene Trockenrückstand mit Natronlauge behandelt wird. Die Wolframsäure geht hierbei in Lösung, während das abgeschiedene Thoriumhydroxyd nach dem Abfiltrieren und Lösen in Salzsäure als Oxalat gefällt und als Oxyd bestimmt wird. Beispiele mit bekannten Mengen Wolframmetall und Thoriumnitrat bestätigen die Zuverlässigkeit dieses leicht durchführbaren Trennungsverfahrens.

ZUM ATMOSPHÄRISCHEN ROSTEN DES EISENS
Von G. Schikorr

A. Einleitung

Zur Feststellung der Abhängigkeit des atmosphärischen Rostens des Eisens von den atmosphärischen Bedingungen führen wir seit 1934 eine große Anzahl von atmosphärischen Versuchen aus. Die bis 31. Dezember 1938 erhaltenen Ergebnisse sind bei G. Schikorr (1) beschrieben. Diese Ergebnisse zeigen u. a. eindeutig einen gleichsinnigen Verlauf des atmosphärischen Rostens (in folgendem kurz als „Rosten" bezeichnet) mit der relativen Feuchtigkeit und dem nach W. Liesegang (2) bestimmten „Schwefelwert" der Atmosphäre. Die Gesetze dieser Abhängigkeiten, die bisher nicht erkannt werden konnten, sollten mit Hilfe der seit 1939 ausgeführten Versuche geklärt werden. Die Winter 1939 bis 1942 waren jedoch ungewöhnlich kalt. Da bei tiefen Kältegraden das Rosten fast völlig zum Stillstand kommt, gaben die in diesen Jahren gefundenen Werte keine geeigneten Unterlagen für die weitere Erforschung der genannten Gesetzmäßigkeit.

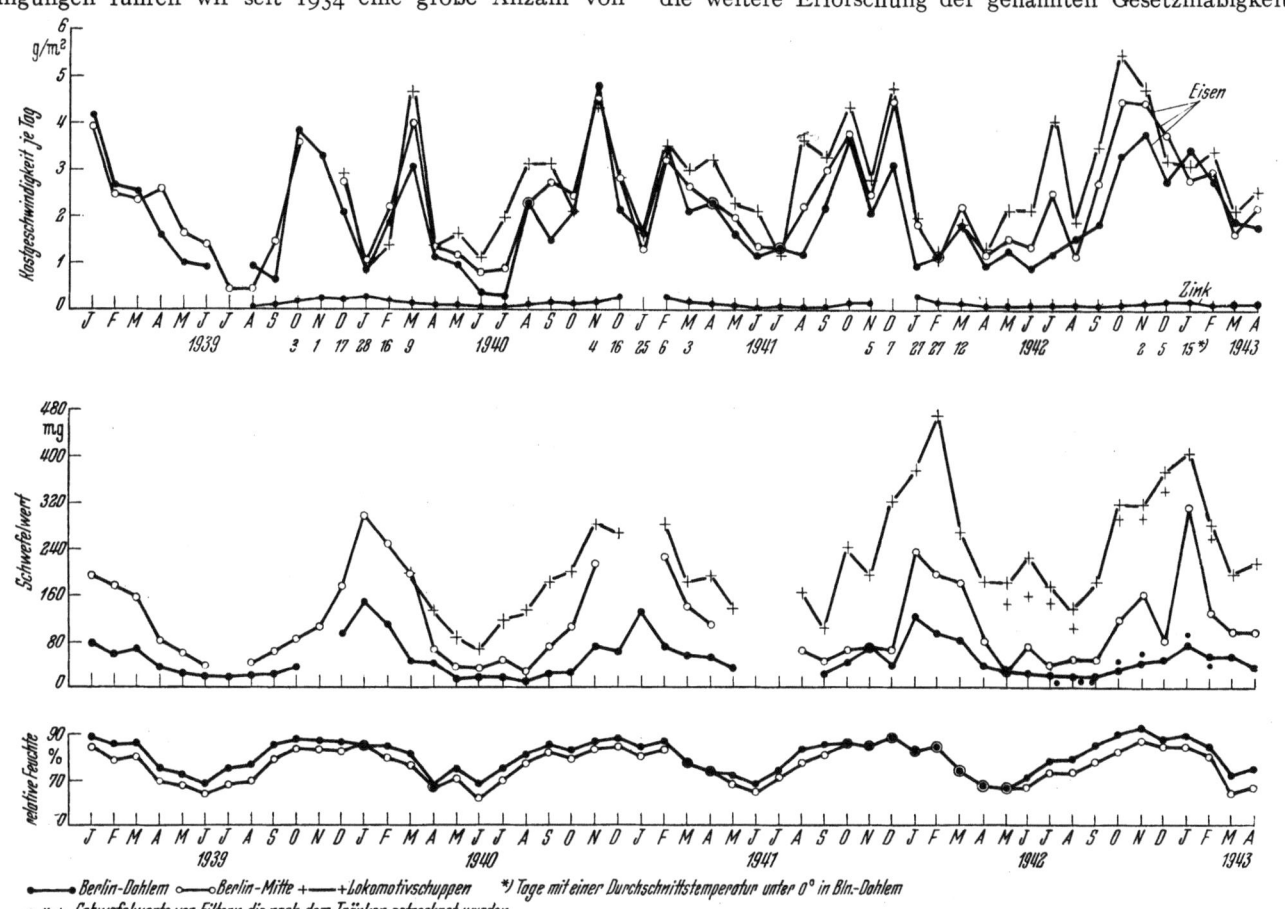

Bild 1. Atmosphärische Rostgeschwindigkeit und Witterungswerte 1939/43 in Berlin

Da diese Werte aber in einigen anderen Beziehungen von Belang sind, sollen sie in folgendem kurz mitgeteilt werden.

B. Einfache Rostversuche

Die in der früher beschriebenen Art ausgeführten Rostversuche mit Elektrolyteisen (seit 1. Oktober 42 mit Armco-Eisen) ergaben Werte, die in Bild 1 zeichnerisch dargestellt sind. Die Schwefelwerte wurden in etwas anderer Weise bestimmt als bei den früher beschriebenen Versuchen (vgl. Abschnitt D). In einigen Fällen wurden infolge äußerer

Umstände keine Ergebnisse erhalten; hier fehlen die betreffenden Punkte. Die Werte für die relative Feuchte sind den Witterungsübersichten des Reichswetterdienstes entnommen. Zum Vergleich sind in Bild 1 auch Korrosionswerte von Zink eingetragen, die in Berlin-Dahlem bei an anderer Stelle (3) beschriebenen Versuchen erhalten wurden.

Aus den gefundenen Werten ergibt sich:

1. Wie bei den früheren Versuchen ist im Sommer das Rosten an allen drei Versuchsständen besonders niedrig. Nur im Juli 1942 wurde in Berlin-Mitte und neben dem Lokomotivschuppen ein verhältnismäßig starkes Rosten gefunden; die Ursachen hierfür lassen sich nicht erkennen.

2. Im Winter zeigt das Rosten zum Teil sehr hohe Werte. In Monaten mit mehr als 20 Frosttagen — Januar 1940, Januar 1941, Januar 1942, Februar 1942 — wird die Verrostung jedoch stark herabgedrückt. Auch in Monaten mit mehr als 15 Frosttagen — Dezember 1939, Februar 1940, Dezember 1940 — ist die Verrostung deutlich gegenüber den sonst in diesen Monaten gefundenen Werten verringert.

3. Die Verrostung in Berlin-Mitte ist — wie auch früher gefunden — fast stets höher als in Berlin-Dahlem und neben dem Lokomotivschuppen höher als in Berlin-Mitte.

4. Die Verrostung des Eisens ist etwa durchschnittlich eine Größenordnung höher als die des Zinks, bei dem im übrigen — wie bei (3) näher beschrieben — lange Frostzeiten für die Witterungsbeständigkeit verhältnismäßig belanglos sind.

5. Die Schwefelwerte zeigen an allen drei Versuchsorten einen gleichmäßigeren Verlauf als die Rostwerte, indem im Sommer niedrige im Winter fast durchweg hohe Werte auftreten, ohne daß die Frostzeiten einen erkennbaren Einfluß ausüben, was offenbar darauf beruht, daß die Tränklösung erheblich unter 0° gefriert. Die Werte sind wieder in Berlin-Mitte höher als in Berlin-Dahlem und neben dem Lokomotivschuppen höher als in Berlin-Mitte.

6. Genauere Zusammenhänge zwischen Verrostung und Schwefelwert lassen sich — wie schon gesagt — nicht erkennen, und zwar im besonderen wegen des ungleichmäßigen Verlaufs in den Frostzeiten.

Versuche von 1 Jahr Dauer wurden seit 1939 nur stichprobenartig ausgeführt. Die gefundenen Werte — zusammen mit einigen früher erhaltenen Werten — sind in Zahlentafel 1 wiedergegeben.

Zahlentafel 1. Rostversuche von 1 Jahr Versuchsdauer in Berlin

Versuchszeit	Gesamtzahl der Tage mit Durchschnitt unter 0° in Bln.-Dahlem	Durchschnittliche Abtragung in mm je Jahr		
		in Bln.-Dahlem	Berlin-Mitte	neben Lokomotivschuppen
1. 10. 35 ... 1. 10. 36	25	0,059	[1]	[1]
2. 11. 36 ... 1. 11. 37	45	0,076	0,097	[1]
1. 11. 38 ... 1. 11. 39	35	0,067	0,082	[1]
1. 11. 39 ... 1. 11. 40	71	0,056	0,068	0,115[2]
1. 11. 41 ... 1. 11. 42	78	0,066	[1]	0,112

[1] nicht bestimmt.
[2] 2. 1. 40 ... 2. 1. 41.

Nach den gefundenen Werten ist die Herabsetzung des jährlichen Rostangriffs durch lange Frostzeiten nur verhältnismäßig gering. Da in den betreffenden Jahren gerade in den Monaten mit der sonst stärksten Verrostung eine nur geringe Verrostung stattfindet, hätte man eine größere Herabsetzung der Verrostung in den kalten Jahren erwarten können. Die geringe Herabsetzung der Verrostung beruht vermutlich darauf, daß der auf dem Eisen befindliche Rost auch in den kalten Monaten Schwefelverbindungen aus der Luft aufnimmt, die bei den Jahresversuchen das Rosten in den folgenden wärmeren Monaten begünstigen.

C. Rostversuche bei gehemmtem Zutritt der Schwefelverbindungen aus der Luft

Wie immer wieder betont wurde, hängt das Rosten des Eisens im Binnenklima maßgeblich von den Feuchtigkeitsverhältnissen und dem Gehalt der Atmosphäre an Schwefelverbindungen ab. Zur Untersuchung, welcher der beiden genannten Umstände unter normalen atmosphärischen Verhältnissen einen größeren Einfluß auf das Rosten ausübt, wurde eine einfache Versuchsreihe ausgeführt, bei der die Versuchsplättchen — aus Stahl R (1) bestehend — in 2 Lagen Filtrierpapier unter kreuzweiser Verschnürung mit Bindfaden fest eingewickelt und so der Atmosphäre ausgesetzt wurden. Diese Umhüllung bezweckte einerseits, die Diffusion der Schwefelverbindungen der Luft an die Proben und damit das Rosten zu hemmen, andererseits aber, nach Regenfällen die Proben länger feucht zu halten und damit das Rosten zu begünstigen. Zum Vergleich wurden entsprechende uneingewickelte Proben bewittert. Zunächst würde man wohl ein stärkeres Rosten bei den eingewickelten und damit länger feucht bleibenden Proben erwarten. Wie jedoch die Ergebnisse, die in Bild 2 wiedergegeben sind, zeigen, setzt die Umhüllung die Verrostung um durchschnittlich mehr als die Hälfte herab.

Aus diesem Versuch folgt dreierlei:

1. An der Berliner Atmosphäre ist der ungehemmte Zutritt von Schwefelverbindungen zu dem rostenden Eisen für die Verrostung wesentlicher als ein längeres Feuchtbleiben.

2. Eine lange Regendauer, die ja im wesentlichen nur insofern rostbegünstigend wirkt, als sie ein langes Feuchtbleiben des Eisens zur Folge hat, kann für eine starke Verrostung nicht ausschlaggebend sein.

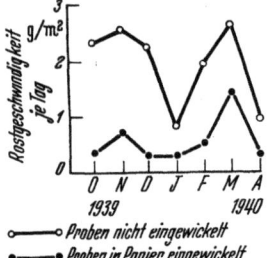

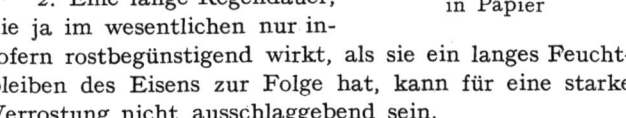

Bild 2. Beeinflussung der monatlichen Restgeschwindigkeit durch Einwickeln der Versuchsproben in Papier

3. Die im Binnenklima meistens zu beobachtende Schutzwirkung des Rostes gegen das weitere Rosten (1) kann grundsätzlich einfach daraus erklärt werden, daß der Rost rein mechanisch den Zutritt der Schwefelverbindungen der Luft zu dem rostenden Eisen erschwert.

Zur Feststellung, wie weit sich der erschwerte Zutritt der Schwefelverbindungen der Luft in Spalten des rostenden Eisens auswirkt, wurden einige weitere Versuche ausgeführt. Bei diesen wurden walzblanke Bleche von etwa 0,3 mm Dicke (Konservendosenbleche) in Abschnitten von 150 × 150 mm Größe verwendet; die Abschnitte wurden an den 4 Ecken und in der Mitte mit Löchern versehen, entfettet und gewogen; mit Hilfe von Gewindestiften und Muttern wurden je 3 solcher Abschnitte lamellenartig zusammengefügt, so daß das mittlere Blech von den beiden äußeren Blechen einen Abstand von etwa 3 mm hatte.

Je 4 derartige Verbundstücke wurden am 4. November 1941 in Berlin-Dahlem im Freien und vor Regen geschützt, unter einem Dach senkrecht hängend, der Atmosphäre ausgesetzt. Nach 6 und 12 Monaten Versuchsdauer wurde die Verrostung der mittleren Abschnitte der betreffenden Verbundstücke festgestellt. Die Ergebnisse sind in Zahlentafel 2 zusammengestellt, die auch die Verrostungswerte gleichzeitig bewitterter senkrechter einfacher Blechabschnitte gleicher Größen enthält.

Zahlentafel 2. Verrostung von lamellenartig angeordneten Blechen in Berlin-Dahlem

(freier Zwischenraum zwischen den Lamellen etwa 3 mm)

Bewitterungsart	Art der Proben	Gewichtsverluste nach			
		6 Monaten		12 Monaten	
		Einzelwerte in g	Mittel in g/m²	Einzelwerte in g	Mittel in g/m²
ungeschützt im Freien	mittleres Lamellenblech	7,6 8,0	174	14,6 15,6	336
	einfaches Blech	15,6 14,8	338	22,0 22,9	497
vor Regen geschützt im Freien	mittleres Lamellenblech	3,5 4,3	87	8,3 5,9	158
	einfaches Blech	9,2 8,7	200	14,1 14,1	313

Nach den gefundenen Ergebnissen kann durch die lamellenartige Anordnung die Verrostung der Versuchsbleche um etwa 30% bis 50% herabgesetzt werden.

Bei dieser Gelegenheit sei noch eine in den Jahren 1936/37 ausgeführte Versuchsreihe erwähnt, bei der Stahlproben in einem Glasgefäß von 50 cm Höhe und 35×21 cm² Grundfläche hingen, auf dessen Boden sich eine etwa 1 cm hohe Wasserschicht befand. Der Abstand der unteren Probekante von der Wasseroberfläche betrug etwa 3 cm. Das Gefäß mit den Proben stand auf dem Dach des Amtes. Die Verrostung der Proben wurde in 16 aufeinander folgenden Einzelmonaten bestimmt. Es war damals erwartet worden, daß infolge Erhöhung der Feuchtigkeit eine erhöhte Verrostung eintritt. Die Verrostung war jedoch durchschnittlich etwa 30% geringer als bei frei der Atmosphäre ausgesetzten Proben. Auch hier hatte also die Hemmung des Zutritts der Schwefelverbindungen der Luft zu den Proben durch die Wände des Gefäßes eine deutliche Rostverringerung zur Folge gehabt.

D. Zur Bestimmung des Schwefelwertes

Die von W. Liesegang (2) für sein Verfahren der Bestimmung des Schwefelwertes angegebene Lösung zur Tränkung des Filters besteht zu gleichen Gewichtsteilen aus Kaliumkarbonat, Glyzerin und Wasser (Lösung I). Das Glyzerin hat dabei den Zweck, ein Eintrocknen der Lösung zu verhindern. Für den Vergleich mit dem Rosten des Eisens erwies sich die genannte Lösung als unzweckmäßig; denn der Schwefelwert gilt bei Liesegang für 100 Stunden, während er für die von uns ausgeführten Rostversuche über je 1 Monat bestimmt wurde, da andernfalls die Zahl der Analyse nicht zu bewältigen gewesen wäre. In feuchten Monaten — besonders im November — kam es nun gelegentlich vor, daß die Lösung soviel Wasser aus der Luft anzog, daß die am Grunde der Liesegang-Glocke angebrachte Schale überzulaufen begann. Um die hierdurch entstehenden Schwierigkeiten zu vermeiden, wird seit dem 1. Januar 1939 eine Tränklösung verwendet, die 1 Gew. Teil K_2CO_3 auf 3 Gew.Teile Wasser (also kein Glyzerin) enthält (Lösung II).

Im Winter 1938/39 wurden hierzu vergleichende Versuche angestellt. Hierbei ergaben sich folgende Schwefelwerte (mg S)

mit Lösung I   31   48   64   (50 ?)   53
mit Lösung II   36   42   80   81   60

Es wurden also bei der Verwendung der Lösungen I und II zwar deutlich verschiedene Schwefelwerte gefunden; diese weichen jedoch nur wenig stärker voneinander ab als Parallelwerte beim atmosphärischen Rosten des Eisens; diesen Unterschieden wurde daher keine weitere Aufmerksamkeit gewidmet, im besondern deshalb nicht, weil das Rosten höchstens der Wurzel aus dem Schwefelwert proportional ist. Es mag sein, daß im Sommer infolge der größeren Trockenheit erheblichere Unterschiede auftreten würden. Die mit Lösung II erhaltenen Schwefelwerte würden aber gleichsinnig mit der Aufnahme der Schwefelverbindungen durch das rostende Eisen verlaufen, so daß auch hier keine Schwierigkeiten zu befürchten sind. Im Gegenteil wurde es sogar für möglich gehalten, daß die Feuchtigkeit der Filter zu Beginn der Monate gewisse Unstimmigkeiten zwischen Schwefelwert und Rostgeschwindigkeit zur Folge hatte. 1942/43 wurden daher neben den feuchten getränkten Filtern auch getränkte Filter der Atmosphäre ausgesetzt, die vorher getrocknet waren. Die gefundenen Werte sind in Bild 1 mit eingezeichnet. Wie sich zeigt, sind die mit den getrockneten Filtern gefundenen Werte in Berlin-Dahlem mit den auf die übliche Weise gefundenen Werten praktisch gleich, während sie neben dem Lokomotivschuppen etwas kleiner sind, aber doch nur in so geringem Maße, daß sich eine weitere Erörterung der Werte erübrigt.

E. Zusammenfassung

Die ausgeführte Untersuchung hatte folgende Ergebnisse:

1. In den kalten Wintern 1939 bis 1942 traten infolge der langen Frostzeiten erhebliche Unregelmäßigkeiten in den atmosphärischen Rostgeschwindigkeiten des Eisens auf, die durch Stillstand oder Verlangsamung des Rostens bei Frost zu erklären sind. Im besondern war die Verrostung in Monaten, die mehr als 20 Tage mit Durchschnittstemperaturen unter 0° enthielten, erheblich geringer als früher in diesen Monaten gefunden wurde. Auf die Gesamtverrostung in 1 Jahr übten diese Rosthemmungen jedoch einen nur geringen Einfluß aus, was offenbar darauf beruht, daß auch in den sehr kalten Monaten das rostende Eisen Schwefelverbindungen aus der Luft aufnahm, die dann in wärmeren Monaten das Rosten um so mehr begünstigten.

2. Mit Filtrierpapier umwickeltes Eisen rostete an der Atmosphäre in Berlin-Dahlem weniger als halb so rasch wie frei der Atmosphäre ausgesetztes Eisen. Dieser Befund deutet darauf hin, daß für das atmosphärische Rosten des Eisens weniger die im Regen enthaltenen Schwefelverbindungen eine Rolle spielen, als vielmehr Diffusionsvorgänge der gasförmigen Schwefelverbindungen der Luft an das rostende Eisen.

Schrifttum

1. G. Schikorr: Z. Elektrochem. **42** (1936), S. 107; **43** (1937), S. 697 Korrosion u. Metallschutz **17** (1941), S. 305.
2. W. Liesegang: Kl. Mitteil. d. Preuß. Landesanst. f. Wasser-, Boden-, und Lufthygiene **8** (1932), S. 174.
3. G. Schikorr und I. Schikorr: Z. Metallkunde, **35** (1943), S. 175.

ÜBER DAS ROSTEN VON EISEN IN GETRÄNKTEM HOLZ[1]
Von G. Schikorr, B. Schulze und B. Jolitz, Berlin

A. Einleitung

Das verbaute Holz ist in starkem Maße der Gefahr ausgesetzt, durch tierische und pflanzliche Lebewesen beschädigt oder zerstört zu werden. Besonders umfangreiche Schäden können bei Befall durch den Hausbockkäfer (Hylotrupes bajulus L.) und durch den Echten Hausschwamm (Merulius lacrimans domesticus) entstehen.

Zur Bekämpfung und Verhinderung der genannten Schäden wird Holz in ständig steigendem Umfang mit Schutzmitteln getränkt. An diese Mittel werden hohe Anforderungen gestellt. Sie müssen natürlich einerseits wirksam gegen die Schädlinge sein, darüber hinaus aber manche für die praktische Anwendung der Mittel notwendige Eigenschaften aufweisen, denen umfassende Prüfung seit einigen Jahren hier eingehend bearbeitet wird. In der vorliegenden Arbeit untersuchten wir das Verhalten von mehr als 100 Holzschutzmitteln gegenüber Eisen. Da mit Ausnahme von verleimten Holztragwerken kaum solche ohne eiserne Versteifungen oder Verbindungsmittel zur Verwendung kommen, ist diese Frage von großer Bedeutung. Ein Teil der Untersuchungen wurde bereits früher veröffentlicht (2). Die vorliegende Abhandlung enthält im wesentlichen die Ergebnisse der letzten 3 Jahre.

B. Schrifttum

Während der Angriff von Holz auf Blei im Zusammenhang mit Zerstörungserscheinungen an Bleidächern, Bleirohren und besonders an Letternmetall (3) mehrfach untersucht worden ist, fanden wir im Schrifttum keine grundsätzlichen Untersuchungen über die Einwirkung von ungetränktem Holz auf Eisen. Nur in den wenigen Abhandlungen über die Schädlichkeit von Holzschutzmitteln für Eisen sind zu Vergleichszwecken einige Angaben darüber gemacht. So fand R. H. Baechler (4) bei eisernen Nägeln, die in Kiefernholz geschlagen waren, innerhalb von 5 Jahren überhaupt keine Gewichtsabnahme, wenn das Holz bei 30 und 65% relativer Luftfeuchtigkeit oder im Freien lagerte. Deutliche, aber nach 1 Jahr Versuchsdauer kaum mehr zunehmende Gewichtsabnahmen traten bei Lagerung des Holzes bei 90% relativer Luftfeuchtigkeit auf. Bei den genannten eigenen Versuchen (2), die mit eisernen Schrauben in Kiefernholz bei 97% relativer Luftfeuchtigkeit ausgeführt wurden und sich zunächst nur bis zu einer Versuchszeit von ¼ Jahr erstreckten, wurde ebenfalls eine starke Abnahme der Angriffsgeschwindigkeit mit der Zeit gefunden.

Der Angriff von Tränkmitteln auf Eisen wurde von W. Krieg und H. Pflug (5) untersucht. In dieser Arbeit handelt es sich jedoch ausschließlich um den unmittelbaren Angriff auf das Eisen, wie er in Tränkkesseln auftreten kann. Über die Einwirkung von getränktem Holz auf Eisen geben die beiden bereits genannten Arbeiten (2, 4) einigen Aufschluß. R. H. Baechler (4) führte seine Versuche mit eisernen Nägeln in Holz aus, das mit Zinkchlorid und einem Gemisch von Zinkchlorid und Natriumbichromat getränkt war. Die mit Zinkchlorid getränkten Holzproben waren vor Einschlagen der Nägel z. T. getrocknet, z. T. nicht getrocknet, während die mit dem Salzgemisch getränkten Holzproben nur in nicht getrocknetem Zustande geprüft wurden. Getränktes, getrocknetes Holz, das bei 30 oder 65% relativer Luftfeuchtigkeit gelagert wurde, griff in 5 Jahren die Nägel nicht an; das nicht getrocknete Holz bewirkte zwar anfangs eine geringe Verrostung, die jedoch nach einigen Wochen infolge Austrocknung des Holzes zum Stillstand kam. Bei 90% relativer Feuchtigkeit war die Verrostung der Nägel so erheblich, daß der genannte Verfasser eine Nagelung Zinkchlorid-getränkten Holzes, das sehr feuchten Bedingungen ausgesetzt ist, für nicht ratsam hält. Der Zusatz von Natriumbichromat zum Zinkchlorid drängte die Verrostung der Nägel nicht zurück. Die Verrostung der Nägel in getränktem Holz, das im Freien gelagert wurde, war stärker als bei 65% relativer Luftfeuchtigkeit, jedoch schwächer als bei 90% relativer Luftfeuchtigkeit. Wahrscheinlich übte hier Natriumbichromat eine gewisse Schutzwirkung aus. R. H. Baechler (5) prüfte auch das Verhalten von Messing und verzinktem Stahl unter denselben Bedingungen wie Eisen. Der Angriff war bei beiden Werkstoffen geringer als bei Eisen.

Die eigenen Versuche (2) behandelten einerseits den unmittelbaren Angriff von Holzschutzmitteln auf Eisen, andererseits den Eisenangriff von Holz, das mit 8 verschiedenen Salzen und mit 10 fertigen Mitteln getränkt war. Einige der Ergebnisse sind u. a. in Abschnitt D enthalten.

Normblatt DIN 4102 gibt einige qualitative Richtlinien über die Prüfung des Angriffs von mit Feuerschutzmitteln getränktem Holz auf Eisen.

P. Behrens und L. Reschke (6) prüften das Verhalten von Leichtmetallen gegen Tränkmittel; diese Untersuchungen ergaben bei Freilagerung und im Tropenschrank im allgemeinen einen nur geringen Angriff von getränktem Holz auf Leichtmetall. Überraschenderweise wirkte selbst Tränkung mit Quecksilber(II)-chlorid nicht schädlich. Nur mit Kupfersulfat getränktes Holz griff Leichtmetalle erheblich an.

C. Hauptversuchsanordnung

Die in der vorliegenden Arbeit beschriebenen Versuche wurden, wenn nichts anderes gesagt ist, unter unwesentlichen Abänderungen in der gleichen Art wie früher (2) ausgeführt, und zwar folgendermaßen: Klötzchen aus Kiefernsplintholz ausgesuchter Beschaffenheit von der Größe 50 × 32 × 15 mm, die unter bestimmten Versichtsmaßnahmen vollgetränkt und 3 Tage getrocknet waren (1, 2)[2], wurden

---

[1] Erschien auch in Korrosion und Metallschutz **18** (1943) S. 33/38.

[2] Die Tränkung der Klötzchen und die damit zusammenhängenden Arbeiten verdanken wir Frl. Starfinger von der Abteilung für Werkstoffbiologie.

von einer Längsseite her mit einer Bohrung von 3,5 mm Durchmesser und 24 mm Tiefe versehen, in die eine Stahlschraube[3] (25 × 4,5 mm mit flachem Kopf) geschraubt wurde. Die Stahlschrauben wogen etwa 2,5 g und hatten eine Oberfläche von schätzungsweise 6 cm². Sie waren am Kopf durch eingeschlagene Ziffern gekennzeichnet, entfettet und gewogen. Bei allen Werkzeugen wurde auf Fettfreiheit geachtet.

Die Klötzchen mit den Schrauben wurden an Drahthaken[4] in je ein ¾ l-Einkochglas gehängt, das mit Drahtbügel und Gummiring geschlossen und am Boden mit 100 cm³ 2 n-Schwefelsäure bedeckt war, so daß in ihm eine genügend gleichmäßige Feuchtigkeit von etwa 97% herrschte. Die genauere Anordnung ist aus Bild 1 ersichtlich. Die so erhaltenen Gläser wurden in einen Thermostaten von 20 ± 0,5° gestellt. Bei sehr stark angreifenden Mitteln und langen Versuchsdauern wurden die Gläser gelegentlich kurze Zeit geöffnet, damit sich die Luft erneuern konnte, und dann wieder geschlossen.

Bild 1. Hauptversuchsanordnung (× ⅓)

Die Versuche wurden doppelt und im allgemeinen für 5 verschiedene Versuchszeiten angesetzt (für jedes Mittel also 10 Einzelversuche). Nach Ablauf der vorgesehenen Zeiten wurden die Schrauben nach vorsichtigem Aufspalten der Klötzchen aus diesen entfernt. Der erfolgte Angriff wurde zunächst dem Augenschein nach beurteilt; dann wurden die Schrauben mit sparbeizhaltiger Salzsäure und bei besonders starker Rostbildung durch vorsichtiges Bürsten mit einer Stahlbürste entrostet. (Wie Blindversuche ergaben, waren die nur durch diese Behandlung entstehenden Gewichtsverluste kleiner als 2 mg.) Nach dem Spülen und Trocknen der Schrauben wurde der Gewichtsverlust bestimmt.

Die nach dieser Versuchsanordnung ausgeführten Versuche werden von uns kurz als „Schraubenversuche" bezeichnet im Gegensatz zu den „Standversuchen", bei denen das Holzschutzmittel unmittelbar auf Eisen einwirkt (2).

---

[3] Schrauben wurden deshalb gewählt, weil sie sich (neben Nägeln) besonders häufig im Holz befinden. Vor Nägeln haben sie für die Prüfung den Vorteil besseren Luftzutritts. Die Umrechnung der gefundenen Gewichtsverluste entsprechend DIN 4850 in g/m² hat bei Schrauben allerdings nur sehr beschränkten Wert (vgl. 2). — Die geprüften Schrauben enthielten: 0,09% C; Spuren Si; 0,36% Mn; 0,034% P; 0,042% S; 0,15% Cu.

[4] Bei stark angreifenden Mitteln wurden die Haken, falls erforderlich, während des Versuchs erneuert.

Alle Lösungen wurden durch Auflösung der technischen Stoffe in destilliertem Wasser hergestellt. Es ist nicht ausgeschlossen, daß diese technischen Stoffe Verunreinigungen enthielten, die an den gefundenen Verrostungen maßgeblich beteiligt sind. Die Konzentrationen der Lösungen waren im allgemeinen die in der Praxis üblichen. Die Einzelheiten über die in der Hauptversuchsreihe angewendeten Lösungen sind in Zahlentafel 1 zusammengestellt.

Zahlentafel 1. In der Hauptversuchsreihe angewendete Tränklösungen

Gelöster Stoff	Formel	g Ausgangsstoff in 100 g Wasser
Natriumfluorid	NaF	4
Zinksilikofluorid	$ZnSiF_6 \cdot 6 H_2O$	10
Magnesiumsilikofluorid	$MgSiF_6 \cdot 1 H_2O$	10
Aluminiumsilikofluorid	(flüssig 33° Bé)	10
Natriumbichromat	$Na_2Cr_2O_7$	5
Kaliumbichromat	$K_2Cr_2O_7$	5
Kupfersulfat	$CuSO_4 \cdot 5 H_2O$	5
Quecksilber(II)-chlorid	$HgCl_2$	1
Zinkchlorid	$ZnCl_2$	5
Ammoniumrhodanid	NH_4CNS	5
Dinitrophenol	$C_6H_3OH(NO_2)_2$	0,5

Außer mit Salzlösungen führten wir Versuchsreihen mit mehr als 100 Tränkmitteln des Handels aus. Da diese Versuche jedoch im wesentlichen zu den gleichen Ergebnissen führten wie die mit Salzlösungen, soll über sie in der vorliegenden Arbeit nur gelegentlich berichtet werden.

Zum Vergleich dienten mehrere Versuchsreihen mit ungetränktem Holz.

D. Ergebnisse und Auswertung der Hauptversuche

1. Äußerer Befund

Während des Versuchs zeigten die Klötzchen mit den an ihnen sichtbaren Schraubenköpfen ein sehr verschiedenes Verhalten, das an einigen Beispielen von 2 Jahren Versuchsdauer beschrieben sei. Ungetränktes Holz (Bild 2) war leicht geschimmelt, der Schraubenkopf äußerlich deutlich, aber nicht erheblich gerostet. Der Schraubenkopf in dem mit Natriumfluorid getränkten Klötzchen sah ähnlich aus wie der in ungetränktem Holz, aus dem Klötzchen waren jedoch in der Faserrichtung sowohl auf der Ober-

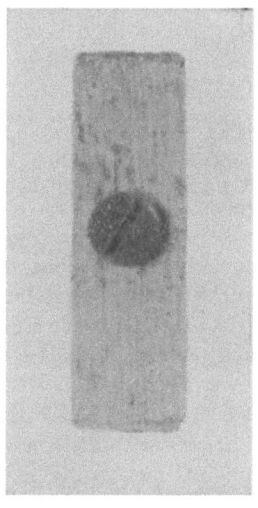 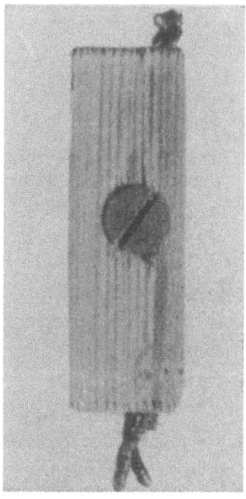

Bild 2. Ungetränktes Holzklötzchen mit Schraube nach 2 Jahren Versuchsdauer (nat. Größe)

Bild 3. Natriumfluorid-getränktes Holzklötzchen mit Schraube nach 2 Jahren Versuchsdauer (nat. Größe)

als auch aus der Unterseite längliche Wülste herausgewachsen, die offenbar aus Zersetzungsstoffen des Holzes oder des Eisens stammten (Bild 3). In einigen anderen Fällen hatte sich das Holz kaum verändert, während sich auf den Schraubenköpfen verhältnismäßig große Rostmengen gebildet hatten, die z. T. die ursprüngliche Form des Schraubenkopfes, wenn auch blätterteigartig aufgebläht, einnahmen, z. T. krause Ausblühungen bildeten (Bild 4). Nach Aufspalten der Klötzchen zeigten sich die

Bild 4. Ammoniumrhodanid- und HB 4-getränktes Holzklötzchen mit Schraube nach 3 Monaten bzw. 2 Jahren Versuchsdauer (nat. Größe)

Schrauben mehr oder weniger mit Rost bedeckt. Bei einigen Mitteln war der Rost scheinbar in der Faserrichtung in das Holz hineingewandert (Bild 5). In Wirklich-

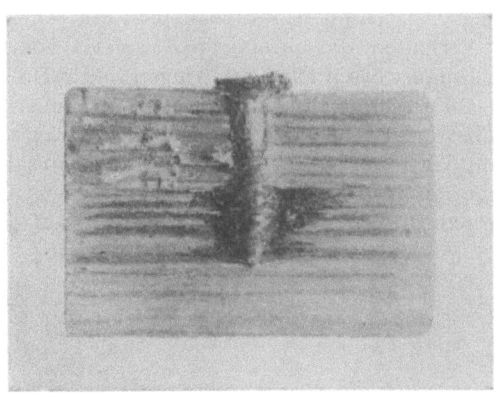

Bild 5. Natriumbichromat-getränktes Holzklötzchen, aufgespalten, mit Schraube, nach 4 Jahren Versuchsdauer (nat. Größe)

keit war hier jedoch offenbar zunächst ein lösliches Eisen (II)-salz entstanden, das in dieser Richtung vorgedrungen war und sich dann oxydiert hatte. Da alle diese Erscheinungen nur mittelbar wichtig sind, wurden sie nicht näher untersucht.

Nach Herausnahme aus dem Holz und Entrosten erwiesen sich die Schrauben in einigen Fällen als nur wenig angegriffen, während sie in anderen fast völlig zersetzt waren (Bild 6). Bei den wenig angreifenden Mitteln und auch in ungetränktem Holz war der Angriff z. T. örtlich (vgl. die kleinen Rostnarben bei der Schraube aus ungetränktem Holz und die stellenweise angefressenen Gewindegrate bei der Schraube aus Natriumfluorid-getränktem Holz in Bild 6). Wesentliche Schädigungen der Schrauben sind jedoch hierdurch zunächst nicht zu befürchten. In einem besonderen Fall war die Schraube fast nur am

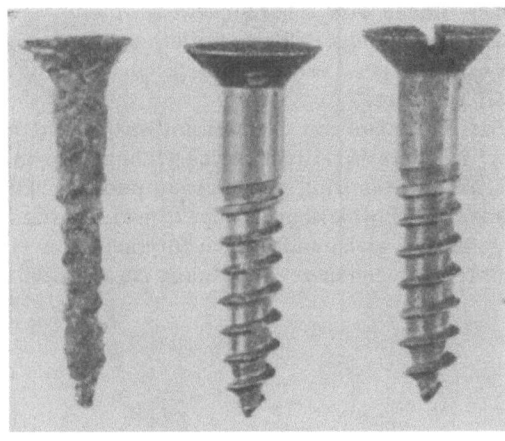

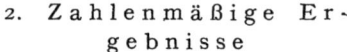

Bild 6. Schrauben nach 2-jährigem Verweilen im Holz, das
a) mit einem stark angreifenden Mittel (HB 4),
b) mit einem wenig angreifenden Mittel (Natriumfluorid),
c) nicht getränkt war (2 ×).

Schraubenschaft abgefressen, während sie z. B. am Gewinde noch weitgehend unbeschäftigt war (Bild 7).

In diesem Zusammenhang sei noch das Aussehen von Schrauben beschrieben, die sich 4 Jahre in ungetränktem Holz befunden hatten. Das Holz fühlte sich nach dieser Zeit trotz der Lagerung bei 97% relativer Feuchtigkeit völlig trocken an. Die Schraube war, wie Bild 8 zeigt, zwar deutlich verrostet. Beim Entrosten der Schraube ergab sich jedoch, daß der Angriff nur sehr gering war und die Schraube etwa das gleiche Aussehen hatte wie nach 2 Jahren (Bild 6c). Am Schaft waren einige örtliche Einfressungen entstanden, die weniger als 0,1 mm tief waren.

2. Zahlenmäßige Ergebnisse

Die großen Verrostungsunterschiede in den einzelnen getränkten Klötzchen wurden bei der Zurückwägung der ver-

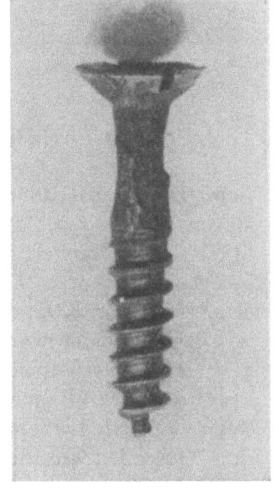

Bild 7. Schraube mit starkem Angriff am Schaft bei 2-jährigem Verweilen in Holz, das mit einem stark angreifenden Mittel (HBS 1) getränkt war (2 ×)

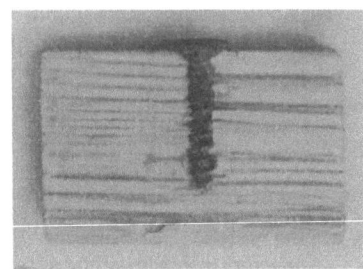

Bild 8. Ungetränktes Holzklötzchen, aufgespalten, mit Schraube, nach 4 Jahren Versuchsdauer (0,8 ×)

rosteten Proben zahlenmäßig bestätigt. Die bei einigen Versuchsreihen gefundenen Gewichtsverluste sind in Bild 9 zeichnerisch wiedergegeben.

Alle in Abb. 9 angegebenen Einzelpunkte sind die Mittelwerte aus je 2 Einzelwerten. Die Einzelwerte wichen im allgemeinen um weniger als 15% vom Mittelwert ab. Die größeren Abweichungen seien besonders angeführt: Natriumfluorid 1 Jahr 20; 31; 2 Jahre 38; 23. — Kaliumbichromat 1 Woche 6; 3. — Kupfersulfat 1 Jahr 307 438; 2 Jahre 342; 417. — Zinkchlorid 1 Jahr 160; 105 mg.

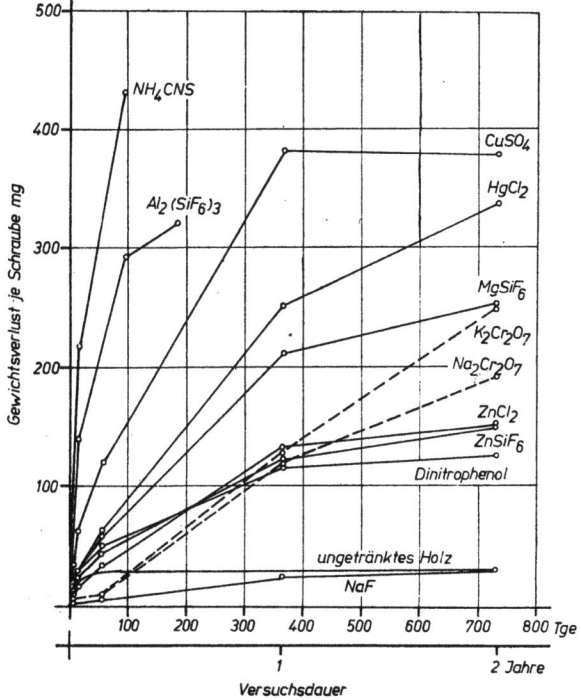

Bild 9. Verrostung von Stahlschrauben in getränktem Holz

Die Ergebnisse der zu verschiedenen Zeiten mit ungetränktem Holz verschiedener Lieferungen angesetzten Versuchsreihen sind in Zahlentafel 2 wiedergegeben. Die Kurve für ungetränktes Holz in Bild 9 entspricht den Gesamteinzelwerten aus Übersicht 2.

Zahlentafel 2. **Eisenangriff ungetränkten Holzes bei 97% rel. Feuchtigkeit**

Versuchs-reihe	Gewichtsverluste von Stahlschrauben in mg nach						
	1 Woche	2 Wochen	8 Wochen	3 Mon.	6 Mon.	1 Jahr	2 Jahren
1	7)8 8)	15)15 43?)	24)24 23)			33)30 28)	40)35 30)
2	8)8 7)	22)18 15)	32)32 31)	24)26 28)			33)41* 49)
3	4)4 4)	5)7** 9)			26)26 57?)		
4	7)8 8)	?)15 15)		24)23 22)	33)30 28)		
5		17)17 17)		32)29 26)	30)33 36)	44)50 55)	
6	6)6 6)	17)16 15)		28)24 20)		20)24	?)28*** 28)

* 4 Jahre; ** 3 Wochen; *** 2,25 Jahre.

3. Auswertung

Zu den gefundenen Zahlenwerten läßt sich das Folgende sagen:

a) Das getränkte Holz griff fast immer mehrfach so stark an wie ungetränktes. Nur Natriumfluorid-getränktes Holz bewirkte etwa die gleiche Verrostung wie ungetränktes.

b) Wie aus der Krümmung der Kurven gegen die Abszissenachse zu entnehmen ist, nahm die Angriffsgeschwindigkeit des getränkten Holzes auf das Eisen im allgemeinen mit der Zeit ab.

c) Bichromate als alleiniges Tränkungsmittel des Holzes ergaben einen unerwarteten Verlauf des Angriffs, indem sie zunächst ausgesprochen schützend wirkten, dann aber ihre Schutzwirkung in einen erhöhten Angriff umkehrten, dessen Geschwindigkeit bis zu 2 Jahren Versuchsdauer etwa gleich blieb. Die Ursachen für dieses Verhalten sind offenbar die folgenden: Die Bichromate üben zunächst auf das in dem getränkten Holz befindliche Eisen auf bekannte Weise eine Schutzwirkung aus. Infolge Reaktion des Bichromats mit dem Holz wird aber einerseits das Bichromat und damit auch seine Schutzwirkung im Laufe der Zeit zerstört, andererseits aber bilden sich bei der Reaktion mit dem Holz organische Säuren (7), die stark rostbeschleunigend wirken.

d) Die zu verschiedenen Zeiten wiederholten Versuche mit ungetränktem Holz zeigten in sich erhebliche Unterschiede der Ergebnisse. Im Verhältnis zu den Unterschieden gegenüber den Ergebnissen der Versuche mit getränktem Holz werden diese Schwankungen jedoch belanglos.

e) Ordnet man die Tränklösungen nach der Angriffstärke des mit ihnen getränkten Holzes, so findet man im großen und ganzen, daß die erhaltene Reihenfolge z. B. nach 8 Wochen und nach 2 Jahren gleich bleibt, indem die anfangs stark angreifenden Mittel auch später bedenklich sind. Im einzelnen bestehen jedoch erhebliche Unterschiede. So griff etwa Dinitrophenol nach 8 Wochen stärker, nach 2 Jahren jedoch etwas schwächer an als Zinkchlorid[5], was vermutlich mit der Erschöpfung des nur in geringer Menge in das Holz gebrachten Dinitrophenols zusammenhängt.

Aus der genannten Regel fallen die Bichromate völlig heraus, da sie anfangs zu den schützenden, später jedoch zu den stärker angreifenden Mitteln gehören.

f) Versucht man, den Eisenangriff getränkten Holzes bei den „Schraubenversuchen" nach dem unmittelbaren Angriff der Mittel bei den „Standversuchen" zu beurteilen, so ergeben sich nur sehr beschränkte Übereinstimmungen. Zahlentafel 3 enthält die Ergebnisse der Standversuche bei 80° und 1 Tag Versuchsdauer nach der früheren Veröffentlichung (2), die bei den Schraubenversuchen in 2 Jahren erhaltenen Werte und das p_H einiger der verwendeten Tränklösungen (potentiometrisch bestimmt). Nach Zahlentafel 3 geben Standversuche nur insoweit Auskunft über das spätere Verhalten der Mittel im Holz gegenüber Eisen, als bei Standversuchen stark angreifende Mittel (Quecksilberchlorid, Kupfersulfat, Aluminiumsilikofluorid) auch im getränkten Holz für Eisen sehr schädlich sein können. Andererseits aber können im Standversuch harmlose Mittel wie Kaliumbichromat und Ammoniumrhodanid beim Schraubenversuch stark angreifen und beim Standversuch erheblich angreifende Mittel, wie Zinksilikofluorid sich beim Schraubenversuch als verhältnismäßig unschädlich erweisen.

---

[5] Stark mit freier Salzsäure verunreinigtes Zinkchlorid, wie es mitunter in der Praxis vorkommt, greift Eisen wahrscheinlich viel stärker an als das untersuchte, das, wie der p_H-Wert der verwendeten Lösung zeigt, nur wenig freie Salzsäure enthält.

Zahlentafel 3. Vergleich der Ergebnisse von Standversuchen und Schraubenversuchen

Hauptbestandteil der Tränklösung	Mittlere Gewichtsverluste in mg bei		p_H der Tränklösung
	Standversuchen (80°; 24 Stunden)	Schraubenversuchen (2 Jahre)	
Kaliumbichromat	0,2	251	
Natriumfluorid	0,4	30	4,8
Natriumbichromat . . .	2,0	193	
Zinkchlorid	15	153	
Ammoniumrhodanid . .	48*	431**	
Dinitrophenol	170	128	
Zinksilikofluorid . . .	232	156	2,6
			3,0
Magnesiumsilikofluorid .	757	249	1,8
Quecksilberchlorid . . .	940	338	
Kupfersulfat	5557	380	
Aluminiumsilikofluorid* .	5847	322***	

* neu bestimmt; ** 3 Mon. Versuchsdauer; *** 6 Mon. Versuchsdauer.

g) Für die Beurteilung des in der Praxis zu erwartenden Angriffs ist einerseits die dort vorhandene Feuchtigkeit zu beachten; ist sie nur gering (z. B. auf Dachböden in trockenen Gegenden), so kann die auftretende Verrostung trotz ungünstiger Werte beim Schraubenversuch belanglos sein (vgl. Abschnitt E), während dieselben Mittel bei hoher Feuchtigkeit (z. B. in feuchten Kellern) größere Schäden hervorrufen können. Andererseits ist für die praktische Beurteilung die Dicke der mit dem Holz in Berührung kommenden Eisenteile von Belang. Bei dicken eisernen Bolzen kann selbst der Angriff von Kupfersulfat-getränktem Holz bei hoher Luftfeuchtigkeit unter Umständen zu vernachlässigen sein, während bei den dünnen Bindedrähten von hölzernen Dachschindeln schon der Angriff von Zinkchlorid-getränktem Holz schwere Schäden hervorrufen kann.

h) Zum Schluß dieses Abschnittes seien noch einige weitere Besonderheiten der Ergebnisse der Hauptversuchsreihe (Bild 9) kurz besprochen:

Der sehr starke Unterschied in der Rostbeschleunigung durch die Silikofluoride beruht vermutlich auf dem Unterschied des p_H-Wertes (vgl. Zahlentafel 3).

Quecksilberchlorid begünstigte in Versuchszeiten bis zu 2 Jahren die Verrostung weniger als Kupfersulfat. Der Vergleich der Verrostungen in 2 Jahren zeigt aber, daß in Kupfersulfat-getränktem Holz die Verrostung praktisch zum Stillstand gekommen ist, während sie in Quecksilberchlorid-getränktem Holz noch mit sehr erheblicher Geschwindigkeit fortschreitet. Es ist daher anzunehmen, daß nach 3 Jahren die Verrostung in Quecksilberchlorid-getränktem Holz die Verrostung in Kupfersulfat-getränktem Holz übertreffen würde. Die Ursache für dieses verschiedene Verhalten beruht offenbar auf der rostbegünstigenden Wirkung der Chlorionen.

Die Tränkung mit Ammoniumrhodanid hatte einen so überraschend hohen Angriff zur Folge, daß wir zunächst einen Versuchsfehler vermuteten. Die Nachprüfung ergab aber keinen Anhaltspunkt hierfür. Beim Auslaugen der von den Schrauben befreiten Klötzchen mit schwacher Salzsäure entstand ein sehr deutlicher Geruch nach Schwefelwasserstoff. Es ist daher anzunehmen, daß das Rhodanid unter Einwirkung des Holzes und des Eisens zersetzt wurde und schwefelhaltige Stoffe entstanden, die eine starke Verrostung des Eisens hervorriefen. (Schwefelwasserstoff selbst begünstigt das Rosten des Eisens bekanntlich in hohem Maße.)

E. Weitere Versuche

1. Versuche mit Holz, das mit Holzschutzmitteln angestrichen war

Holzschutzmittel werden in der Praxis nicht nur durch Volltränkung in das Holz eingebracht; das Holz wird vielmehr häufig auch mit den Schutzmitteln nur angestrichen. Da es als möglich erschien, daß bei mit den Mitteln angestrichenem Holz der Angriff geringer ist als bei vollgetränktem, wurden entsprechende Versuche ausgeführt. Aus anstrichtechnischen Gründen wurden für diese Versuche Klötzchen von der Größe 100×52×42 mm verwendet. In jedes Klötzchen wurden 8 Schrauben geschraubt. Für jedes Mittel wurde bei diesen Versuchen nur 1 Klötzchen verwendet. Zur Prüfung, ob der Ort der Schraube in dem Klötzchen die Versuchsergebnisse beeinflußte, wurden die beiden Schrauben für jede Versuchszeit so verteilt, daß die eine sich in der Nähe des Hirnholzes, die andere in der Mitte des Klötzchens befand (vgl. Bild 10). Im übrigen war die Versuchsausführung die gleiche wie bei Abschnitt C, nur wurde außer den Gewichtsverlusten auch die Dickenabnahme des Schraubenschaftes mit einer Schublehre gemessen. Geprüft wurden bei diesen Versuchen nur Mittel des Handels, die bei Volltränkung erheblich angegriffen hatten.

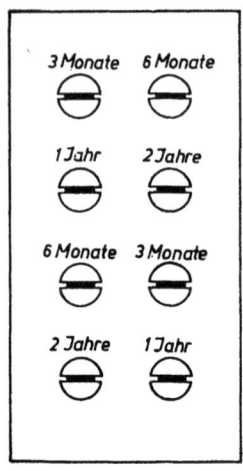

Bild 10. Anordnung der Schrauben in angestrichenen Holzklötzchen (¾ ×)

Die Versuchsergebnisse waren in allen Fällen gleichartig und zwar war der Angriff bei angestrichenen Klötzchen viel geringer als bei vollgetränkten Klötzchen. Immerhin ist der Angriff des Mittels HB 4 immer noch beachtlich. Zahlentafel 4 gibt diejenigen der gefundenen Werte wieder, die mit den in der früheren Veröffentlichung (2) unter den Bezeichnungen HB 4, S 3 und S 4 geführten Holzschutzmitteln erhalten wurden. In Zahlentafel 4 entspricht der jeweils obere Einzelwert bei den angestrichenen Klötzchen der in der Nähe des Hirnholzes befindlichen Schraube. (Die Versuche dieser Zahlentafel mit vollgetränktem Holz wurden auf die übliche in Abschnitt C angegebene Art mit kleinem Klötzchen ausgeführt.)

Außer dem bereits genannten sehr verringerten Eisenangriff angestrichenen Holzes zeigen die gefundenen Werte, daß der Ort der Schraube im Holz keinen erkennbaren Einfluß auf die Verrostung ausübt.

Die Dickenmessungen am Schraubenschaft ergaben zwar Verringerungen der Dicke bis zu 0,1 mm; da dieser Wert jedoch erst gerade außerhalb der Meßgenauigkeit liegt, wird auf die Wiedergabe der Einzelheiten zunächst verzichtet.

2. Versuche an der freien Atmosphäre

Gegen die in Abschnitt C genannte Versuchsanordnung ist gelegentlich eingewendet worden, daß sie mit einer zu hohen Feuchtigkeit arbeite. Dieser Einwand ist nicht berechtigt. Zwar wird getränktes Holz auch bei wesentlich geringerer Feuchtigkeit verwendet. Andererseits aber liegen oft schon an der Atmosphäre Feuchtigkeiten vor, die sich den angewendeten 97% relativer Feuchtigkeit durchaus nähern. So werden im Gebirge, wie die amtlichen Wetterberichte zeigen, Feuchtigkeiten von mehr als 90% sowohl im Sommer als im Winter erreicht und in

Zahlentafel 4. **Eisenangriff angestrichenen Holzes bei 97% rel. Feuchtigkeit**

Mittel	Behandlungsverfahren	Gewichtsverluste von Stahlschrauben in mg nach		
		3 Monaten	6 Monaten	1 Jahr
HB 4	Anstrichverfahren ..	75) 64) 70	135) 110) 122	142) 142) 142
	Volltränkung	508) 414) 461	*	809) ?) 809
S 3	Anstrichverfahren ..	14) 18) 16	46) 45) 46	54) 60) 57
	Volltränkung	179) 176) 178	*	321) 343) 332
S 4	Anstrichverfahren ..	18) 8) 13	36) 42) 39	42) 54) 48
	Volltränkung	11) 17) 14**	*	121) 221) 171
unangestrichen	(große Klötzchen) ..	24) 13) 18	28) 19) 24	24) 32) 28
	(kleine Klötzchen) ..	28) 20) 24	*	20) 29) 24

* nicht bestimmt; ** 8 Wochen.

Berlin-Dahlem herrscht im Winter im allgemeinen eine Luftfeuchtigkeit, die 90% ebenfalls häufig übersteigt. Aber selbst bei 97% relativer Feuchtigkeit des umgebenden Luftraumes wird das Holz noch verhältnismäßig trocken und enthält im Gleichgewicht nur etwa 24% Wasser, während bei unmittelbarer Berührung mit flüssigem Wasser das Holz mehr als 200% Wasser aufnehmen kann. Berührung mit flüssigem Wasser kann aber in der Praxis durchaus vorkommen, so bei allen Freiland- und Wasserbauten, in feuchten Kellern, in Eisenbahntunneln und im Bergbau.

Beachtenswert ist in diesem Zusammenhang außerdem noch die Tatsache, daß sich eine chemische Schutzbehandlung mindestens gegen holzzerstörende Pilze in dem Falle überhaupt erübrigen würde, in dem nicht mit einer — wenn auch nur zeitweiligen — höheren Feuchtigkeit zu rechnen ist; denn die holzzerstörenden Pilze bedürfen ihrer, um leben zu können. Nach hier ausgeführten Untersuchungen von G. Theden (8) vermag keiner von den fünf wichtigen, in Gebäuden auftretenden holzzerstörenden Pilzen bei 96,5% oder geringerer relativer Luftfeuchtigkeit Holz merklich anzugreifen. Es ist nur sinngemäß, daß Holz, das eigens deswegen einer chemischen Schutzbehandlung unterworfen worden ist, um gegen eine nur bei verhältnismäßig hoher Feuchtigkeit bestehende Gefährdung gesichert zu sein, auch gerade bei dieser hohen Feuchtigkeit weiteren zu stellenden Anforderungen — hier Unschädlichkeit gegen eiserne Nägel, Schrauben und sonstige Eisenteile — genügen muß. Die angewendeten Feuchtigkeitsbedingungen für den Schraubenversuch können also keineswegs als zu ungünstig bezeichnet werden.

Zur versuchsmäßigen Überprüfung der Verhältnisse wurden zunächst Versuche unter verhältnismäßig trockenen Bedingungen an der freien Atmosphäre in Berlin-Dahlem, jedoch an vor Regen geschützter Stelle, ausgeführt. Die Proben wurden in gleicher Weise hergestellt wie in Abschnitt C beschrieben; sie wurden dann an einer Holzlatte festgenagelt, am 3. Dezember 1940 der Atmosphäre auf dem Dach des Amtes unter einem kleinen Blechdach ausgesetzt.

Die Versuchsergebnisse sind in Zahlentafel 5 zusammengestellt.

Zahlentafel 5. **Eisenangriff getränkten Holzes an der freien Atmosphäre in Berlin-Dahlem (Versuchsbeginn 3. 12. 40)**

Tränkmittel	Holzgefüge*	Gewichtsverlust von Stahlschrauben in mg an der Atmosphäre				bei 97% rel. Feuchtigkeit nach 12 Mon.
		nach 1 Monat	nach 3 Monaten	nach 6 Monaten	nach 12 Monaten	
HB 2 ..	grob fein	27) 28) 28	39) 47) 43	43) 51) 47	57) 67) 62	410
HB 6 ..	grob fein	86) 117) 102	172) 246) 209	172) 267) 200	252) 292) 272	528**
$Na_2Cr_2O_7$.	grob fein	6) 6) 6	19) 18) 18	25) 27) 26	47) 50) 48	120
ungetränkt	grob fein	7) 8) 8	23) 16) 20	22) 26) 24	48) 49) 48	30

* Vgl. Abschnitt E 3. ** 6 Monate.

Wie sich aus diesen Versuchen ergibt, ist der Eisenangriff getränkten Holzes an der Atmosphäre in Berlin-Dahlem in der Tat im allgemeinen viel geringer als bei 97% relativer Feuchtigkeit unter den sonst angewendeten Bedingungen. Immerhin aber griff auch jetzt das Mittel HB 6 in den ersten 3 Monaten (Dezember 1940, Januar, Februar 1941) stark an. Erst in den folgenden Frühlings- und Sommermonaten sinkt die Angriffsgeschwindigkeit ab.

Auffällig ist das völlig einwandfreie Verhalten des Natriumbichromats bei den atmosphärischen Versuchen im Gegensatz zu den Laboratoriumsversuchen. Ob dieses Verhalten nur darauf beruht, daß die ungünstige Wirkung der Reduktion des Bichromats an der Atmosphäre zunächst noch nicht zum Ausdruck kommt, oder ob hier der Angriff durch Verdunstung der entstehenden organischen Säure verringert wird, läßt sich zunächst noch nicht beurteilen.

Das verhältnismäßig starke Rosten der Schrauben im ungetränkten Holz beruht darauf, daß die Schraubenköpfe an der Atmosphäre stärker rosten als bei den Laboratoriumsversuchen.

Versuche an der freien Atmosphäre wurden auch mit angestrichenem Holz ausgeführt. Die Versuchsproben wurden dabei auf die gleiche Art hergestellt wie im vorigen Abschnitt. Ebenso wurden dieselben Schutzmittel verwendet. Bis zu 1 Jahr Versuchsdauer wurden keine Unterschiede zwischen gestrichenem und ungestrichenem Holz gefunden. Auf die Wiedergabe der Einzelwerte kann daher verzichtet werden. Auch an dem unmittelbar an den Schraubenkopf anschließenden Teil des Schaftes, der mit getränktem Holz in Berührung stand, war kein besonderer Angriff zu erkennen; dieses Verhalten beruhte offenbar außer auf der verhältnismäßig geringen Luftfeuchtigkeit darauf, daß der angreifende Stoff sich längs der Bohrung des Klötzchens auf die ganze Oberfläche der Schraube verteilte [6].

3. Versuche mit Holz verschiedenen Gefüges

Obwohl die Holzklötzchen sehr sorgfältig in bezug auf gleiche Beschaffenheit ausgewählt wurden, ließen sich ge-

---
[6] Zur Vermeidung von Mißverständnissen sei hier noch einmal darauf hingewiesen, daß aus diesen Versuchen keineswegs die allgemeine Eisenunschädlichkeit von bei Volltränkung stark angreifenden Holzschutzmitteln folgt, wenn das Holz mit diesen angestrichen wird. Denn an der freien Atmosphäre in Berlin-Dahlem sind die Feuchtigkeitsverhältnisse sehr viel günstiger als z. B. in feuchten Kellern.

wisse geringe Verschiedenheiten in ihrem Gefüge doch nicht vermeiden. Zur Feststellung des Einflusses des Holzgefüges wurden daher bei der im vorigen Abschnitt beschriebenen Versuchsreihe zu Zahlentafel 5 die hierdurch etwa entstehenden Unterschiede noch genauer beachtet als sonst, indem für alle Doppelversuche jeweils ein verhältnismäßig grobjähriges und ein verhältnismäßig feinjähriges Klötzchen verwendet wurde (Abstand der Jahresringe etwa 2 mm bzw. 0,6 mm). Die Ergebnisse sind ebenfalls in Zahlentafel 5 enthalten.

Wie die gefundenen Werte zeigen, haben die feinjährigen Klötzchen im Durchschnitt zwar etwas stärker angegriffen als die grobjährigen. Die Unterschiede spielen aber gegenüber den Unterschieden von Mittel zu Mittel kaum eine Rolle. Zur Klärung dieser Verhältnisse sind weitere Versuche vorgesehen.

F. Zusammenfassung

Es wird über die Verrostung von Stahlschrauben innerhalb 2 Jahren berichtet, die in getränkte Klötzchen aus Kiefernholz eingeschraubt waren. Im allgemeinen wurden die Versuche bei 97% relativer Luftfeuchtigkeit und 20° ausgeführt. Hierbei ergab sich:

1. Ungetränktes Holz griff in den ersten Wochen die Schrauben deutlich an; die Rostgeschwindigkeit wurde dann jedoch sehr gering.

2. In den meisten Fällen griff getränktes Holz stärker an als ungetränktes. Einen besonders hohen Angriff bewirkte Tränkung mit Ammoniumrhodanid, Aluminiumsilikofluorid, Kupfersulfat und Quecksilberchlorid, während Zinkchlorid, Zinksilikofluorid und Dinitrophenol sich günstiger verhielten.

3. In fast allen Versuchsreihen nahm die Rostgeschwindigkeit der Schrauben in den getränkten Klötzchen mit der Zeit ab.

4. Ein unerwartetes Verhalten zeigte mit Bichromat getränktes Holz. In diesem wurde das Rosten zunächst deutlich gehemmt, während die Rostgeschwindigkeit später anstieg. Dieses ungünstige Verhalten beruhte offenbar darauf, daß die Bichromate mit dem Holz unter Bildung organischer Säuren reagierten.

5. Holz, das mit Holzschutzmitteln angestrichen war, bewirkte ein weit geringeres Rosten der Schrauben als vollgetränktes Holz.

6. An der freien Atmosphäre in Berlin-Dahlem (rel. Feuchtigkeit im Sommer etwa 70 ... 85%, im Winter etwa 85 ... 95%) war die Verrostung erheblich geringer als in den Laboratoriumsversuchen (97% rel. Feuchtigkeit).

7. In grobjährigem Holz wurden die Schrauben etwas weniger angegriffen als in feinjährigem.

Schrifttum

1. B. Schulze und G. Becker: Wissensch. Abh. d. dtsch. Mat.prüf.anst. II 3 (1942) 11/34.
B. Schulze: Holz als Roh- und Werkstoff 2 (1939) 99/109.
B. Schulze: Wissensch. Abh. d. deutsch. Mat.prüf.anst. I 5 (1940) 1/10.
2. G. Schikorr: Wissensch. Abh. d. dtsch. Mat.prüf.anst. I 5 (1940) 58/66.
3. B. Schulze: Z. f. Deutschl. Buchdrucker 46 (1934) 880/1.
4. R. H. Baechler: Industr. Engng. Chem. 26 (1934) 1336/8.
5. W. Krieg und H. Pflug: Chemiker-Ztg. 57 (1933) 773/4.
6. P. Behrens und L. Reschke: Elektrizitätswirtsch. 41 (1942) 58/62.
7. Rabanus: Bautenschutz 12 (1941) 1/16.
8. G. Theden: Angew. Botanik 23 (1941) 189/253.

ÜBER DIE WITTERUNGSBESTÄNDIGKEIT DES ZINKS*

Von Gerhard Schikorr und Ina Schikorr in Berlin

Zink hat bekanntlich eine so gute Witterungsbeständigkeit, daß Zinkbleche in weitestem Umfang für Dacheindeckungen verwendet werden. Bei 0,6 mm dicken Blechen rechnet man im Bauwesen mit einer Lebensdauer von 30 Jahren. Wie E. Deiß[1] an Teilen von alten Dacheindeckungen zeigte, ist die Lebensdauer des Zinkbleches jedoch häufig noch größer. Sie beträgt gelegentlich 80 und mehr Jahre.

Eigentliche Bewitterungsversuche mit dem Ziel, den Witterungsangriff auf Zink messend zu verfolgen, sind nur verhältnismäßig wenig ausgeführt worden. Eine Darstellung dieser Arbeiten gibt W. Wiederholt[2]. Hiernach wird die Witterungsbeständigkeit des Zinks durch hohe Feuchtigkeit und durch Verunreinigungen der Atmosphäre mit Schwefel- und Chlorverbindungen ungünstig beeinflußt, während die Verunreinigungen des Zinks keine eindeutig ungünstige Wirkung haben, indem Elektrolytzink im allgemeinen nicht witterungsbeständiger ist als Raffinadezink. Über die absolute Höhe des Witterungsangriffs auf Zink geben besonders Untersuchungen von J. C. Hudson[3] Auskunft, nach denen die Angriffsgeschwindigkeit des Zinks an der freien Atmosphäre je nach deren Feuchtigkeit und Reinheit 0,2 bis 4,4 u je Jahr beträgt (vgl. Abschnitt 3).

Ein ungewöhnlich starker Angriff auf Zinkeindeckungen von Dächern, der diese in wenigen Jahren zerstört, kann unter Sonderumständen entstehen. So wird Zinkblech in wenigen Jahren von Regenwasser zerstört, das über bitumenhaltige Dachpappe gelaufen ist und dabei die sauren Bestandteile aufgenommen hat, die sich bei Einwirkung von Luft und Sonnenlicht auf Bitumen bilden[4]; ähnlich stark ist der Angriff durch Schwitzwasser, das sich an der Innenseite von Zinkeindeckungen aus nicht genügend ausgetrocknetem Mauerwerk niederschlägt[5].

Eine größere Zahl von Untersuchungen liegt über die Witterungsbeständigkeit von verzinktem Eisen vor[6], doch soll auf diese Verhältnisse an anderer Stelle eingegangen werden.

Die vorliegende Arbeit soll einerseits feststellen, ob die starken jahreszeitlichen Schwankungen des atmosphärischen Angriffs auf Metalle, wie man sie beim atmosphä-

---

* Erschien auch in Z. Metallkde. 35 (1943) S. 175.
[1] Wiss. Abh. Mater.Prüf.Anst. II. Folge (1941), Heft 2, S. 31.
[2] In Kröhnke-Masing, Die Korrosion metallischer Werkstoffe, Bd. II. S. Hirzel, Leipzig (1938) S. 638.
[3] Trans. Faraday Soc. Bd. 25 (1929), S. 177,5 th Rep. Corros. Committ. Iron Steel Inst. Bd. 1938, S. 13.

[4] E. Deiß, Wiss. Abh. Mat.Prüf.Anst. II. Folge (1941), Heft 2, S. 46.
[5] G. Schikorr: Wiss. Abh. Mat.Prüf.Anst. II. Folge (1941), Heft 2 S. 51.
[6] K. Daeves: W. Püngel und W. Rädeker, Stahl u. Eisen Bd. 58 (1938), S. 40.
H. Bablik: Korrosion u. Metallsch. Bd. 17 (1941), S. 250.

rischen Rosten des Eisens findet[7], auch bei Zink auftreten, anderseits hat sie den Zweck, nach zahlenmäßigen Zusammenhängen zwischen der Witterungsbeständigkeit des Zinks und den schwefelhaltigen Verunreinigungen der Luft zu forschen.

1. Probenmaterial und Versuchsausführung.

Für die Versuche wurde, wenn nichts anderes gesagt ist, Elektrolytzinkband[8] verwendet; einige Versuche wurden mit Elektrolytzinkblech und Raffinadezinkblech ausgeführt. Der Gehalt der Zinkarten an Verunreinigungen und die Blechdicke sind in Zahlentafel 1 angegeben:

Zahlentafel 1. Beimengungen, Bezeichnung und Dicke der untersuchten Zinkbleche

Zinkart	Bezeichnung	Blechdicke in mm	Gehalte in %				
			Blei	Zinn	Kupfer	Kadmium	Eisen
Elektrozink	E 1	0,25	0,039	fehlt	0,002	0,003	0,002
Elektrozink	E 2	0,6	0,015	fehlt	0,0005	0,0008	0,003
Raffinadezink	V	0,8	1,0	Spuren	Spuren	0,16	0,01

Die verwendeten Proben waren 45 × 30 mm groß; sie enthielten zwecks Befestigung etwa 4 mm unterhalb des oberen Randes eine Bohrung von 4 mm Drchm.; sie wurden durch eingeschlagene Nummern gekennzeichnet, entfettet und gewogen. Mit Hilfe verzinkten Eisendrahtes, der zur

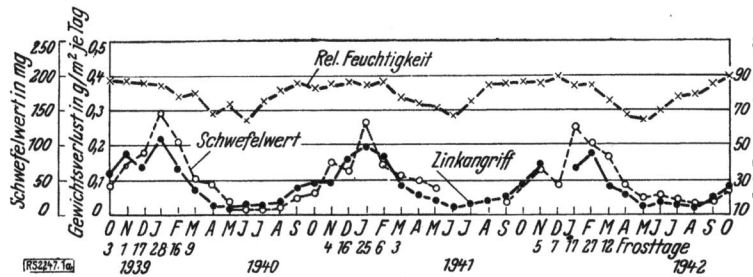

Bild 1 a. Witterungsbeständigkeit von Zink in Berlin-Dahlem im Freien. Angriffsgeschwindigkeit bei Monatsversuchen

Vermeidung eines Abriebs in einer Schleife um sie gelegt wurde, wurden die Proben senkrecht an ausgespannten verzinkten Eisendrähten befestigt, wobei darauf geachtet wurde, daß die Proben nicht übereinander hingen, so daß keine Flüssigkeit von einer Probe auf eine andere tropfen konnte. Sobald der verzinkte Draht zu rosten begann, wurde er durch neuen ersetzt. Die Ausrichtung der Proben in einer bestimmten Himmelsrichtung wurde nicht für erforderlich gehalten[7].

Die Versuchsorte waren[7]:
Berlin-Dahlem (auf dem Dach des Amtes; Wohnstadt-Atmosphäre).
Berlin-Mitte (auf dem Dach des Neuen Museums; Großstadt-Atmosphäre).
Neben einem Lokomotivschuppen (Berlin SW Anhalter Bahnhof; Industrie-Atmosphäre).
Im Grunewald (in der Saubucht, etwa 7 km vom Amt entfernt; Waldluft mit geringen Verunreinigungen durch die Großstadt-Atmosphäre).
Im Hamburger Hafen (Industrie-Atmosphäre).
Hamburg-Eppendorf (in einem Privatgarten; Wohnstadt-Atmosphäre).

---

[7] G. Schikorr: Korrosion u. Metallsch. Bd. 16 (1940), S. 422, Bd. 17 (1941), S. 305.

[8] Der Firma Grove & Welter, Neuß, sei für freundliche Überlassung des Bandes bestens gedankt.

An allen Orten waren die Proben frei der Atmosphäre ausgesetzt. In Berlin-Dahlem wurden außerdem noch Proben der Atmosphäre unter einem Schutzdach von 2 m² Größe ausgesetzt, so daß an diese Proben wohl die Atmosphäre, aber kein Regen gelangen konnte.

Der Versuchsstand n e b e n dem Lokomotivschuppen wurde gewählt, weil der frühere Stand auf dem Lokomotivschuppen[7] zu starke Angriffsverhältnisse aufwies.

Die Versuche im Grunewald und in Hamburg konnten wegen der Zeitverhältnisse nicht in der ursprünglich beabsichtigten Weise ausgeführt werden, so daß hier nur stichprobenartige Ergebnisse erhalten wurden.

Nach den vorgesehenen Versuchszeiten wurden die betreffenden Proben mit den anhaftenden Zersetzungsstoffen gewogen, dann entsprechend DIN 4850 gereinigt und nochmals gewogen. Für jede Versuchszeit wurden besondere Proben verwendet. Alle Versuche wurden doppelt ausgeführt. (Die Ergebnisse der Parallelversuche stimmten meistenteils gut miteinander überein, so daß bei Beschreibung der Versuchsergebnisse im allgemeinen nur die Mittelwerte angegeben zu werden brauchten.)

2. Ergebnisse von Monatsversuchen

Der in Berlin-Dahlem, Berlin-Mitte und neben dem Lokomotivschuppen im Laufe der einzelnen Monate entstandene atmosphärische Zinkangriff ist in den Bildern 1a bis 1b zeichnerisch wiedergegeben. Diese enthalten außer-

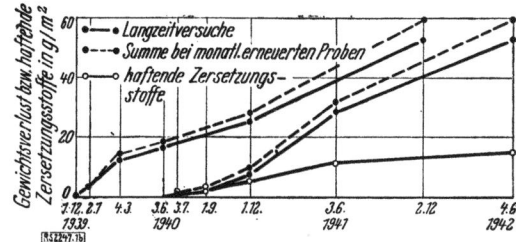

Bild 1 b. Witterungsbeständigkeit von Zink in Berlin-Dahlem im Freien. Gesamtangriff bei Langzeitversuchen

dem noch die „Schwefelwerte" der verschiedenen Atmosphären, d. h. die Menge von Schwefeloxyden (als Schwefel berechnet), die Filterhülsen, die mit Kaliumkarbonatlösung[9] getränkt und auf „Liesegang-Glocken" gezogen waren, in den betreffenden Monaten aus der Luft absorbierten[7].

Die gefundenen Werte zeigen das Folgende:

Der atmosphärische Zinkangriff in den einzelnen Monaten ergibt — ähnlich wie das atmosphärische Rosten des Eisens — im Winter ausgeprägte Höchst- und im Sommer ausgeprägte Tiefstwerte.

Durch Frosttage[10] wird der atmosphärische Angriff des Zinks offenbar nur wenig gehemmt. Zum mindesten tritt die starke Herabsetzung des atmosphärischen Angriffs, wie sie in Monaten mit vielen Frosttagen bei Eisen gefunden wurden, bei Zink nicht auf. Die geringe Hemmwirkung des Frostes hängt vermutlich damit zusammen, daß das auf dem Zink entstehende Zinksulfat (vgl. Abschnitt 5) den Gefrierpunkt der Feuchtigkeit auf dem Zink herabsetzt.

Bei Zink besteht — ebenso wie bei Eisen — ein weitgehend gleichsinniger Verlauf zwischen atmosphärischem

---

[9] Die Tränklösung enthielt in Abweichung von der Vorschrift Liesegangs kein Glyzerin. Über die Gründe für diese Abweichung wird demnächst berichtet werden.

[10] Tage mit einer Durchschnittstemperatur unter 0°.

Angriff einerseits und Schwefelwert und relativer Luftfeuchtigkeit anderseits (vgl. Abschnitt 6).

Der Schutz vor Regen ist für den atmosphärischen Angriff bei Zink (wie auch bei Eisen) von verhältnismäßig geringem Belang. Der bisher gefundene höchste Monatswert in Berlin-Dahlem (0,3 g/m² je Tag im Februar 1940)

gesetzt worden, von denen je 2 für die im vorigen Abschnitt beschriebenen Monatsversuche dienten, während weitere je 2 nach 3 Monaten, 6 Monaten, 1 Jahr und Jahren auf atmosphärischen Angriff untersucht wurden. Der Zweck dieser Versuche war, festzustellen, ob der Zeitpunkt des Ansetzens für den Angriff bei Jahresversuchen

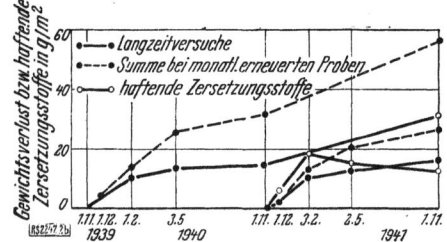

Bild 2b. Witterungsbeständigkeit von Zink in Berlin-Dahlem, vor Regen geschützt. Gesamtangriff bei Langzeitversuchen

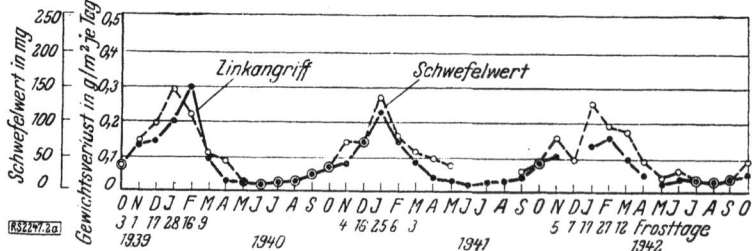

Bild 2a. Witterungsbeständigkeit von Zink in Berlin-Dahlem, vor Regen geschützt. Angriffsgeschwindigkeit bei Monatsversuchen

trat auffälligerweise nicht an frei dem Regen ausgesetztem, sondern an unter Dach befindlichem Zink auf.

Entsprechend der größeren Verunreinigung der Luft mit schwefelhaltigen Heizungsabgasen war der monatliche Angriff in Berlin-Mitte stärker als in Berlin-Dahlem; doch betrugen die Unterschiede im Durchschnitt kaum mehr als etwa 50%.

von Belang war, was z. B. dadurch hätte der Fall sein können, daß bei Versuchsbeginn im Sommer bessere Schutzschichten aus Zersetzungsstoffen auf dem Zink entstehen als bei Versuchsbeginn im Winter. Da die Versuche in dieser Beziehung nur geringe Einflüsse aufzeigten, sei die Wiedergabe der Ergebnisse auf die kennzeichnenden Werte beschränkt. Die Ergebnisse einiger im Herbst und im Frühling begonnenen Versuchsreihen sind in den Bildern 1b bis 4b wiedergegeben. Wie diese Bilder zeigen,

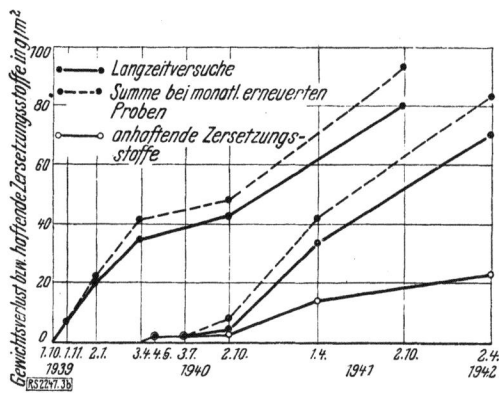

Bild 3b. Witterungsbeständigkeit von Zink in Berlin-Mitte. Gesamtangriff bei Langzeitversuchen

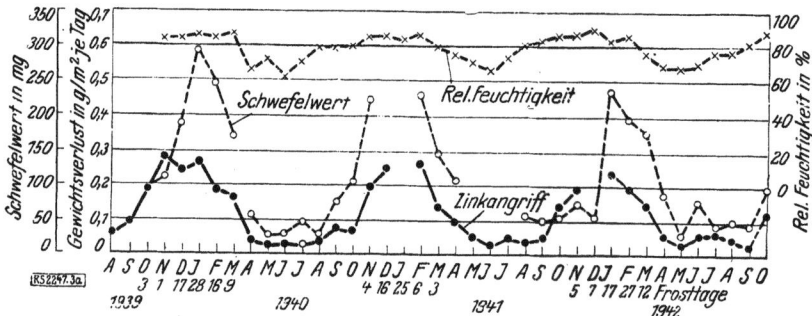

Bild 3a. Witterungsbeständigkeit von Zink in Berlin-Mitte. Angriffsgeschwindigkeit bei Monatsversuchen

Ein noch stärkerer monatlicher Angriff entstand neben dem Lokomotivschuppen; er war jedoch auch hier geringer als erwartet (bisher gefundener Höchstwert: 0,41 g/m² je Tag im Dezember 1939 und Januar 1942 [11]).

Bemerkenswerterweise traten auch neben dem Lokomotivschuppen die starken und regelmäßigen jahreszeitlichen Schwankungen des atmosphärischen Zinkangriffs und des Schwefelwertes auf, obwohl man bei der anzunehmenden etwa gleichbleibenden Benutzung des Schuppens über das ganze Jahr gleiche Mengen von Abgasen erwarten sollte. Daß die Schwankungen dennoch auftraten, beruht offenbar auf der erhöhten relativen Feuchtigkeit und dem allgemein im Winter erhöhten Schwefelwert der Berliner Luft.

3. Ergebnisse von Langzeitversuchen

In der Hauptversuchsreihe waren in Berlin-Dahlem im Freien, in Berlin-Mitte und neben dem Lokomotivschuppen jeden Monat 10 Proben der Atmosphäre aus-

nimmt der atmosphärische Angriff des Zinks in der kalten Jahreszeit rasch, in der warmen langsam zu, und zwar unabhängig davon, ob die betreffenden Proben davor schon mehrere Monate der Atmosphäre ausgesetzt waren. (Zur Schutzschichtbildung vgl. Abschnitt 4.)

In Bild 5 sind die Ergebnisse von Jahresversuchen dargestellt, bei denen die Proben in verschiedenen Monaten der Atmosphäre ausgesetzt und dann 1 Jahr bewittert wurden. Die Werte schwanken zwar zum Teil erheblich, besonders neben dem Lokomotivschuppen und in Berlin-Mitte, jahreszeitliche Abhängigkeiten sind aber nicht zu erkennen. Die bei Versuchsbeginn herrschenden Witterungsverhältnisse haben also beim Zink keinen Einfluß auf die Wirksamkeit der im Laufe der Jahre entstehenden Schutzschicht [12], während z. B. beim Eisen der im Sommer entstehende Rost eine bessere Schutzwirkung hat als der im Winter entstehende, so daß bei 1 Jahr Versuchsdauer im Sommer angesetzte Eisenproben weniger verrosten als im Winter angesetzte.

---

[11] In dem Jahr vorher wurden Versuche unmittelbar neben den Abzugshauben des Lokomotivschuppens ausgeführt; hier war der Angriff sehr viel höher; er betrug im Juni 0,88; im Juli 0,79; im August 0,65, im September 1,4, im Oktober 2,7; im November 2,5 g/m² je Tag, vom 1. 11. 1938 bis 1. 6. 1939 239 g je m² und vom 1. 11. 1938 bis 1. 6. 1939 296 g/m².

[12] Durch Vergleich der Jahreswerte mit den Summen der 12 einzelnen Monatswerte des betreffenden Versuchsjahres läßt sich diese Behauptung noch genauer belegen [7]. Hierauf sei jedoch zunächst verzichtet.

Die Ergebnisse einiger Versuche von 2 Jahren Dauer sind in Zahlentafel 2 wiedergegeben. Hiernach ergibt sich auch bei 2-Jahresversuchen kein Anzeichen dafür, daß die Jahreszeit des Versuchsbeginns einen Einfluß auf den Zinkangriff ausübt. Wie die Ergebnisse ferner zeigen, schreitet der Angriff additiv fort, indem er bei Proben, die 2 Jahre lang ununterbrochen der Atmosphäre ausgesetzt sind, etwa ebenso groß ist wie die Summe des Angriffs bei Proben, die sich in den beiden einzelnen Jahren an der Atmosphäre befinden. Irgendeine Verstärkung der Schutzschichtbildung ist also noch nicht zu erkennen (vgl. Abschnitt 4).

In Zahlentafel 2 sind ferner die Ergebnisse einiger weiterer Versuche mitgeteilt, die Versuchsdauern bis zu 6 Jahren umfassen.

Zu den Ergebnissen aller Langzeitversuche ist das Folgende zu sagen:

Die absolute Höhe des Angriffs entspricht etwa den Angaben des Schrifttums.

Bei mehr als 2 Jahren Versuchsdauer scheint eine gewisse geringe Verlangsamung der Angriffsgeschwindigkeit (um etwa 10%) aufzutreten. Zur Sicherung dieses Befundes bedarf es jedoch weiterer Unterlagen (vgl. Abschnitt 4).

Im allgemeinen war der Angriff in den einzelnen Jahren an jedem Versuchsort ziemlich gleich groß. Auffällig starke Schwankungen der Jahreswerte (0,77 bis 1,5 μ je Jahr), die sich zunächst nicht erklären lassen, traten im Grunewald auf.

In Hamburg liegen die Angriffsverhältnisse ähnlich wie in Berlin, indem der Angriff in den industriellen Gegenden etwa 5 μ je Jahr, in den Vororten etwa 3 μ je Jahr beträgt.

4. Verhalten der Schutzschicht bei Bewitterung des Zinks

Zinkgegenstände sind schon von der Herstellung her mit einer dünnen unsichtbaren Oxydschicht bedeckt, die die gute Beständigkeit des Zinks an der Luft in geschlossenen Räumen bewirkt. An der freien Atmosphäre wird die trotz der vorhandenen Oxydschicht ursprünglich blanke Oberfläche des Zinks unter Bildung von Zersetzungsstoffen trübe und grau. Die ursprüngliche Oxydschicht wird dabei offenbar zerstört. Es fragt sich nun, ob die an der Atmosphäre entstehende neue Deckschicht eine andere Schutzwirkung hat und ob sich diese während der weiteren Bewitterung verändert. Rückschlüsse hierüber sind möglich, wenn man den Angriff auf durchgehend bewitterte Zinkproben mit der entsprechenden Summe der Angriffe vergleicht, die in jedem Monat frisch angesetzte Zinkproben in den einzelnen Monaten erleiden. Die Bilder 1 b bis 4 b enthalten die betreffenden Kurven. Wie man sieht, liegen alle Summenkurven höher als die Kurven der durchgehend bewitterten Proben; die Unterschiede sind aber im allgemeinen so gering, daß eine deutlich andere Schutzwirkung der ursprünglich vorhandenen Schutzschicht von

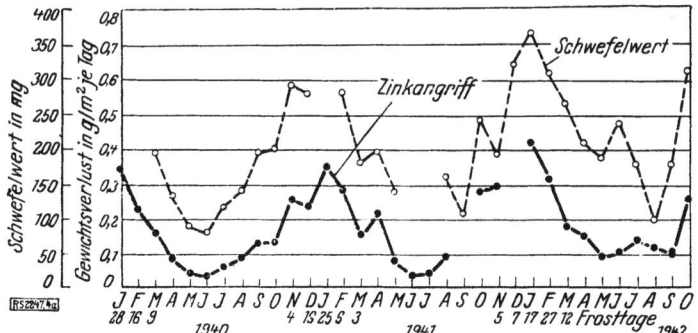

Bild 4 a. Witterungsbeständigkeit von Zink neben einem Lokomotivschuppen im Freien. Angriffsgeschwindigkeit bei Monatsversuchen

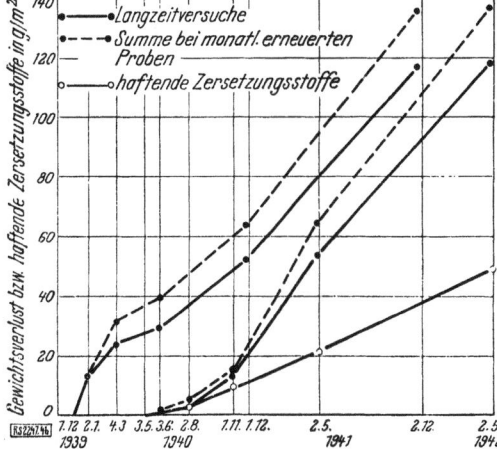

Bild 4 b. Witterungsbeständigkeit von Zink neben einem Lokomotivschuppen im Freien. Gesamtangriff bei Langzeitversuchen

der Schutzwirkung der während der Bewitterung entstehenden Schutzschicht sich aus den Versuchen nicht entnehmen läßt. Ebenso geben die Versuche keine Anzeichen dafür, daß die an der Atmosphäre entstehende Schutzschicht sich im Laufe eines Jahres erheblich verstärkt. Nur bei Proben, die vor Regen geschützt sind, scheint die Schutzschicht im Laufe des ersten Jahres wirksamer zu werden, wie die Lage der Langzeitkurven gegenüber der Summenkurve der Monatswerte deutlich zeigt. Die Ursachen hierfür sind zunächst unklar.

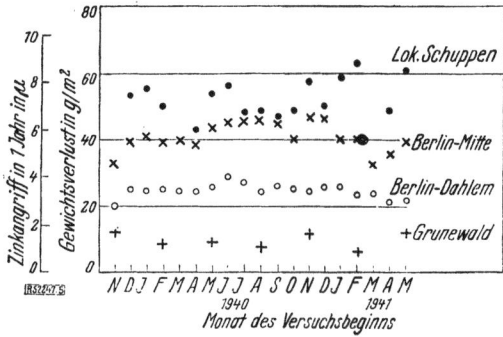

Bild 5. Witterungsangriff auf Zink in 1 Jahr Versuchsdauer bei Versuchsbeginn in verschiedenen Monaten

Im zweiten Jahr der Bewitterung ist eine weitere Verstärkung der Schutzschicht in keinem Fall zu beobachten. Dies ergibt sich besonders aus Zahlentafel 2, in der die Angriffswerte für 2 Jahre durchgehender Bewitterung innerhalb der Fehlergrenzen gleich der Summe der Bewitterungswerte für die betreffenden einzelnen Jahre ist.

In längeren Zeiten mag allerdings doch eine weitere Verstärkung der Schutzschicht entstehen. Hierauf deuten einerseits die in Zahlentafel 2 angegebenen Werte für 4 bis 6 Jahre hin, die etwas geringeren Angriffsgeschwindigkeiten entsprechen als bei bis zu 2 Jahren bewittertem Zink.

Bei der Verstärkung der Schutzschichtwirkung scheint auch der Versuchsort eine Rolle zu spielen, was sich im besonderen aus den Werten von J. C. Hudson[3] bei 1 und 5 Jahren Versuchsdauer ergibt, die in Zahlentafel 3 zusammengestellt sind. Nach diesen Werten ist die Ver-

Zahlentafel 2. Atmosphärischer Angriff auf Zink unter verschiedenen Bedingungen

Versuchsort	Zinkart	Versuchszeit	Versuchsdauer in Jahren	Gewichtsverlust in g/m² bei durchgehenden Versuchen	Summe der in den einzelnen Jahren erhaltenen Werte	Angriff in µ/Jahr*
Berlin-Dahlem im Freien	E 2	3. 10. 1935 bis 3. 10. 1936	1	22		3,1
		3. 10. 1935 bis 18. 9. 1939	4	86		3,0
		3. 10. 1935 bis 2. 10. 1940	5	99		2,8
	** E 2	4. 6. 1936 bis 4. 6. 1937	1	19		2,7
		4. 6. 1936 bis 20. 6. 1942	6	104		2,4
		4. 6. 1937 bis 1. 6. 1938	1	21		2,9
		1. 6. 1938 bis 1. 6. 1939	1	21		2,9
	E 1	1. 11. 1939 bis 1. 11. 1941	2	42	43	2,9
		1. 11. 1939 bis 2. 11. 1942	3	67	66	3,1
		1. 11. 1940 bis 2. 11. 1942	2	46	47	3,2
Berlin-Dahlem vor Regen geschützt	E 1	1. 11. 1939 bis 1. 11. 1941	2	31	29	2,2
		1. 2. 1940 bis 1. 2. 1942	2	32		2,2
Berlin-Mitte	E 2	1. 11. 1938 bis 1. 11. 1939	1	46		6,4
		1. 11. 1938 bis 1. 11. 1940	2	83	85	5,8
		1. 11. 1938 bis 1. 11. 1941	3	125	131	5,8
	E 1	3. 5. 1940 bis 4. 5. 1942	2	84	83	5,9
		2. 10. 1940 bis 2. 10. 1942	2	76	72	5,3
Auf Lokomotivschuppen	E 2	1. 11. 1938 bis 1. 11. 1939	1	296		41
Neben Lokomotivschuppen	E 1	1. 12. 1939 bis 1. 12. 1941	2	110	102	7,7
		3. 5. 1940 bis 4. 5. 1942	2	117	115	8,2
Grunewald	E 1	1. 11. 1939 bis 1. 11. 1941	2	21	24	1,5
		1. 2. 1940 bis 1. 2. 1942	2	13	14	0,91
		1. 3. 1940 bis 1. 5. 1942	2,2	13		0,83
		1. 11. 1940 bis 1. 11. 1942	2	20	23	1,4
Hamburger Hafen	E 2	1. 11. 1938 bis 1. 11. 1939	1	44		6,2
		1. 11. 1938 bis 27. 10. 1942	4	147		5,2
		1. 7. 1939 bis 8. 9. 1941	2,2	78		4,9
	V	1. 7. 1939 bis 8. 7. 1941	2,2	76		4,8
	E 1	1. 11. 1939 bis 8. 9. 1940	1,8	70		5,5
		8. 9. 1941 bis 27. 10. 1942	1,1	44		5,6
Hamburg-Eppendorf	V	1. 7. 1939 bis 8. 9. 1941	2,2	41		2,6
	E 2	1. 7. 1939 bis 27. 10. 1942	3,3	60		2,5
		1. 11. 1935 bis 8. 9. 1941	1,8	40		3,1
	E 1	1. 11. 1939 bis 17. 10. 1942	3	60		2,8
		8. 9. 1941 bis 27. 10. 1942	1,1	21		2,7

* Die Werte im Grunewald und in Hamburg, die aus nicht vollen Jahren errechnet wurden, sind etwas ungenauer als die übrigen Werte, da die Angriffsgeschwindigkeit im Laufe des Jahres schwankt.
** Probengröße 100 × 50 × 0,6 mm.

stärkung der Schutzschicht in trockener warmer Luft so stark, daß die schon an sich geringe Angriffsgeschwindigkeit in 5 Jahren um etwa 60% herabgesetzt wird; in ausgesprochener Industrieluft hingegen beträgt die Veränderung der Angriffsgeschwindigkeit auch bei den Versuchen von J. C. Hudson in 5 Jahren höchstens 10% und liegt offenbar noch innerhalb der Genauigkeitsgrenze des Prüfverfahrens [13]. (Siehe Zahlentafel 3, Seite 41.)

Zur Prüfung, ob die bei der Herstellung und Lagerung von Zinkblech entstehende Oxydschicht eine besondere Rolle bei der Witterungsbeständigkeit spielt, wurde noch eine besondere Versuchsreihe ausgeführt. Bei dieser wurden 8 Proben der Art E 2 von 45 × 30 mm Größe nach dem Entfetten 5 Min. lang in konzentrierte Ammonazetatlösung gehängt, gespült, getrocknet, gewogen und am 2. Oktober 1939 der Witterung in Berlin-Dahlem im Freien ausgesetzt. Zum Vergleich wurden entsprechende Versuche mit unvorbehandelten Proben ausgeführt. Die gefundenen Gewichtsverluste gehen aus Zahlentafel 4 hervor.

Zahlentafel 4. Gewichtsverluste von Proben in verschiedenem Zustand nach verschieden langer Versuchsdauer

Zustand	Gewichtsverlust in g/m²			
	nach 1 Monat	nach 3 Monaten	nach 6 Monaten	nach 1 Jahr
Vorbehandelte Proben	4,9	9,8	18	24
Nicht vorbehandelte Proben ...	6,3	11	18	22*

* Einzelwerte 20 und 25.

Nach diesen Ergebnissen ist die bei der Anlieferung auf Zinkblechen vorhandene Oxydschicht ohne Belang für die Witterungsbeständigkeit des Zinks.

[13] Es sei hier erwähnt, daß an Meeresluft die Schutzschicht im Laufe der Zeit ihre Wirksamkeit möglicherweise verbessert; bei Versuchen im Meerwasser-Sprühnebel war eine entsprechende Abnahme der Angriffsgeschwindigkeit unverkennbar. (G. Schikorr, Z. Metallkde. Bd. 32 (1940) S. 314).

Zahlentafel 3. Geschwindigkeit des atmosphärischen Angriffs auf Zink in 1 und 5 Jahren nach J. C. Hudson[2]

Versuchsort	Angriffsgeschwindigkeit in μ/Jahr bei einer Versuchsdauer von		5-Jahreswerte in % der 1-Jahreswerte
	1 Jahr*	5 Jahren	
Kartum (Tropische Wüstenluft)	0,53	0,20	38
Basra (Irak, trocken, warm; Inlandluft)	1,1	0,38	35
Aro (Nigeria, tropische Inlandluft)	1,6	0,46	29
Singapure (tropische Meeresluft)	1,1	0,81	74
Apapa (Nigeria, tropische Meeresluft)	1,2	0,84	70
Llanwrtyd Wells (Wales, sehr feuchte Landluft)	3,4	2,5	74
Calshot (England, Meeresluft)	3,4	2,7	79
Durban (Südafrika, Meeresluft)	4,4	3,8	86
Woolwich, England, Industrieluft)	3,8	4,1	110
Dove Holes Tunnel (England, feuchte Rauchgase)	85	77	91

* Mittelwerte aus Werten von 5 Einzeljahren.

5. Menge und Zusammensetzung der haftenden Zersetzungsstoffe bei der Bewitterung des Zinks

Beim atmosphärischen Rosten des Eisens bleibt die Hauptmenge des Rostes in den ersten Monaten an dem Eisen haften, so daß die bewitterten Proben, wenn man den Rost nicht entfernt, an Gewicht zunehmen. In Landluft und merkwürdigerweise auch in Meeresluft bleibt der Rost jahrelang an dem Eisen haften; in Stadt- und Industrieluft hingegen fällt er nach einigen Monaten von dem Eisen ab[7]. Im Gegensatz hierzu wurde bei Zink, das der freien Atmosphäre ausgesetzt ist, ein derart starkes Anhaften der Zersetzungsstoffe, daß eine Gewichtszunahme der Proben eintrat, nur selten beobachtet. So wurden zwar an den in Berlin-Dahlem unter Regenschutz bewitterten Proben in den ersten Monaten fast immer Gewichtszunahmen gefunden, und im Grunewald ergaben sich auch nach 2 Jahren Versuchsdauer noch Gewichtszunahmen (vor Entfernung der Zersetzungsstoffe bei lufttrockenen Proben). Im allgemeinen fiel jedoch von den entstehenden Zersetzungsstoffen ein so großer Teil wieder von den Proben ab (oder wurde durch Regen abgelöst), daß das Gewicht der Proben in den ersten Monaten erhalten blieb und bei längerer Versuchsdauer auch ohne künstliche Ablösung der Zersetzungsstoffe absank. In den Bildern 1b bis 4b sind einige Werte der haftenden Menge von Zersetzungsstoffen ebenfalls mit eingezeichnet. Sie sind hiernach gering, nehmen im Laufe der Zeit aber ständig zu.

Von einigen Proben aus Elektrolytzink E 1 wurden die Zersetzungsstoffe auf ihre Zusammensetzung näher untersucht. Hierfür wurden die jedesmaligen beiden Parallelproben 15 Min. in 100 cm³ konzentrierte Ammonazetatlösung gehängt, wobei sich der größte Teil der Zersetzungsstoffe ablöste. Zur Ablösung der restlichen Zersetzungsstoffe wurden die Proben zunächst mit einer Gummifahne unter der Ammonazetatlösung abgewischt, dann mit destilliertem Wasser abgespült und schließlich mit Filtrierpapier trocken gerieben; das Spülwasser und das Filtrierpapier wurden in die Ammonazetatlösung gegeben, worauf in dem Ganzen der Zink- und Sulfatgehalt bestimmt wurde. Die Ergebnisse sind in Zahlentafel 5 enthalten. In dieser ist das gesamte gefundene Sulfat als Zinksulfat und das restliche Zink als Zinkhydroxyd angegeben. (Wahrscheinlich war zwar auch Karbonat vorhanden und lag das Zinksulfat zum mindesten zum Teil als basisches Zinksulfat vor; die genannte Art der Wiedergabe dürfte jedoch die zweckmäßigste sein, ohne sich erheblich von den Tatsachen zu entfernen.) Die gefundenen Werte zeigen folgendes:

Wie schon oben gesagt, nimmt die Menge der haftenden Zersetzungsstoffe mit der Versuchszeit ständig zu.

Der als $ZnSO_4$ berechnete Zinksulfatgehalt der Zersetzungsstoffe beträgt 30 bis 63% und ist damit unerwartet hoch (vgl. dazu den nächsten Abschnitt); er ist noch höher als bei den schon von E. Deiß[1] untersuchten Zersetzungsstoffen des Zinks, die bis zu 20% $ZnSO_4$ enthielten.

Der Gehalt der Zersetzungsstoffe an Zinkverbindungen nimmt mit der Bewitterungsdauer ständig ab, was offenbar auf ihrer fortdauernden Verunreinigung durch feste Bestandteile beruht (z. B. Staub, Kalk; neben dem Lokomotivschuppen besonders Ruß, der unmittelbar an der Schwarzfärbung der Proben zu erkennen war[14]).

---

[14] Man kann also die dem bewitterten Metall anhaftenden Stoffe eigentlich nicht gemeinsam als „Zersetzungsstoffe" bezeichnen. Der Kürze des Ausdrucks halber ist es hier dennoch

Zahlentafel 5. Zusammensetzung der an dem Zink befindlichen Zersetzungsstoffe

Versuchsort	Versuchszeit	Haftende Zersetzungsstoffe in g/m²	Zersetzungsstoffe in %			Gewichtsverlust des Zinks* in g/m²
			Zn(OH)₂	ZnSO₄	Zn(OH)₂ + ZnSO₄	
Berlin-Dahlem im Freien	1 Monat (1. 10. 1942 bis 2. 11. 1942)	2,5	27	63	90	2,2
	6 Monate (1. 11. 1941 bis 2. 5. 1942)	8,0	47	40	87	20
	2 Jahre** (2. 5. 1940 bis 2. 5. 1942)	14,9	34	43	77	53
Berlin-Dahlem vor Regen geschützt	1 Monat (1. 10. 1942 bis 2. 11. 1942)	3,3	21	56	77	1,4
	1 Jahr (1. 11. 1941 bis 2. 11. 1942)	20,2	32	30	62	15
Neben Lokomotivschuppen	1 Monat (1. 10. 1942 bis 11. 1. 1942)	4,4	25	49	74	7,6
	1 Jahr (1. 11. 1941 bis 2. 11. 1942)	13,2	38	34	72	55
	2 Jahre (1. 11. 1940 bis 2. 11. 1942)	58,8	21	29	50	133

* Nach Entfernung der Zersetzungsstoffe.
** Die Menge der haftenden Zersetzungsstoffe bei den 100 × 50 mm großen Proben (vgl. Zahlentafel 2) betrug nach 1 Jahr (4. 6. 1936 bis 4. 6. 1937) 7,2 g/m², nach 6 Jahren (4. 6. 1936 bis 20. 6. 1942) 19,0 g/m².

6. Bedeutung des Schwefelgehaltes der Luft für die Witterungsbeständigkeit. Theorie des Witterungsangriffs

Wie die Bilder 1a bis 4a eindeutig zeigen, besteht im Durchschnitt ein gleichsinniger Verlauf zwischen dem Schwefelwert der Luft und dem Zinkangriff. Ordnet man den Zinkangriff dem Schwefelwert ohne Berücksichtigung von Versuchszeit und -ort unmittelbar zu (Bild 6), so ergibt sich jedoch, daß eine einfache Abhängigkeit des Zinkangriffs vom Schwefelwert nicht besteht. Das ist auch ohne weiteres verständlich; denn für den Angriff ist ja zweifellos nicht nur der Schwefelgehalt, sondern auch die Feuchtigkeit der Luft von maßgebender Bedeutung, die im Winter ebenfalls höher ist als im Sommer (Bild 1a), aber die verschiedenen Angriffsgeschwindigkeiten an den verschiedenen Versuchsorten in Berlin nicht erklärt. Die Gesetzmäßigkeit der Abhängigkeit des Zinkangriffs von der Feuchtigkeit läßt sich zunächst nur vermuten. Immerhin fallen zwei Zusammenhänge in Bild 6 auf, die mit der Feuchtigkeit zusammenhängen können, und zwar:

a) Bei gleichem Schwefelwert ist der Zinkangriff (und allgemein das Verhältnis Zinkangriff zu Schwefelwert) in Berlin-Dahlem stets größer als neben dem Lokomotivschuppen.

b) Neben dem Lokomotivschuppen ist der Zinkangriff im Winter nicht nur absolut, sondern auch im Verhältnis zum Schwefelwert größer als im Sommer.

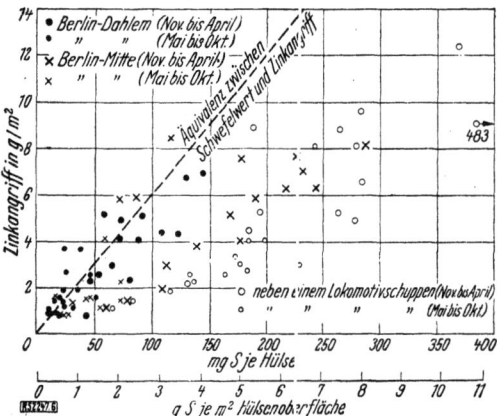

Bild 6. Abhängigkeit der Witterungsbeständigkeit von Zink bei Monatsversuchen vom Schwefelwert der Atmosphäre

Beide Zusammenhänge verlaufen gleichsinnig mit der relativen Feuchtigkeit; denn die relative Feuchtigkeit ist einerseits in Berlin-Dahlem im Durchschnitt etwas höher als in Berlin SW[15], andererseits allgemein in Berlin im Winter höher als im Sommer.

Ein zwar zunächst nur größenordnungsmäßiger, aber doch sehr wichtiger Zusammenhang ergibt sich, wenn man die absolute Menge des absorbierten Schwefels mit dem zerstörten Zink in Beziehung setzt. Das Filter der Liesegang-Glocke hat eine der Luft frei ausgesetzte Oberfläche von etwa 353 cm². Man muß also den Schwefelwert je Liesegang-Glocke mit etwa 10 000 : 353 = 28,3 multiplizieren, um den Schwefelwert je m² ausgesetzter Fläche zu erhalten. Nimmt man an, daß an dem Zink ebensoviel Schwefel (gebunden, im besonderen als Schwefelsäure [16]) haften bleibt wie an dem Filter der Liesegang-Glocke und daß der Zinkangriff diesem Schwefel unmittelbar äquivalent ist, so würde das bedeuten, daß z. B. ein Schwefelwert von 113 mg S je Liesegang-Glocke = 3,2 g S je m² einem Zinkangriff von 6,5 g/m² entsprechen würde.

In Bild 6 stellt die gestrichelte Gerade die genannte Äquivalenz zwischen Schwefelwert und Zinkangriff dar. Wie man sieht, grenzt diese Gerade den Bereich der gefundenen Zinkangriffe etwa nach oben ab. Die am meisten abweichenden Werte betragen etwa ¼ der Äquivalenz. Es ergibt sich also: Der Witterungsangriff auf Zink ist, wenn er durch den Schwefelgehalt der Atmosphäre bestimmt wird (nicht im Meeresklima), dem mit der Liesegang-Glocke bestimmten Schwefelwert der Atmosphäre nach Umrechnung auf gleiche Oberfläche größenordnungsmäßig unmittelbar äquivalent.

Man kann sich hiernach und nach dem Vorhergehenden den Witterungsangriff auf Zink folgendermaßen vorstellen:

Die in der Luft als Verunreinigung enthaltene Schwefelsäure [16] trifft infolge der Luftbewegung auf das Zink auf; ein von den Feuchtigkeitsverhältnissen abhängender, beträchtlicher Teil der Schwefelsäure bleibt an der Oberfläche haften und reagiert mit dem hier vorhandenen Zinkhydroxyd oder Zinkkarbonat in äquivalenten Verhältnissen unter Zinksulfatbildung, wodurch die Schutzschicht auf dem Zink an den betreffenden Stellen zerstört oder geschwächt wird und sich aus dem Grundmetall nachbilden muß, wodurch dem verbrauchten Zinkhydroxyd oder -karbonat und damit der Schwefelsäure etwa äquivalente Mengen Zink oxydiert werden. Der Angriff auf das Zink ist also der an seine Oberfläche gelangenden Schwefelsäure etwa äquivalent.

An dieser Vorstellung ist noch mancherlei ergänzungsbedürftig, im besonderen in bezug auf die Luftfeuchtigkeit und auf den „Gang", der insofern besteht, als bei hohen Schwefelwerten der Angriff im Durchschnitt stärker unter der Äquivalenz bleibt als bei niedrigen. Die gefundenen Abweichungen von der genauen Äquivalenz mögen sich zum großen Teil dadurch erklären, daß einerseits die Liesegang-Glocke wegen der großen Alkalität und Hygroskopizität der Tränklösung mehr Schwefel aus der Luft aufnimmt als eine entsprechend große Zinkfläche und daß andererseits das entstehende Zinksulfat den Witterungsangriff ebenfalls noch etwas begünstigt. Größenordnungsmäßig aber reichen die geschilderten Vorgänge zur Erklärung der Witterungsbeständigkeit des Zinks in Stadtluft aus. Dieser Befund ist insofern von besonderer Bedeutung, als er den ersten Fall darstellt, in dem die absolute Höhe des atmosphärischen Angriffs auf ein Metall größenordnungsmäßig erklärt wird.

7. Anhang Witterungsbeständigkeit von Feinzink mit sehr geringem Quecksilbergehalt

Von der Firma Duisburger Kupferhütte, Duisburg, wird ein sehr reines Feinzink hergestellt, das jedoch Spuren

---

geschehen. — Bei der Kleinheit der Proben ließen sich außer dem Zink- und Sulfatgehalt keine anderen Bestandteile der Zersetzungsstoffe bestimmen. Daß Zinkoxyd oder Zinkhydroxyd meistens in größerer Menge vorhanden ist, ergibt sich aus den Werten von E. Deiß [1].

[15] Nach dem vom Reichsamt für Wetterdienst herausgegebenen „Klimakunde des Deutschen Reichs", Bd. 2, D. Reimer, Andrews und Steine, Berlin (1939) S. 242 ist (Mittel aus länger als 20 jährigen Beobachtungen) die durchschnittliche relative Feuchtigkeit in Berlin-Dahlem 77%, in Berlin Teltower Straße (Nähe des Lokomotivschuppens) 75%. — Ordnet man das Verhältnis Zinkangriff zu Schwefelwert der relativen Feuchtigkeit zu, so ist zwar zu erkennen, daß im Durchschnitt das genannte Verhältnis mit steigender relativer Feuchtigkeit steigt; die Werte streuen jedoch so stark, daß die zahlenmäßige Abhängigkeit nicht ableitbar ist.

[16] Der Einfachheit halber sei hier auf die Betrachtung der Wirkung der anderen Schwefelverbindungen der Luft (SO_2, SO_3) verzichtet; diese wirken entsprechend.

von Quecksilber enthält. Da gegen dieses Zink der Einwand erhoben werden konnte, daß durch den Quecksilbergehalt seine Korrosionsbeständigkeit herabgesetzt sein könne, wurde im Auftrage der Herstellerfirma dieses Zink u. a. in bezug auf seine Witterungsbeständigkeit mit anderen Zinkarten verglichen. Das Probematerial bestand aus Blechen von 1 mm Dicke. Die Zusammensetzung der Zinkarten ist in Zahlentafel 6 angegeben.

Zahlentafel 6. **Zusammensetzung der untersuchten Bleche**

Zinkart	Zusammensetzung in %			
	Blei	Aluminium	Kupfer	Kadmium
DK-Feinzink ..	0,0005	fehlt	fehlt	< 0,0005
Handelsübliches Feinzink ...	0,007	0,0012	< 0,0001	0,0009
Raffinadezink ..	0,45	fehlt	< 0,0005	0,008

Zinkart	Zusammensetzung in %		
	Eisen	Quecksilber	Zink (Rest)
DK-Feinzink ..	0,0013	0,0023	99,995
Handelsübliches Feinzink ...	0,0017	fehlt	99,989
Raffinadezink ..	0,0010	fehlt	99,5

Proben der Bleche wurden in der in Abschnitt 1 beschriebenen Art in Berlin-Dahlem (im Freien), in Berlin-Mitte und neben dem Lokomotivschuppen bis zu 2 Jahren bewittert. Die Untersuchungsergebnisse sind in Bild 7 dargestellt [17]. Diese Ergebnisse zeigen in bezug auf die Witte-

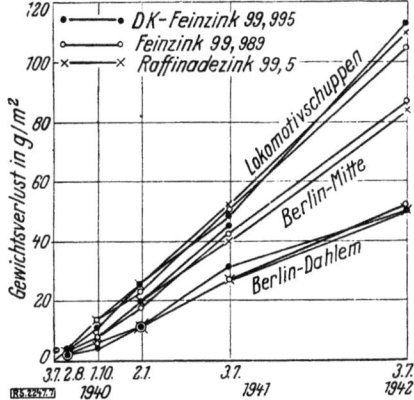

Bild 7. Witterungsbeständigkeit von Zink verschiedenen Reinheitsgrades

rungsbeständigkeit zweierlei, und zwar erstens die Unschädlichkeit des geringen Quecksilbergehaltes und zweitens die Gleichwertigkeit von Feinzink und Raffinadezink; sie sprechen also gegen die immer noch gelegentlich zu hörende Behauptung, daß hochreines Zink allgemein korrosionsbeständiger sei als Raffinadezink.

---

[17] Für die Genehmigung zur Veröffentlichung dieser Ergebnisse danken wir der Firma Duisburger Kupferhütte; diese Firma stellt auch Reinstzink mit nur einigen Zehntausendstel % Hg und Fe her, dessen Witterungsbeständigkeit jedoch noch nicht untersucht wurde. — Die 2 Jahre in Berlin-Mitte bewitterten Proben aus DK-Feinzink gingen verloren. Die mit ihnen erhaltenen Werte konnten daher nicht angegeben werden.

Zusammenfassung

Es wurden Bewitterungsversuche mit kleinen Zinkproben an verschiedenen natürlichen Atmosphären ausgeführt, die folgende Ergebnisse hatten:

Bei M o n a t s v e r s u c h e n war der Zinkangriff an den verschiedenen Versuchsorten je nach der Jahreszeit sehr verschieden, und zwar war er in den Wintermonaten mehrfach so hoch wie in den Sommermonaten. Auch in Wintermonaten mit vielen Frosttagen wurde das Zink auffälligerweise stark angegriffen. Die unmittelbaren monatlichen Angriffswerte betrugen an der freien Atmosphäre:

in Berlin-Dahlem .... 0,015 bis 0,22 g/m^2 je Tag
in Berlin-Mitte ...... 0,02 bis 0,28 g/m^2 je Tag
neben einem Lokomotivschuppen........ 0,04 bis 0,41 g/m^2 je Tag
auf einem Lokomotivschuppen........ 0,65 bis 2,7 g/m^2 je Tag
und in Berlin-Dahlem, vor Regen geschützt .... 0,65 bis 0,30 g/m^2 je Tag.

Bei 1 J a h r V e r s u c h s d a u e r war der Gesamtangriff von der Jahreszeit des Ansetzens der Versuche weitgehend unabhängig. Er betrug an der freien Atmosphäre:

in Berlin im Grunewald......... etwa 1 μ/Jahr
in Berlin-Dahlem .... etwa 3 μ/Jahr
in Hamburg-Eppendorf .... etwa 3 μ/Jahr
in Berlin-Mitte .... etwa 6 μ/Jahr
im Hamburger Hafen .... etwa 6 μ/Jahr
in Berlin neben einem Lokomotivschuppen etwa 8 μ/Jahr
in Berlin auf einem Lokomotivschuppen etwa 40 μ/Jahr
und in Berlin-Dahlem, vor Regen geschützt etwa 2 μ/Jahr.

Diese Werte entsprechen den Werten des Schrifttums.

Der gefundene Zinkangriff war den von einer Absorptionsglocke („Liesegang-Glocke") absorbierten S c h w e f e l v e r b i n d u n g e n größenordnungsmäßig äquivalent und zwar wurden auf 1 Atom Schwefel 0,24 bis 2,0 Atome Zink oxydiert. Hiermit ist zum erstenmal die Größenordnung der Witterungsbeständigkeit eines Metalls auf Werte zurückgeführt, die mit anderen Versuchen als Korrosionsversuchen bestimmt wurden.

Im Laufe der ersten Versuchsmonate wurde im allgemeinen eine nur geringe Verbesserung der Schutzwirkung der bereits ursprünglich vorhandenen Oxydschicht gefunden. Auch bei Versuchsdauern bis zu 6 Jahren wurde diese Schutzwirkung nur wenig verbessert, so daß der Zinkangriff im Laufe der Jahre etwa linear fortschritt.

Die Z e r s e t z u n g s s t o f f e blieben in nur so geringem Maße an dem Zink haften, daß eine Gewichtszunahme der nicht gereinigten Proben gegenüber dem Ausgangsgewicht nur in den ersten Monaten der Bewitterung gefunden wurde. Mit wachsender Versuchsdauer wurde die absolute Menge der haftenden Stoffe ständig größer, was zum Teil auf Zunahme der haftenden Zinkverbindungen, zum Teil auf feste, aus der Luft niedergeschlagene Bestandteile zurückzuführen war.

Die Arbeit wurde vor der Begründung des Vierjahresplaninstituts für Werkstofforschung von der Deutschen Forschungsgemeinschaft mit Geldmitteln unterstützt, der auch an dieser Stelle bestens gedankt sei.

Eingegangen 16. Januar 1943. [RS 2247]

DIE CHEMISCHE ZUSAMMENSETZUNG VON ZINKKORROSIONSPRODUKTEN IN ABHÄNGIGKEIT VON DER KORROSIONSURSACHE [1]

Von **Eugen Deiß** und **Walter Böhm**

Einleitung

Bei der Untersuchung von Korrosionsvorgängen wird im allgemeinen der chemischen Zusammensetzung der Korrosionsprodukte nur geringe Beachtung geschenkt, da für die am meisten interessierende Beurteilung der Korrosionsgeschwindigkeit die Menge des in der Zeiteinheit verschwindenden Metalls den Ausschlag gibt, wobei es gleichgültig ist, wie das Korrosionsprodukt chemisch beschaffen ist oder welche chemischen Vorgänge zu dem Metallverlust geführt haben. Indessen kommen in der Praxis häufig genug Fälle vor, in denen der chemischen Zusammensetzung der Zerstörungsprodukte eine entscheidende Bedeutung beizumessen ist. Sind beispielsweise beim Lagern oder beim Transport größerer Mengen Zinkmetallwaren schon nach kurzer Zeit erhebliche Korrosionsschäden eingetreten und wird die Frage aufgeworfen, wer für den Schaden verantwortlich zu machen ist oder durch welche Maßnahmen der Schaden hätte vermieden werden können, so lassen sich diese Fragen noch am ehesten auf Grund der Ergebnisse chemischer Untersuchungen beantworten, die mit den Korrosionsprodukten durchzuführen sind. Um aus den analytischen Ergebnissen zuverlässige Schlußfolgerungen ziehen zu können, genügt es aber nicht, den Gehalt der Korrosionsprodukte an einigen Bestandteilen festzustellen, vielmehr ist die Gesamtanalyse des Korrosionsproduktes erforderlich.

Dieser Weg der Erforschung der Korrosionsursache hat sich gerade beim Zink in vielen Fällen als zweckmäßig erwiesen; er setzt allerdings voraus, daß von dem unveränderten Korrosionsprodukt, das an den beschädigten Zinkteilen entstanden ist, eine zur Analyse ausreichende Menge entnommen werden kann, eine Forderung, die sich zwar bei vielen Zinkkorrosionen erfüllen läßt, jedoch nicht bei allen. Dies hängt damit zusammen, daß die Zinkkorrosionen — je nach dem angreifenden Mittel — in verschiedener Weise verlaufen. Frische metallisch blanke Zinkoberflächen bedecken sich bekanntlich an der atmosphärischen Luft sofort mit einer äußerst dünnen Haut von Zinkoxyd und basischem Zinkkarbonat, als dem primären Produkt der Korrosion. Dieser anfänglich entstandene Überzug kann gegenüber angreifenden Stoffen aus der Atmosphäre oder dem Wasser sich in dreierlei Weise verhalten:

I. Er bildet sich im Laufe der Zeit zu einer dichten, festhaftenden Schicht aus, die das darunter befindliche Metall vor dem weiteren Angriff weitgehend schützt. Die Korrosion nimmt dann nur in ganz geringem Maße mit der Zeit zu, so daß selbst nach einer langen Reihe von Jahren nur geringe Mengen Korrosionsprodukt für die Analyse entnommen werden können. Der Überzug verhält sich wie eine gut wirksame **Schutzschicht**.

II. Der primär entstandene Überzug erweist sich gegenüber einwirkenden Angriffsstoffen als mehr oder weniger durchlässig; die Korrosion schreitet infolgedessen unter Bildung entsprechender Mengen von Umsetzungsprodukten fort, die sich, sofern sie unlöslich oder schwerlöslich sind, größtenteils am Ort ihrer Entstehung als verhältnismäßig lose haftende Verbindungen absetzen.

III. Der auf dem Zinkmetall primär gebildete Überzug wird von Regenwasser oder den angreifenden Mitteln gelöst und ebenso die danach entstehenden Korrosionsprodukte, so daß überhaupt keine Ausscheidung fester Korrosionsprodukte zustande kommt. Diese Wirkung zeigt sich insbesondere beim Angriff durch Wässer, die organische Säuren enthalten, von denen Zink unter Bildung wasserlöslicher Salze angegriffen wird. Die Salze werden von atmosphärischem Niederschlagswasser ständig gelöst und fortgeführt, so daß keine Möglichkeit zur Entnahme von Korrosionsprodukt besteht.

Gruppe I umfaßt hiernach Veränderungen der Zinkoberfläche, die auf der Bildung einer lange Zeit wirksamen **Schutzschicht** beruhen und nicht den das Metall rasch zerstörenden eigentlichen Korrosionen zugerechnet werden können. Die chemische Zusammensetzung dieser Schutzschichten hat indessen eine gewisse Bedeutung auch für die Korrosionsprodukte, insofern als vielleicht aus dem Vergleich der Analysenwerte beider Schlüsse gezogen werden können, in welcher Richtung die Zusammensetzung der Korrosionsprodukte bei ihrem Entstehen günstig zu beeinflussen wäre, um ihrem Fortschreiten entgegenzuwirken.

Die unter Bildung fester Produkte verlaufenden Korrosionen der **Gruppe II** stellen den Hauptteil der starken Zinkkorrosionen dar. Sie kommen durch das Zusammenwirken von Luftsauerstoff und Feuchtigkeit zustande, wobei die Gegenwart von Luftkohlensäure, schwefliger Säure, Schwefelsäure und von zufälligen Verunreinigungen wie Chloride, Sulfate, Ammoniumverbindungen u. a. von Einfluß auf die Geschwindigkeit des Angriffes sind.

Die **Gruppe III** wird von seltener in Erscheinung tretenden Korrosionen gebildet, bei denen keine festen Ausscheidungen von Korrosionsprodukt auftreten; Beschädigungen dieser Art an Zinkteilen sind in der Arbeit (2) beschrieben; ein näheres Eingehen auf Fälle dieser Gruppe ist an dieser Stelle nicht erforderlich.

Versuchsmaterial und Analysenergebnisse

Für die Untersuchungen stand ein umfangreiches Material zur Verfügung, das zum größten Teil aus abgeschlossenen Prüfungsanträgen früherer Jahre entnommen werden konnte; in allen Fällen kam es darauf an, den Nachweis zu erbringen, welche Stoffe oder besonderen Umstände zu den Korrosionen geführt haben und ganz besonders lautete bei beschädigten Waren von Überseetransporten die Frage, ob Seewasserbeschädigung vorliege.

Für die analytische Prüfung wurden Stücke zur Verfügung gestellt, die beschädigte Stellen zeigten und an denen größere oder geringere Mengen des entstandenen Korrosionsproduktes festhafteten. In einzelnen Fällen von Überseetransportschäden wurden auf Wunsch auch unbeschädigte Stücke eingesandt, die den gleichen Transport wie die beschädigten Stücke mitgemacht hatten. An ihnen sollte nachgeprüft werden, mit welchen Verunreinigungen der Oberfläche durch schädigende Stoffe bei unbeschädigten Stücken zu rechnen ist, wenn sie eine Fahrt über See hinter sich haben.

Die Korrosionsprodukte bzw. Ablagerungen wurden

---

[1] Über die Ergebnisse der Arbeit ist bereits auf der Hauptversammlung Deutscher Chemiker in Königsberg berichtet worden, vgl. hierzu das Referat in der „Angewandte Chemie" 48, 1935, 464 (1). Inzwischen wurden die Untersuchungen weitergeführt; die Ergebnisse konnten in wesentlichen Punkten ergänzt werden.

abgeschabt, zu feinem Pulver zerrieben und nach dem Trocknen bei 105° C nach bekannten analytischen Verfahren auf ihre Einzelbestandteile untersucht. Dabei war zu beachten, daß von verschiedenartig aussehenden Korrosionen die entnommenen Proben nicht ohne weiteres zu einer Probe vereinigt werden dürfen; es hat sich gezeigt, daß verschiedenartig aussehende Angriffsstellen häufig durch ganz verschiedene Ursachen hervorgerufen sind, auch wenn sie vom gleichen Transport stammen, ja sogar wenn sie am gleichen Stück aufgetreten sind. Verschieden aussehende Korrosionsprodukte müssen getrennt untersucht werden, da ein Vermischen der Proben zu keinem brauchbaren Ergebnis führen würde.

Die Analyse ergibt den Gehalt der Proben an Gesamt-ZnO, PbO, Fe_2O_3, SiO_2, CaO, MgO, Na_2O, ferner an CO_2, Cl, SO_3, NH_4 und anderen zufällig vorhandenen Fremdstoffen. Das chemisch gebundene Wasser wird als Rest zu hundert berechnet, die Reaktion gegen Lackmus an einer angefeuchteten Probe des Pulvers geprüft.

Aus den so ermittelten Einzelbestandteilen lassen sich indessen nicht ohne weiteres Schlüsse ziehen, welcher Art die Stoffe gewesen sind, die zur Entstehung der Korrosionen bzw. Ablagerungen geführt haben. Durch geeignete Umrechnung kann man jedoch der wahrscheinlichen Ursache näher kommen. Allgemein gültige Angaben, wie die Umrechnung vorzunehmen ist, lassen sich allerdings nicht aufstellen. Zu berücksichtigen ist noch, daß die Zinkverbindungen in den Korrosionsprodukten nicht als leichtlösliche Zinksalze ($ZnCl_2$, $ZnSO_4$) vorliegen, sondern zusammen mit ZnO oder Zinkhydroxyd Gemische aus wenig löslichen basischen Verbindungen bilden; auch das Zinkcarbonat wird nicht als $ZnCO_3$, sondern als basisches Carbonat nicht näher bekannter Zusammensetzung vorhanden sein. Wenn man daher bei der Umrechnung die Gehalte der Bestandteile $ZnCO_3$, $ZnSO_4$ und $ZnCl_2$ berechnet, so muß man sich dabei bewußt sein, daß darunter die entsprechenden Mengen basischer Salze zu verstehen sind.

Die meist kleinen Gehalte an CaO und MgO rechnet man auf Carbonate um; soweit der CO_2-gehalt nicht ausreicht, kann man für CaO noch SO_3 zu Hilfe nehmen. Ein wesentlicher Gehalt an Na_2CO_3 kann nur dann (aus $Na_2O + CO_2$) berechnet werden, wenn durch Lackmus alkalische Reaktion angezeigt ist; andernfalls muß mit dem Vorhandensein von Na_2SO_4 gerechnet werden. Kleine Mengen PbO werden als $PbSO_4$ vorhanden sein; die an feuerverzinkten Blechen und Rohren stets nachweisbaren geringen Mengen NH_4-salz können als Sulfat oder Chlorid in Rechnung gestellt werden. Fe_2O_3, SiO_2 und Al_2O_3 erfordern keine Umrechnung. Es verbleiben schließlich die Hauptmengen an Cl, SO_3 und CO_2, die an entsprechende Mengen ZnO (bzw. Zn) zu binden sind. Der dabei noch übrig bleibende Rest an ZnO bildet die basischen Zinksalze oder ist als Hydroxyd bzw. freies Oxyd vorhanden, für die sich jedoch die anteilmäßige Menge nicht errechnen läßt.

Die in den Analysenergebnissen dieser Arbeit enthaltenen Zahlenwerte sind, soweit dies möglich, nach diesen Richtlinien berechnet.

Die chemische Zusammensetzung des Korrosionsproduktes „Basisches Zinkcarbonat" (sog. weißer Zinkrost)

Als Produkt der Einwirkung von Feuchtigkeit und atmosphärischer Luft auf Zink wird im allgemeinen „basisches Zinkcarbonat" angenommen, dem wiederholt konstante chemische Zusammensetzung zugeschrieben worden ist. Nach P. A. von Bonsdorff (3) soll es 71,2% ZnO, 14,2% CO_2 und 14,6% H_2O enthalten. H. E. Davies (4) fand die Zusammensetzung 71,8% ZnO, 13,2% CO_2 und 15,0% H_2O und als entsprechende Verbindung $ZnCO_3 \cdot 2 ZnO \cdot 3 H_2O$. Neuerdings haben E. A. Anderson und M. L. Fuller (5), die ihre Angaben durch Röntgenaufnahmen belegten, für das basische Zinkcarbonat, das sich bei der Zinkkorrosion bildet, die Formel $4 ZnO, CO_2, 4 H_2O$ aufgestellt, der die Zusammensetzung 55,3% ZnO, 28,4% $ZnCO_3$ und 16,3% H_2O entsprechen würde, während F. R. Morral (6) auf Grund von Pulveraufnahmen eines Präparates als Korrosionsprodukt die Verbindungen $ZnCO_3$ und $2 ZnCO_3 \cdot 3 Zn(OH)_2$ angab, und außerdem einige andere basische Zinksalze beobachtete, die bisher nicht näher gekennzeichnet werden konnten.

Für die Gehalte der in den Literaturangaben genannten Verbindungen an ZnO, $ZnCO_3$ und H_2O berechnen sich folgende Werte:

	% ZnO	% $ZnCO_3$	% H_2O
E. A. von Bonsdorff (3)	45,0	40,4	14,6
H. E. Davies (4)	47,5	37,5	15,0
E. A. Anderson und M. L. Fuller (5)	55,3	28,4	16,3
F. R. Morral (6)	39,4	60,6	—
	45,7	44,5	9,8

Schon von A. St. Cocoşinschi (7) ist darauf hingewiesen worden, daß die am Zink entstehenden Korrosionsprodukte stark wechselnde Carbonatgehalte aufweisen, je nach den bei den Angriffsversuchen vorliegenden Bedingungen der Luftzufuhr und daß es deshalb nicht möglich ist, für die Angriffsprodukte eine bestimmte chemische Zusammensetzung aufzustellen.

Zur Nachprüfung dieser Frage wurde ein besonderes Gerät gebaut, in dem Rostversuche an Zink ausgeführt werden konnten, die in verhältnismäßig kurzer Zeit genügend Korrosionsprodukt erbrachten, um damit eine Analyse durchführen zu lassen. Der Apparat war praktischen Verhältnissen (Kondenswasserbildung) nachgebildet, unter denen erfahrungsgemäß reichliche Mengen Korrosionsprodukt unter starker Zinkzerstörung auftreten.

Versuchsanordnung. Auf zwei annähernd gleich große (20 × 25 cm) Zinkblechstücke, die durch dazwischen gelegte Glasstückchen oder Zinkblechstückchen von etwa 2 mm Kantenlänge so voneinander getrennt sind, daß feuchte Luft unbehindert in den Raum zwischen den beiden Blechen eintreten kann, wird ein flacher Kühlkasten aus Zinkblech (25 × 35 × 2 cm) (mit Zu- und Abfluß für Wasser) dicht aufgelegt und die ganze Vorrichtung (Bild 1) in

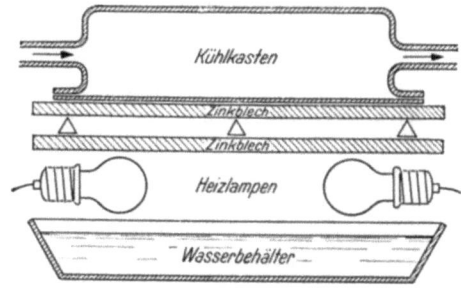

Bild 1. Anordnung für Zinkangriffsversuche

einem geräumigen Trockenschrank fest untergebracht. Luft kann durch geeignete Öffnungen unbehindert ein- und austreten. In dem Trockenschrank bringt man als Heizvorrichtung zwei unterhalb des unteren Zinkbleches (Abstand etwa 10 cm) befestigte Glühlampen an und stellt auf den Boden des Trockenschrankes eine flache Schale mit destilliertem Wasser, so daß durch Wärmestrahlung der Glühbirnen auf die Wasseroberfläche allmählich Wasser verdampft und im Trockenschrank eine feuchte Atmosphäre entsteht. Man reguliert Erwärmung, Kühlung und Wasserverdampfung, so daß in dem Trockenschrank tagsüber eine Temperatur von 35 bis 40° herrscht. Über Nacht werden Erwärmung und Kühlwasser abgestellt. Nach 14 tägiger Betriebsdauer, während der es weder an der Außenseite der Versuchsbleche, noch am Kühlkasten zu sichtbarer Wasserkondensation zu kommen braucht, werden die Versuchsstücke herausgenommen. Auf den einander zugewandten Flächen eines jeden Plattenpaares haben sich bei den Versuchen reichliche Mengen ziemlich lose sitzender Massen von Korrosionsprodukt gebildet, die abgenommen und analysiert wurden.

Für die Versuche wurden verwendet:
1. Zwei Zinkblechplatten 20 × 25 cm, 1 mm dick.
2. Zwei ebenso große Stücke verzinktes Stahlblech.

Folgende Mengen Korrosionsprodukt wurden erhalten:
Probe 1: 0,26 g (zwischen Zinkplatten),
Probe 2: 0,91 g (zwischen verzinkten Stahlblechen).

Durch Trocknen im Vakuum über Phosphorpentoxyd wurde die Feuchtigkeit bestimmt; sie betrug:
1,3% bei Probe 1; 7,8% bei Probe 2.

Die Analyse der trockenen Proben ergab:

	% ZnO	% CO_2	% H_2O
Probe 1	76,4	14,7	8,9
Probe 2	78,1	12,0	9,9

oder nach Umrechnung des CO_2-wertes auf $ZnCO_3$:

	% ZnO	% $ZnCO_3$	% H_2O
Probe 1	49,3	41,8	8,9
Probe 2	56,0	34,1	9,9

Beide Produkte stellen wasserhaltige Gemische von Zinkoxyd und Zinkcarbonat vor, sind also basische Zinkcarbonate, die aber weder unter sich konstante Zusammensetzung besitzen, noch mit einer der oben genannten Verbindungen übereinstimmen. Die Bezeichnung „basische Zinkcarbonate" für das bei der Zinkkorrosion auftretende Produkt, das auch „weißer Zinkrost" genannt wird (8), ist seit langem in Gebrauch gewesen, und man hat wohl auch stillschweigend angenommen, daß nach seiner Entstehungsweise ein Produkt von konstanter Zusammensetzung nicht erwartet werden kann. Dies hängt damit zusammen, daß der als einfach erscheinende Vorgang der Zinkkorrosion an feuchter atmosphärischer Luft eine Folge von mindestens zwei nacheinander ablaufenden Reaktionen ist: erstens der Oxydation des Zinks durch Wasser und Sauerstoff (hierbei entsteht Zinkhydroxyd bzw. Zinkoxyd + H_2O) und zweitens der Aufnahme von CO_2 aus der Luft, die in sehr verschiedener Weise vor sich gehen kann, je nach der Geschwindigkeit der Erneuerung der Luftzufuhr, sowie der Aufnahmefähigkeit für CO_2 durch das entstandene Zinkhydroxyd, das in mehreren Formen existiert (9), (10). Vermutlich unterscheiden sich die verschiedenen Formen des Zinkhydroxydes nicht nur in ihren Wärmeinhalten, die von R. Fricke und K. Meyring (11) untersucht sind, sondern auch durch ihre Zerfallgeschwindigkeit in $ZnO + H_2O$ und die verschiedene Aufnahmefähigkeit für CO_2.

Wie O. Bauer und G. Schikorr (12) festgestellt haben, wird die Stärke des Zinkangriffs durch destilliertes Wasser bereits von geringen CO_2-mengen des Wassers maßgebend beeinflußt.

Beim atmosphärischen Angriff des Zinks kann die Luft zeitweilig durch wechselnde Mengen Verbrennungsgase verunreinigt sein; dann wird der Anstieg des Carbonatgehaltes im Korrosionsprodukt schneller vor sich gehen und höhere Werte erreichen als in Luft mit normalem CO_2-gehalt.

Wird andererseits die Luftzufuhr zum Zink durch irgendwelche Absperrmittel (Verschalungen, Isolierschichten usw.) gehemmt, so kann die CO_2-aufnahme an der Zinkoberfläche zurückbleiben, während die gleichzeitig sich abspielende Oxydationsreaktion nicht ebensolchen Beeinflussungen der Geschwindigkeit ihres Ablaufens unterworfen ist und dies kann so weit gehen, daß die Oxydationsreaktion überwiegt und Zinkcarbonat überhaupt nicht oder nur in ganz untergeordneter Menge entsteht. Man erhält dann als Zinkrost lediglich ein aus Zinkoxyd und Zinkhydroxyd bestehendes Gemisch; von „basischem Carbonat" kann hier keine Rede sein.

Das Entstehen von kohlensäurearmem bzw. -freiem Zinkoxyd als Produkt der Einwirkung von kohlensäurefreiem Wasser wird auch durch die Versuche von Cocoşinschi (7) und von Morral (6) bestätigt.

Man muß sich vorstellen, daß alle Produkte der atmosphärischen Zinkkorrosion unter solchen ständig wechselnden Bedingungen der freien Atmosphäre entstanden sind und zwar können diese Bedingungen für jedes kleine Flächenstück wieder verschieden sein; so wird man verstehen, daß das Korrosionsprodukt, das auf solche Weise zustandekommt, nicht zu einer einheitlichen chemischen Verbindung führen kann, wohl aber zu einem Gemisch, dessen Zusammensetzung innerhalb ziemlich weiter Grenzen schwankt.

Im folgenden sind die Ergebnisse von Analysen einer größeren Zahl verschiedenartiger Korrosionsprodukte und Ablagerungen zusammengestellt, wie sie sich auf Zinkteilen oder verzinkten Stahlwaren bilden, wenn sie beim Gebrauch, während der Lagerung oder auf dem Transport der Einwirkung von Wasser oder wäßrigen Salzlösungen unter gleichzeitiger Mitwirkung der freien Atmosphäre ausgesetzt sind.

Bei den meisten der durch Entstehung von Korrosionsprodukt unansehnlich oder schadhaft gewordenen Stücke war, da die Entstehungsursache der Schäden nicht feststand, die Aufgabe gestellt, durch chemische Prüfung festzustellen, ob an den Stücken für Zink schädlich wirkende Stoffe nachweisbar waren.

Schützend wirkende Überzüge auf Zinkblechen

Die Zusammenstellung enthält Analysen von verschiedenen Ablagerungen auf Zinkblechen, die viele Jahre lang der freien Atmosphäre ausgesetzt gewesen waren, ohne jedoch äußerlich erkennbare Zerstörungen des Metalls, wie z. B. Durchlöcherungen oder Anfressungen erlitten zu haben. Es handelt sich hierbei um die wie Schutzschichten wirkenden Überzüge der Gruppe I. Die analytischen Befunde der Proben Nr. 1 bis 8 sind (nach Richtigstellung einiger leider übersehener Druckfehler) einer früher veröffentlichten Arbeit (13) entnommen; Angaben über ihre Herkunft, ihre Beschreibung, sowie Abbildungen sind dort niedergelegt. Hier soll nur noch auf einige Zusammenhänge hingewiesen werden, die sich beim Vergleichen der Analysenwerte der verschiedenen Proben untereinander ergeben.

Geht man von der im allgemeinen richtigen Beobachtung aus, daß am Anfang der Einwirkung der freien Atmosphäre auf Zink fast stets ein Überzug von weißem Zinkrost, d. h. einem wasserhaltigen Gemisch von Zinkoxyd und Zinkcarbonat entsteht, so muß man feststellen, daß dies für die Überzüge der am längsten der Atmosphäre ausgesetzten Proben nicht mehr zutrifft, denn

Probe Nr. 4 (84 Jahre, Berlin) enthält überhaupt kein Zinkcarbonat (wohl aber eine beträchtliche Menge Zinksulfat) und der Überzug von

Probe Nr. 3 (50 Jahre, Ohlau) weist ganz wenig Carbonat, dagegen ebenfalls viel $ZnSO_4$ auf.

Die Proben Nr. 5 und 6 (25 bzw. 15 Jahre, Hamborn) waren zwar kürzere Zeit der Hamborner Atmo-

Zahlentafel 1. Chemische Zusammensetzung alter Überzüge auf Zinkoberflächen.
Die Zinkteile waren viele Jahre lang der Einwirkung der freien Atmosphäre ausgesetzt

Nr. der Probe	1	2	3a	3b	4	5	6	7	8a	8b
Art der Verwendung des Probenmaterials	Dachrinne	Vorstoßblech	Dachabdeckung		Dachabdeckung	Dachrinne (Probe IV, 1c)	Dachrinne (Probe IV, 2b)	Regenabfallrohr, (Probe IV 3)	Dachrinne	
Herkunftsort	Berlin-Dahlem (Amtsgebäude)	Berlin-Dahlem (Amtsgebäude)	Ohlau/Schlesien (Rathausturm)		Berlin (Petrikirche)	Hamborn	Hamborn	Hamborn	Norden/Ostfriesland (Amtsgebäude)	
Dauer der Benutzung	29 Jahre	29 Jahre	50 Jahre		84 Jahre	25 Jahre	15 Jahre	20 Jahre	28 Jahre	
Einwirkende Mittel	Freie Atmosphäre	Freie Atmosphäre	Freie Atmosphäre (ländl. Gegend)		Freie Atmosphäre (Großstadt)	Freie Atmosphäre (Industriegebiet)	Freie Atmosphäre (Industriegebiet)	Freie Atmosphäre	Freie Atmosphäre, Nähe der Nordsee-Küste	
Nähere Angaben über die Entnahme der Analysenproben:	Oberseite	Oberseite	Oberste Schicht	Nachfolgende zweite Schicht	Oberseite	Freiliegende Unterseite	Freiliegende Unterseite	Freiliegende Außenseite	Freilieg. v. Haus abgewandte Unterseite	Geschützte, dem Haus zugewandte Unterseite
	%	%	%	%	%	%	%	%	%	%
Zinkoxyd (ZnO)	37,0	48,9	52,0	52,9	45,5	49,8	53,9	43,1	50,2	45,6
Zinkcarbonat ($ZnCO_3$)	17,4	9,7	1,7	1,6	fehlt	0,6	0,6	23,3	18,8	22,2
Zinksulfat ($ZnSO_4$)	5,2	7,3	18,6	22,2	23,7	24,0	22,3	7,3	11,7	3,8
Zinkchlorid ($ZnCl_2$)	0,2	Spuren	5,3	4,8	0,5	0,8	0,8	0,4	0,6	3,5
Bleisulfat ($PbSO_4$)	9,0	5,6	0,8	0,6	Spuren	4,4	4,5	Spuren	—	0,4
Natriumcarbonat (Na_2CO_3)	fehlt	fehlt	fehlt	fehlt	fehlt	fehlt	fehlt'	fehlt	fehlt	5,3
Calciumcarbonat ($CaCO_3$)	1,1	0,4	3,8	2,8	—	—	0,5	0,7	—	1,0
Magnesiumcarbonat ($MgCO_3$)	0,4	0,2	0,1	0,1	—	—	0,2	0,2	—	1,3
Calciumsulfat ($CaSO_4$)	fehlt	fehlt	—	—	—	1,5[1]	—	—	—	—
Natriumsulfat (Na_2SO_4)	1,8	1,8	1,5	1,7	—	0,5	0,5	0,7	—	—
Eisenoxyd (Fe_2O_3)	2,5	1,5	}2,8	}1,7	2,1	}9,3	}4,9	}8,8	—	0,4
Tonerde (Al_2O_3)					—				—	—
Kieselsäure (SiO_2)	4,5	5,5	2,0	0,9	—	—	1,1	2,6	—	2,4
Kohlenstoff (Graphit bzw. Ruß)	—	—	0,6	0,3	0,5	—	1,2	4,0	—	—
Kupferoxyd (CuO)	—	—	3,4	1,0	0,1	—	—	—	—	—
Zinksulfid (ZnS)	—	—	Spuren	Spuren	0,9	—	—	—	—	—
Chemisch gebundenes Wasser als Rest berechnet	20,9	19,1	7,4	9,4	26,7	9,1	9,5	8,9	18,7	14,1

[1] einschl. 0,3% $MgSO_4$.

sphäre ausgesetzt, zeigen ebenfalls ganz geringen Carbonatgehalt und einen hohen Sulfatgehalt, der den ältesten Proben gleichkommt (24 und 22%).

Andererseits läßt die Schicht auf dem Regenabfallrohr Nr. 7 erkennen, daß nicht alle Zinkteile, die im Industriegebiet mit der atmosphärischen Luft in Berührung stehen, durch die Schwefelverbindungen gleich stark gefährdet sind; die Regenabfallrohre sind meistens dicht am Haus oder in einer Ecke angebracht, wo sie von den aus Schornsteinen und Essen entweichenden Gasen weniger leicht erreicht werden, als die ihnen stärker ausgesetzten Dachrinnen. Damit erklärt sich die gute Erhaltung des bereits 20 Jahre alten Regenabfallrohres mit dem geringen Zutritt von SO_2.

Die Stücke Nr. 1 und 2 (aus dem Randgebiet der Großstadt Berlin) weisen sich mit ihrem Zinkcarbonatgehalt und noch nicht zu hohen Sulfatgehalt als noch mit wirksamer Schutzschicht bedeckt aus.

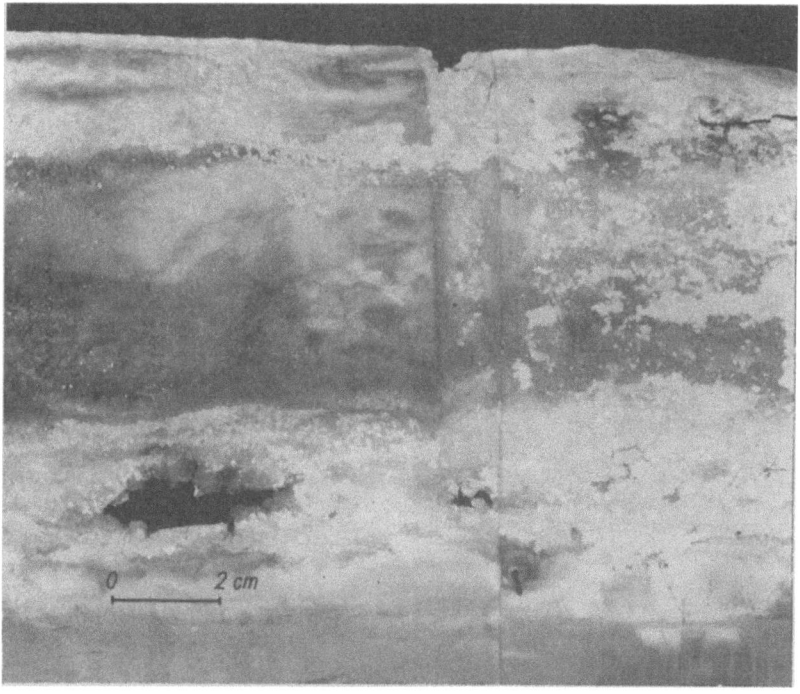

Probe Nr. 9
Bild 2. Korrosion der Unterseite einer Zinkrinne. (War in Holzrinne verlegt)

Zahlentafel 2. **Chemische Zusammensetzung von Korrosionsprodukten des Zinks**
(Zinkblechteile und verzinkte Bleche)
Angriffe durch Wasser nach verhältnismäßig kurzer Gebrauchszeit oder Lagerung

Probe Nr.	9	10	11	12	13	14	15	16	17
Gegenstand	Zinkrinne	Zinkrinnen einer Brotfabrik	Zinkdach	Zinkdach	Verzinktes Stahlblech	Verzinkte Stahlbleche aus Überseetransporten			
Besondere Verhältnisse, die für das Zustandekommen der Korrosion in Frage kommen	Falsches Anbringen (Verlegung in Holzrinne)	Fehlerhafter Einbau; ungenügender Schutz vor Kondenswasser	Beim Verlegen der Zinkbleche war naßgewordener Sand verwendet worden	Zinkplatten auf Holzverschalung (ohne Zwischenschicht) verlegt. Kein Schutz gegen Kondenswasser	Bleche befanden sich gestapelt in einem Lagerraum.	Name des Dampfers nicht bekannt	D. Macedonia	D. Tinos	D. Arta
						Die Bleche waren, in Pakete gepackt, in den Schiffsräumen verstaut worden			
	%	%	%	%	%	%	%	%	%
Zinkoxyd (ZnO)	66,9	79,3	94,3	74,8	76,9	93,3	87,9	84,8	85,8
Zinkcarbonat ($ZnCO_3$)	20,9	12,4	fehlt	16,5	15,1	2,0	4,3	4,1	3,5
Zinksulfat ($ZnSO_4$)	—	0,6	Spuren	0,4	—	Spuren	Spuren	0,2	—
Zinkchlorid ($ZnCl_2$)	0,2	—	Spuren	Spuren	—	1,5	0,2	0,9	1,0
Bleisulfat ($PbSO_4$)	PbO 0,7	—	—	—	—	—	—	0,4	0,4
Natriumcarbonat (Na_2CO_3)	0,1	0,5	—	—	2,2	1,1	0,9	1,1	1,1
Calciumcarbonat ($CaCO_3$)	0,5	0,4	—	—	0,9	0,5	0,7	0,3	0,2
Magnesiumcarbonat ($MgCO_3$)	0,2	—	—	—	0,2	0,4	0,2	0,1	0,2
Calciumsulfat ($CaSO_4$)	—	—	—	—	—	—	—	—	—
Natriumsulfat (Na_2SO_4)	0,1	—	—	—	0,4	—	—	—	—
Eisenoxyd (Fe_2O_3)	0,3	0,2	—	—	0,4	—	2,3	3,6	3,0
Ammoniumchlorid (NH_4Cl)	—	—	—	—	—	0,3	Spuren	Spuren	Spuren
Kieselsäure (SiO_2)	1,1	0,3	—	1,4	—	—	0,2	0,3	0,2
Kupferoxyd (CuO)	0,1	—	—	—	—	—	—	—	—
Chemisch gebundenes Wasser als Rest berechnet	7,9	6,3	5,7 [1]	6,9	3,9	0,9	3,3	4,2	4,5

[1] einschließlich geringer Mengen Fremdstoffe.

In Küstengegenden taucht noch die Frage auf, welche Wirkung von der salzhaltigen Seeluft auf Zinkteile zu erwarten ist. Nach den vorliegenden Ergebnissen der 28 Jahre alten Dachrinne Nr. 8 werden an den Zinkoberflächen Sulfate in ähnlicher Weise aufgespeichert wie an Zinkteilen im Inland. Es konnte an dem Rinnenstück festgestellt werden, daß an geschützter Stelle die Sulfataufnahme geringer ist als an der ins Freie ragenden Rinnenseite.

Die Wirkung der Seeluft gibt sich an der Anreicherung von Chlorid auf der geschützten Rinnenseite zu erkennen, während auf der freien Windseite die Chloride nur in geringer Menge verblieben sind: sie werden hier von Wind und Regen immer schnell trocken geweht und abgespült, während sie an geschützter Stelle längere Zeit in Tropfenform haften bleiben und am Zink stärkeren Angriff hervorrufen. Im übrigen erweist sich auch der basisches Zinkchlorid neben basischem Sulfat und Carbonat enthaltende Überzug als Schutzschicht wirksam.

Angriff von Zinkblechteilen und verzinktem Stahlblech durch Wasser

Das Entstehen der Korrosionsprodukte, die in dieser Zahlentafel zusammengestellt sind, ist zum Teil auf falsche Arbeitsweise oder unsachgemäße Ausführung beim Anbringen von Bauteilen bzw. auf Unkenntnis der Wirkung kleiner Mengen eingeschlossener Feuchtigkeit auf Zink zurückzuführen.

Probe Nr. 9 (Bild 2). Auf der Unterseite einer Zinkrinne entstanden.

Die Rinne sollte gegen Zerstörung durch Wasser geschützt werden und wurde in eine Holzrinne mit Zwischenlage von Zeitungspapier verlegt. Durch das Eindringen von Regenwasser zum Papier wurde die Zinkrinne nach kurzer Zeit infolge der nassen Lagerung zerstört. Das Korrosionsprodukt entsprach weißem Zinkrost mit

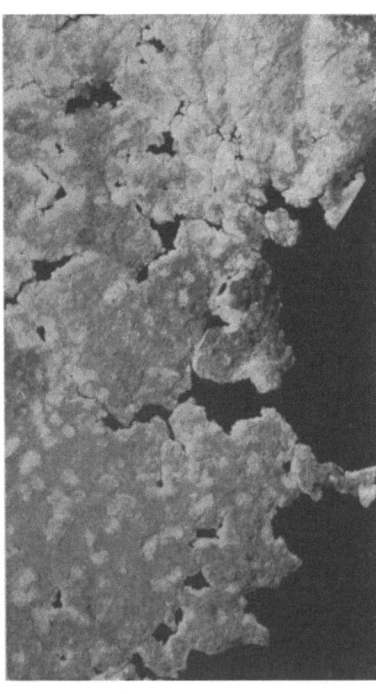

Probe Nr. 10
Bild 3 Kastenrinne einer Fabrikanlage
Oberseite (Aufbeulungen). Eingebaute Unterseite (Korrosion)
L = Lichtrichtung

reichlichem Carbonatgehalt und nur geringen, aus dem Wasser stammenden Verunreinigungen.

Probe Nr. 10 (Bild 3). Hierbei handelte es sich um Zinkrinnen einer größeren Fabrikanlage. Die Zinkrinnen waren zwischen nebeneinander liegenden Gebäuden so angebracht, daß jede Rinne das Wasser der beiden an sie grenzenden Dachflächen aufnahm. Die Rinnen selbst waren mit der Unterseite in das Gebäude hineinverlegt und die Unterseite durch Korkplatten und zwei Lagen imprägnierter Dachpappe gegen die Innenräume gesichert. Zwischen Zinkrinne und Isolierschicht verbliebene Feuchtigkeit kondensierte sich an den Unterseiten der Rinnen und führte nach kurzer Zeit zu weitgehenden Zerstörungen der Rinnen. Das Korrosionsprodukt bestand im wesentlichen aus weißem Zinkrost mit niedrigem Carbonatgehalt (infolge des gehemmten Zutritts von atmosphärischer Luft). In der Abbildung ist die stark angegriffene Unterseite und daneben die gleiche Stelle der blasig aufgetriebenen Oberseite, die von oben her keinen Angriff erfahren hat, gezeigt.

Probe Nr. 11. Zinkdach. Die Platten des Zinkdaches waren auf einer lose anliegenden Zwischenschicht (Dachpappe) verlegt worden; zum Ausgleich von Unebenheiten diente außerdem Sand, der in feuchtem Zustand aufgebracht worden war. Durch die unter dem Dach verbliebene Feuchtigkeit wurden die Zerstörungen an den Zinkblechen hervorgerufen.

Das Korrosionsprodukt bestand in diesem Fall nicht aus basischem Zinkcarbonat, sondern lediglich aus Zinkwerk die Kohlensäure aus der unter dem Zinkdach befindlichen Luft so stark vermindert worden, daß es zur Bildung von carbonatfreiem Zinkrost kommen konnte (vgl. S. 48).

Probe Nr. 12. Am Zinkdach einer Kapelle in

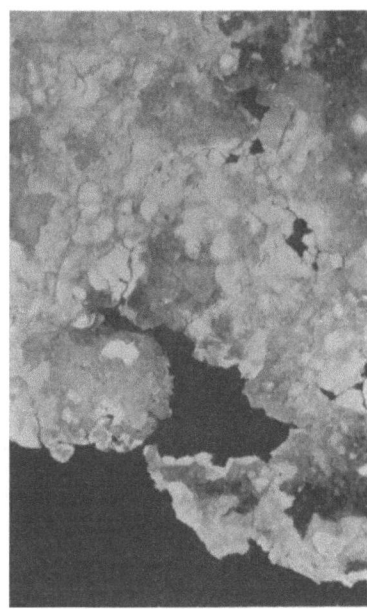

Probe Nr. 12
Bild 4. Korrosion am Zinkdach einer Kapelle
Außenseite (Aufbeulungen). Unterseite (Korrosion)
(L = Lichtrichtung)

Süddeutschland war an einer Ecke starke Zerstörung aufgetreten (Bild 4). Da die Zinkplatten ohne Zwischenschicht auf die Holzverschalung aufgelegt waren, wurde vermutet, daß die Holzverschalung (etwa durch ihren Harz-

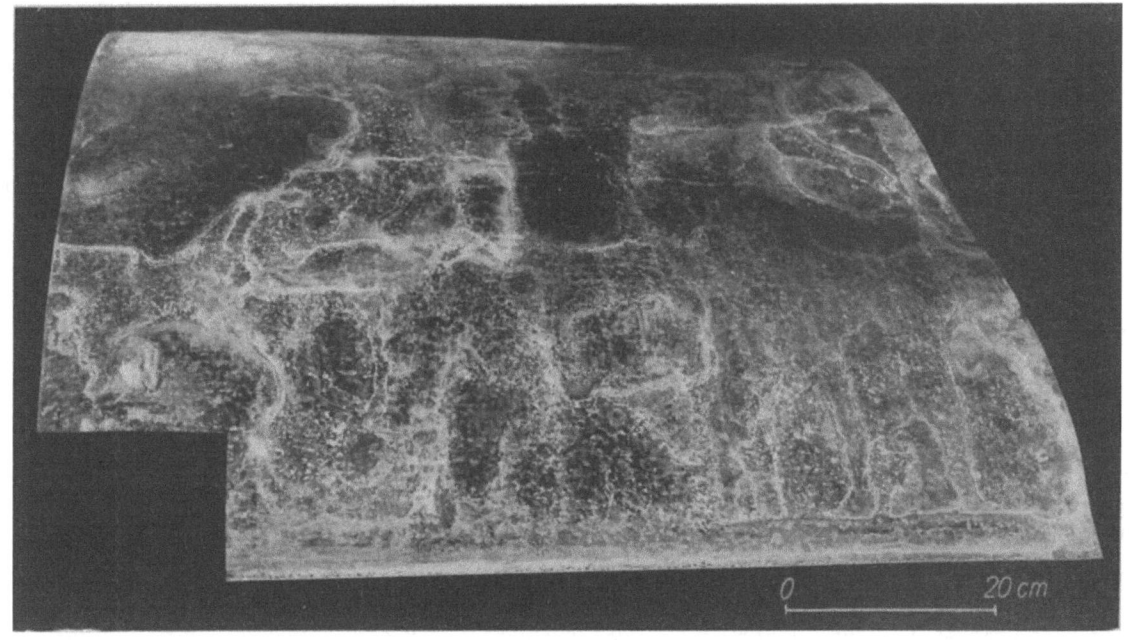

Probe Nr. 13
Bild 5. Verzinkte Stahlblechtafel aus Lagerraum. Tafel einem dort lagernden Stapel entnommen

oxyd und Zinkhydroxyd mit geringfügigen Verunreinigungen. Durch die angewandte Bauweise war der Zutritt von atmosphärischer Luft stark gehemmt; möglicherweise ist auch durch Kalkmörtel von frisch aufgesetztem Mauergehalt) für das Zink schädliche Stoffe enthalten habe. Das Bild zeigt sowohl auf der Unter- wie der Oberseite weitgehende Übereinstimmung mit den Beschädigungen von Probe 10 in Bild 3. Das Korrosionsprodukt ist basisches

Zinkcarbonat und Zinkoxyd ähnlich wie bei Probe 10. Irgendwelche schädlichen Bestandteile des Holzes, die an der Zinkzerstörung mitgewirkt haben könnten, waren im Korrosionsprodukt nicht nachweisbar. Der Schaden ist lediglich durch Kondenswasser, das sich am Zink niederschlug, und das nicht entweichen konnte, entstanden.

Probe Nr. 13. Aufgestapelte verzinkte Stahlbleche. In einem Lagerraum waren verzinkte Bleche im Stapel aufbewahrt worden. Ein der Mitte des Stapels entnommenes Blechstück wies weiße Korrosionsprodukte auf (Bild 5). Nach der Analyse lag im wesentlichen weißer Zinkrost mit geringem Wassergehalt und wenig Verunreinigungen vor. Der Zinkrost ist durch geringe Mengen Wasser, die zwischen die gestapelten Blechtafeln gelangt sind und nicht verdunsten konnten, hervorgerufen worden.

Proben Nr. 14—17. Verzinkte Stahlbleche aus Überseetransporten (Bild 6). Auf vier verschiedenen Überseetransporten, die verzinkte Stahlblechtafeln in Paketen geladen hatten, waren gleichartige Korrosionserscheinungen aufgetreten. Von jedem der Transporte waren aus der Mitte eines Paketes Tafeln entnommen worden und Stücke davon zur Untersuchung eingesandt. Das Aussehen der Korrosionen entsprach bei allen Blechabschnitten beiderseitig des Bildes 6. Auch die chemische Zusammensetzung der Korrosionsprodukte erwies sich als sehr ähnlich und zwar bestehen sie im wesentlichen aus Zinkoxyd mit wenig Wasser und Zinkcarbonat. Zinkchlorid, Natriumcarbonat, Calcium- und Magnesiumsulfat kommen wegen ihrer geringen Mengen nur als Verunreinigungen in Betracht. Die in Spuren nachgewiesenen Ammoniumverbindungen und die Chloride stammen von kleinen Überresten der beim Heißverzinken meist verwendeten salmiakhaltigen Flußmittel, die zum Schutz des heißen Zinks vor Oxydation als Abdeckmittel benutzt werden. So geringe Mengen Ammoniumsalz lassen sich übrigens auf allen nicht in Gebrauch gewesenen heißverzinkten Rohren oder Blechen mehr oder weniger scharf nachweisen.

Dem Analysenbefund nach besitzt das Korrosionsprodukt aller vier Blechproben einen hohen Zinkoxyd- bei niedrigem Zinkcarbonat-

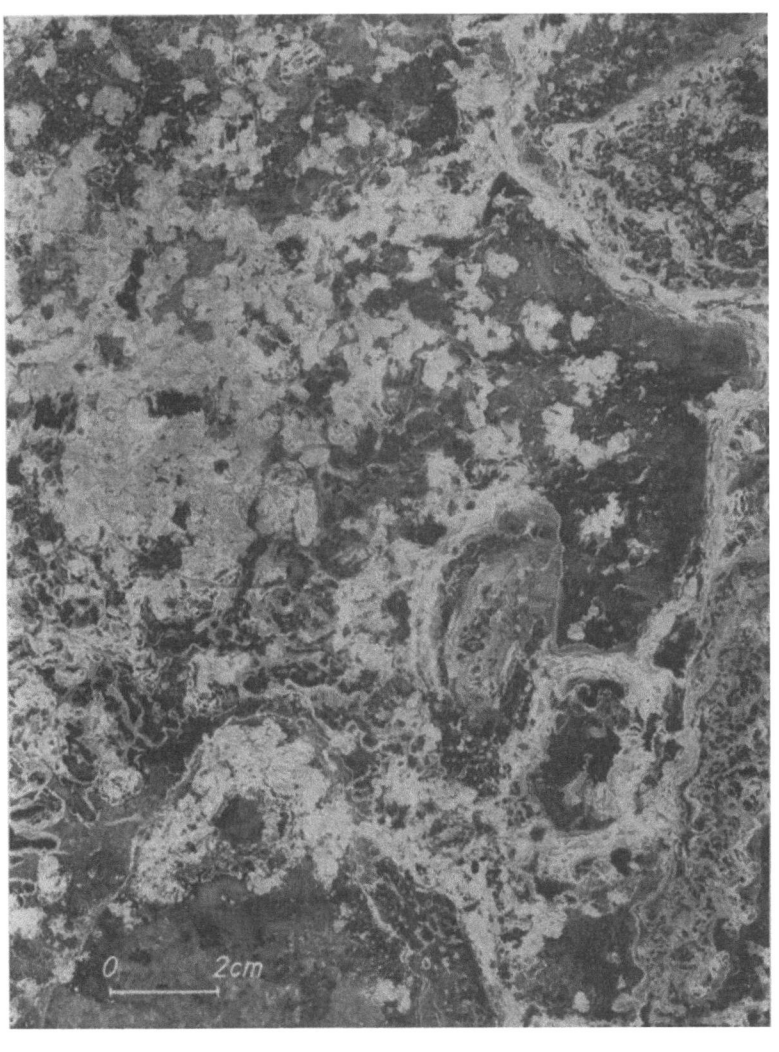

Probe Nr. 17
Bild 6. Verzinkte Stahlblechtafel von einem Überseetransport. Aus der Mitte eines Paketes entnommen. Korrosion beiderseitig

Zahlentafel 3. Chemische Zusammensetzung von Korrosionsprodukten des Zinks
Angriff des Zinküberzugs verzinkter Stahlrohre durch Wasser bei Überseetransporten

Probe Nr.	18	19	20	21	22	23	24	25	26
Bezeichnung des Dampfers	D. Flandria	D. Adalia	D. General San Martin	D. Rapot	D. Ilmar	D. Zeelandia	D. Maasland (I)	D. Maasland (II)	D. Coruna
	%	%	%	%	%	%	%	%	%
Zinkoxyd (ZnO)	52,0	63,1	42,1	40,6	54,5	49,9	59,0	46,2	47,5
Zinkcarbonat ($ZnCO_3$)	20,8	10,5	26,0	29,3	20,8	21,1	21,9	24,7	20,4
Zinksulfat ($ZnSO_4$)	—	1,8	5,3	2,7	2,1	3,7	5,2	6,4	5,3
Zinkchlorid ($ZnCl_2$)	—	0,2	2,6	3,3	1,0	—	—	—	—
Calciumcarbonat ($CaCO_3$)	1,4	1,0	0,5	0,4	2,2	0,5	0,2	0,3	0,4
Magnesiumcarbonat ($MgCO_3$)	0,2	Spuren	0,2	0,2	0,6	0,2	0,1	0,1	0,1
Natriumcarbonat (Na_2CO_3)	0,9	3,4	—	1,6	3,4	Spuren	fehlt	—	—
Ammoniumchlorid (NH_4Cl)	0,5	—	Spuren	Spuren	—	—	0,1	0,2	0,1
Ammoniumsulfat ($(NH_4)_2SO_4$)	0,4	1,2	—	—	—	—	—	—	—
Eisen(III)oxyd (Fe_2O_3)	1,5	2,5	3,0	1,9	2,9	4,6	3,0	3,3	9,5
Natriumsulfat (Na_2SO_4)	3,1	—	—	—	—	2,8	0,7	2,0	2,0
Kieselsäure (SiO_2)	—	—	1,9	0,7	2,9	0,4	0,2	0,4	0,3
Chemisch gebundenes Wasser	19,2	16,3	17,5	19,3	9,6	16,8	9,6	16,4	14,4
Reaktion gegen Lackmus	neutral	schwach alkalisch	neutral	schwach alkalisch	deutlich alkalisch	schwach alkalisch	schwach alkalisch	schwach alkalisch	schwach alkalisch

gehalt und wenig gebundenes Wasser, wie es beim Angriff verzinkter Stahlbleche durch geringe Wassermengen unter gehemmtem Zutritt der atmosphärischen Luft entsteht (vgl. z. B. Probe Nr. 11).

Angriff verzinkter Rohre durch Wasser

Aus den Ergebnissen der in vorhergehender Zahlentafel 2 zusammengestellten Analysen von Korrosionsprodukten geht folgendes hervor:

Ein Angriff des Zinks durch Wasser ist im allgemeinen daran zu erkennen, daß das entstehende Korrosionsprodukt sich am Ort seines Entstehens als mehr oder weniger festhaftender, unlöslicher Niederschlag ansammelt, Krusten oder Überzüge auf dem Metall bildend, die aus wasserhaltigem Zinkoxyd und Zinkcarbonat (weißem Zinkrost) bestehen. (Siehe Zahlentafel 3, Seite 50.)

Bei gehemmtem Zutritt von atmosphärischer (d. h. CO_2-haltiger) Luft kann die Menge des Zinkcarbonats im Korrosionsprodukt bis auf Null absinken, so daß lediglich ein Zinkoxyd mit geringem Wassergehalt als Produkt der Zinkkorrosion erscheint. Für gewöhnlich ist nicht mit derart extremen Angriffsbedingungen zu rechnen, vielmehr

Vorgang liegt übrigens dem Patent von Daeves zugrunde, wonach zur Verhinderung der Bildung von weißem Rost die verzinkten Waren beim Aufsteigen aus dem Zinkbad kurze Zeit mit Schwefeldioxyddämpfen angeblasen werden (14).

Andererseits wirken die Schwefelverbindungen in industriereichen Gegenden oder überhaupt in stark mit Rauchgasen durchsetzter Luft zerstörungsbeschleunigend auf Zink ein; ihre Mitwirkung bei der Zinkkorrosion ist an dem erhöhten Sulfatgehalt der Korrosionsprodukte zu erkennen.

Die Möglichkeit, daß schwefelhaltige Feuerungsgase an verzinkte Waren gelangen, besteht auch bei Überseetransporten mit solchen Waren.

Chloride treten bei den durch Wasser verursachten Angriffen im allgemeinen, wenn nicht ein ausgesprochener Seewasserangriff vorliegt, nur in geringen Mengen als Bestandteile der Korrosionsprodukte auf; sie rühren von Verunreinigungen des Wassers und der Luft her. An verzinkten Stahlwaren können Chloride außerdem als Überreste des beim Heißverzinken verwendeten Flußmittels anhaften, das meist Salmiak und Zinkchlorid enthält.

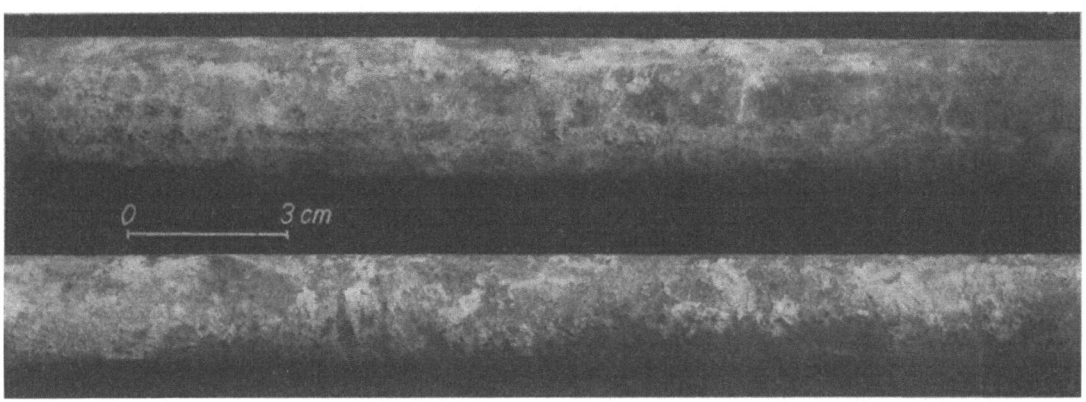

Probe Nr. 23
Bild 7. Verzinkte Stahlrohre. Beschädigung durch Schwitzwasser

beteiligt sich die Kohlensäure regelmäßig am Korrosionsvorgang, ohne indessen das Zustandekommen einer einheitlichen chemischen Verbindung erkennen zu lassen.

Außer dem Wasser, der atmosphärischen Luft und Kohlensäure beteiligen sich am Korrosionsvorgang noch die Nebenbestandteile und Verunreinigungen, die im Wasser und in der Luft enthalten sind und die in größeren oder geringeren Mengen an die Metallteile herangetragen werden.

Als hauptsächlichste Verunreinigung der atmosphärischen Luft kommen Schwefelverbindungen in Frage, die sich in verschiedener Weise für die Erhaltung der Metalloberfläche bemerkbar machen können; sie bilden durch Oxydation und Neutralisation Zinksulfat bzw. basisches Zinksulfat. Die Wirkung dieser Zinksulfatbildung an Zinkoberflächen ist nicht ungünstig, wenn sie in großer Verdünnung und ganz allmählich eintritt, d. h. sich auf sehr lange Zeiträume verteilt, wie dies aus den analytischen Ergebnissen der Zahlentafel 1 zu entnehmen ist. Die sehr geringen Mengen von Schwefelverbindungen, die sich auch in verhältnismäßig reiner, ländlicher Luft vorfinden, reichern sich im Laufe von Jahrzehnten als basisches Zinksulfat zusammen mit Zinkoxyd und Zinkcarbonat zu festhaftenden und dichten Überzügen auf den Zinkoberflächen an, die dem Zink einen gewissen Schutz gegen das Weiterschreiten der Zinkrostbildung gewähren. Ein ähnlicher

Auf Seetransporten besteht die Möglichkeit, daß durch versprühtes Seewasser geringe Mengen Natriumchlorid an die Transportgüter gelangen, ohne daß dadurch eigentliche Seewasserbeschädigungen eintreten. Wie aus der Zusammensetzung der Schutzüberzüge (z. B. Probe Nr. 3 in Zahlentafel 1) zu entnehmen ist, vermögen auch Chloride, ähnlich wie Sulfate, an der Bildung schützend wirkender Oberflächenüberzüge teilzunehmen; dies beweist der Chloridgehalt von 5% $ZnCl_2$ im Überzug der Ohlauer Dachbedeckung. Ferner zeigt die Haltbarkeit der Dachrinne aus dem Küstengebiet (Probe Nr. 8, Zahlentafel 1), daß 0,6% $ZnCl_2$ im Überzug der Rinne mit der Schutzwirkung sich durchaus verträgt.

Von weiteren Verunreinigungen kommen noch vor:
Calcium- und Magnesiumverbindungen, Natriumsalze, Eisenoxyd, Kieselsäure, Schlackenteilchen, Kohlenstoff u. a. Sie sind meist nur von nebensächlicher Bedeutung und stammen von Staub, Schmutz, Rost, Flugasche, Ruß usw., mit denen die Waren beim Verladen und während des Transportes in Berührung kommen.

Sofern das Korrosionsprodukt alkalische Reaktion zeigt, ist angenommen worden, daß diese durch Na_2CO_3 hervorgerufen wird; bei der Berechnung der einzelnen Bestandteile ist hierauf, soweit als möglich, Rücksicht genommen. Vorhandensein von Fe^2O^3 deutet auf Verunreinigung durch eisenhaltige Flugasche oder beim Angriff freigelegten Eisens durch Rost.

Die Korrosionsprodukte in Zahlentafel 3, Proben Nr. 18

bis 26 [hierzu die Bilder 7 (Nr. 23), 8 (Nr. 24), 9 (Nr. 25)] weisen durchweg die Kennzeichen des Angriffs durch Wasser auf. Diese bestehen darin, daß Zinkoxyd, Zinkcarbonat und Wasser den Hauptanteil des Korrosionsproduktes ausmachen. Die Mehrzahl der Proben enthält noch Sulfat, ein Zeichen dafür, daß sehr halb der von der NaCl-lösung benetzten Fläche Zink gelöst wird unter Bildung von $ZnCl_2$. An der Grenze zwischen den beiden Zonen entstehen durch Umsetzung zwischen NaOH und $ZnCl_2$ Produkte wie ZnO, $Zn(OH)_2$, basisches Zinkchlorid und durch Mitwirkung der Luftkohlensäure außerdem Na_2CO_3 und $ZnCO_3$ bzw. basisches Zinkcarbonat. Eine

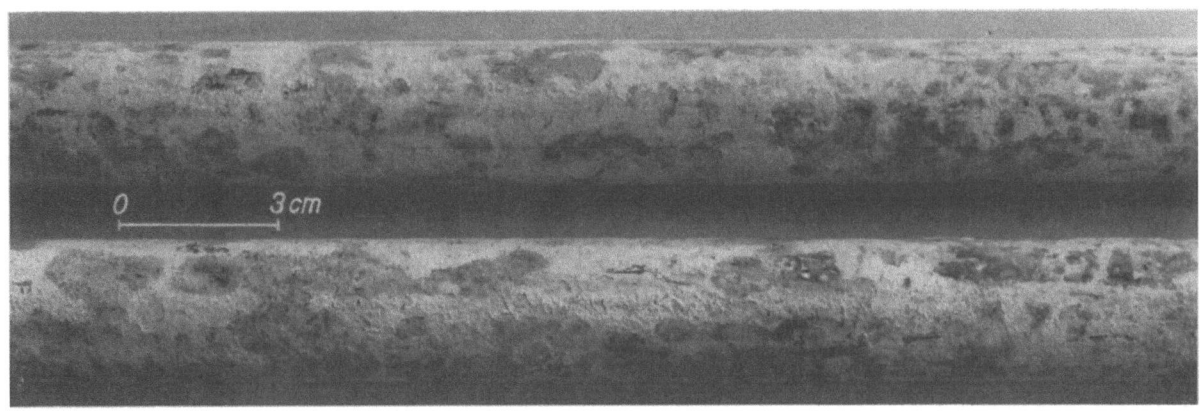

Probe Nr. 24
Bild 8. Verzinkte Stahlrohre. Korrosion durch Wasser

wahrscheinlich Rauchgase mit ihrem Schwefelgehalt am Zustandekommen der starken Korrosionen beteiligt waren. Der Gehalt an Chlorid und an Natriumcarbonat ist dagegen nur gering und in keinem Fall so hoch, daß Seewasser als Ursache der Korrosion angenommen werden müßte.

Angriff verzinkter Stahlrohre durch salzhaltiges Wasser (Seewasser)

Die Zahlentafel enthält die Analysen von Korrosionsprodukten, die reichliche Mengen Chloride, Zinkcarbonat und außerdem Natriumcarbonat aufweisen. Über die Vorstöchiometrische Gleichung für diese Vorgänge läßt sich auch hierbei nicht aufstellen, da die Teilvorgänge nacheinander und mehr oder weniger vollständig ablaufen in ähnlicher Weise, wie dies schon früher bei der Entstehung des basischen Zinkcarbonats beschrieben ist.

Man kann zwar eine annähernde Bruttogleichung aufstellen, die jedoch keinen Anspruch auf Richtigkeit erheben kann, die aber vielleicht doch einen gewissen Maßstab dafür abgibt, wieweit die tatsächlichen Ergebnisse von ihr abweichen. Irgendwelche Rückschlüsse darüber, wie die einzelnen Teilreaktionen verlaufen, lassen sich daraus ebenfalls nicht ableiten.

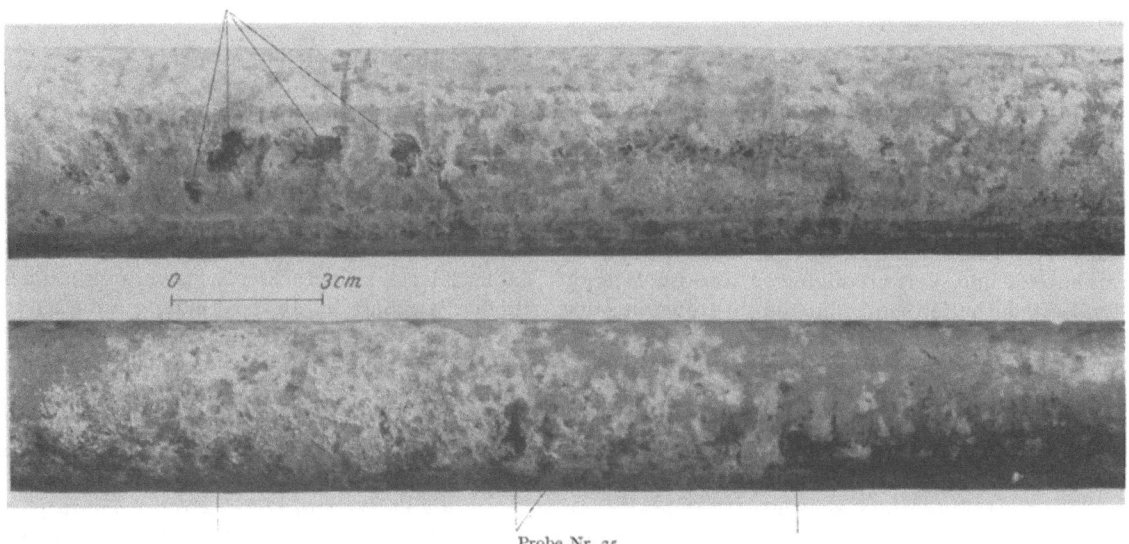

Probe Nr. 25
Bild 9. Verzinkte Stahlrohre. Beschädigung durch Schwitzwasser. Zahlreiche Roststellen (durch Striche angedeutet)

gänge, die sich bei der Umsetzung von Natriumchlorid mit Zink in Gegenwart von Luft und Feuchtigkeit abspielen, sind zahlreiche Arbeiten bekannt geworden, deren bedeutendste von U. R. Evans (15) stammen. Danach wird NaCl unter Mitwirkung vom Sauerstoff der Luft zerlegt und zwar entsteht an kathodischen Stellen des Zinkmetalls Natronlauge, die sich rasch mit Kohlensäure aus der Luft zu Na_2CO_3 vereinigt, während an anodischen Teilen inner-

Angenommen, der Vorgang spiele sich nach der Gleichung ab:

(a) $4 Zn + 2 NaCl + 3 H_2O + 2 CO_2 =$
$= 2 Zn(OH)_2 + ZnCl_2 + ZnCO_3 + Na_2CO_3 + H_2O$,

so würden sich die entstehenden Korrosionsprodukte etwa wie folgt zusammensetzen:

27,8% ZnO; 23,3% $ZnCl_2$; 21,4 $ZnCO_3$; 18,2% Na_2CO_3; 9,3% H_2O.

Zahlentafel 4. **Chemische Zusammensetzung von Korrosionsprodukten bzw. Ablagerungen auf verzinkten Rohren**
Angreifendes Mittel: wahrscheinlich chloridhaltiges Wasser (Seewasser)

Probe Nr.	27	28	29	30	31	32	33	34	35	36	37	38	39	40
			Überseetransport						Überseetransport					
Bezeichnung des Dampfers	D. Amstelland	D. Eemland	D. Algorab	D. Name nicht angegeben	D. Name nicht angegeben	D. Egitto	D. Rapot	D. Alphacca	D. Königsberg (I)	D. Alwaki	D. Königsberg (II)	D. Alcyone	D. La Coruña	D. Alwaki
	%	%	%	%	%	%	%	%	%	%	%	%	%	%
Zinkoxyd (ZnO)	62,6	51,7	52,5	50,0	56	48,8	51,2	44,7	50,1	48,8	52,8	54,5	52,8	49,5
Zinkcarbonat ($ZnCO_3$)	10,7	18,9	18,8	11,2	9	10,8	12,5	10,3	17,3	22,1	21,8	17,0	9,9	15,1
Zinksulfat ($ZnSO_4$)	—	2,2	1,6	1,6	—	4,5	1,6	5,4	1,8	0,8	1,0	1,1	2,0	0,5
Zinkchlorid ($ZnCl_2$)	7,5	5,9	6,7	7,7	12	16,5	12,1	10,3	9,7	9,3	8,0	7,7	7,3	12,4
Bleisulfat ($PbSO_4$)	—	—	—	—	—	—	—	—	—	—	—	—	—	0,4
Natriumcarbonat (Na_2CO_3)	1,8	1,3	1,1	2,3	7	3,2	6,6	5,9	4,6	2,3	1,2	2,3	2,3	5,3
Calciumcarbonat ($CaCO_3$)	—	—	0,3	1,4	—	1,4	0,3	3,0	0,4	0,2	0,5	0,8	6,2	0,2
Calciumsulfat ($CaSO_4$)	0,7	0,7	0,3	—	3	—	—	—	—	—	—	—	—	—
Magnesiumcarbonat ($MgCO_3$)	0,2	0,4	0,2	0,2	Spuren	2,5	0,2	0,3	0,2	0,2	0,2	0,2	1,0	0,2
Ammoniumchlorid (NH_4Cl)	0,05	0,2	0,3	0,2	Spuren	Spuren	Spuren	—	Spuren	Spuren	Spuren	geringe Mengen	—	—
Eisen(III)oxyd (Fe_2O_3)	1,1	—	0,7	—	1	4,1	3,0	6,8	1,2	2,0	0,5	1,5	1,6	1,5
Kieselsäure (SiO_2)	—	—	—	—	—	2,4	1,2	2,0	0,5	0,9	—	1,0	4,7	0,5
Chemisch gebundenes Wasser als Rest berechnet	15,35	18,7	17,5	25,4	12	5,8	11,3	11,3	14,2	13,4	14,0	13,9	12,2	14,4
Reaktion gegen Lackmus	schwach sauer	schwach sauer	neutral	neutral	schwach alkalisch	alkalisch	alkalisch	alkalisch	alkalisch	alkalisch	schwach alkalisch	schwach alkalisch	schwach alkalisch	schwach alkalisch

Hierbei ist der Vereinfachung wegen unberücksichtigt gelassen, daß ZnO zum Teil als $Zn(OH)_2$ und die anderen Zinksalze als basische Salze zu berechnen wären.

Verhalten von Zinkblech gegen 3%ige (sulfathaltige) Natriumchloridlösung

Versuche 1 und 2:

Zur analytischen Nachprüfung wurde auf 2 Zinkblechstreifen, die mit geringer Neigung gegen die Horizontale befestigt aufgestellt waren, auf den oberen Teil 3%ige Natriumchloridlösung (sulfathaltig) aufgetropft, und zwar wurden täglich etwa 10 Tropfen aufgegeben. Nach etwa 4 Wochen langer Fortsetzung des Versuchs hatten sich auf den Blechstücken weiße Salzkrusten ausgeschieden (Bild 10).

Die Analyse der alkalisch reagierenden Ausscheidungen ergab:

	Probe I	Probe II
ZnO	43,3%	44,5%
$ZnCO_3$	11,7%	4,6%
$ZnCl_2$	16,0%	19,0%
Na_2CO_3	13,3%	15,7%
Na_2SO_4	0,7%	2,0%
H_2O (als Rest berechnet)	15,0%	14,2%

Die Zusammensetzung der erhaltenen Korrosionsprodukte weicht von der nach (a) zu erwartenden stark ab; zum Teil kann dies daran liegen, daß lösliche Salze beim Auftropfen der Salzlösung ausgelaugt werden und verloren gehen. Eine Anreicherung ist nur beim Zinkoxyd festzustellen, nicht jedoch beim Carbonat und Chlorid.

Versuch 3.

Zwischen zwei im Abstand von etwa 2 mm gehaltene, verzinkte Stahlblechabschnitte wurde einmalig eine kleine Menge künstliches Seewasser (27 g NaCl, 3,7 g $MgCl_2$, 3 g $MgSO_4$ und 1 g $CaSO_4$ im Liter enthaltend) gebracht; entsprechend der oben S. 45 beschriebenen Arbeitsweise wurde der Kühlkasten aufgesetzt und der Versuch im Schrank tagsüber unter Kühlung der oberen Platte (Leitungswasser) und Erwärmen der unteren, nachts ohne Erwärmen und Kühlen während 5 Tagen in Gang gehalten.

Nach dieser Zeit hatten sich zwischen den Versuchsplatten reichliche Mengen weißer Ausscheidung gebildet, im Gewicht von etwa 10 g. Die Analyse des bei 105° getrockneten Materials lieferte folgendes Ergebnis (%):

ZnO	$ZnCO_3$	$ZnCl_2$	$ZnSO_4$	$CaCO_3$	$MgCO_3$	Na_2CO_3	Na_2SO_4	Fe_2O_3	H_2O
76,93	3,86	7,10	fehlt	0,31	0,79	3,93	0,57	0,51	6,00%

Bei diesem Versuch hat ein Verlust an Korrosionsprodukt nicht stattgefunden; die Bildung von Zinkchlorid

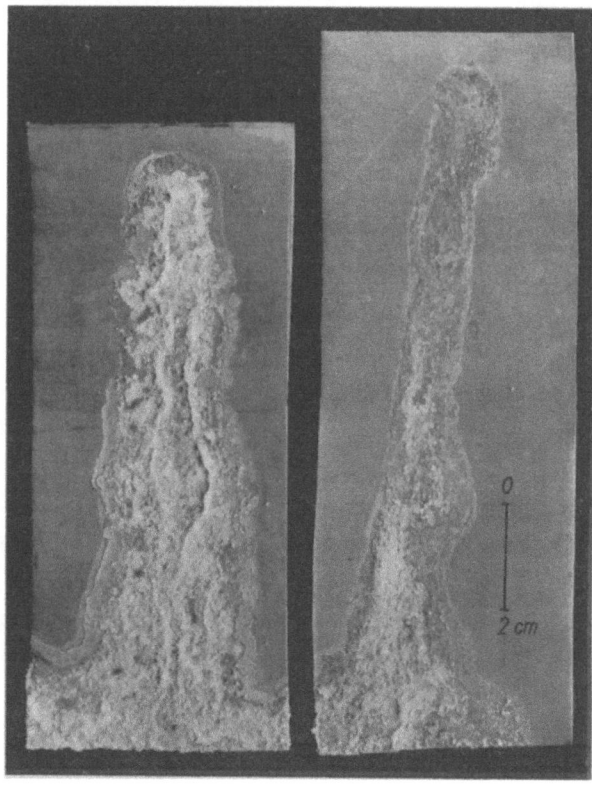

Versuche 1 und 2
Bild 10. Angriff von Zinkblechen durch Kochsalzlösung

und Natriumcarbonat ist vermutlich der zugesetzten Menge Salzwasser entsprechend verlaufen, während die Entstehung von Zinkcarbonat unter den gewählten Versuchsbedingungen gehemmt verlief. Dagegen ist die Oxydmenge erheblich größer ausgefallen; es verläuft daher vielleicht neben dem eigentlichen Angriff durch Natriumchloridlösung auch die bereits oben beschriebene Reaktion mit Wasser unter Bildung von Oxyd und basischem Carbonat. Einheitliche Korrosionsprodukte sind somit unter den mit jedem Versuch wechselnden Bedingungen nicht zu erwarten.

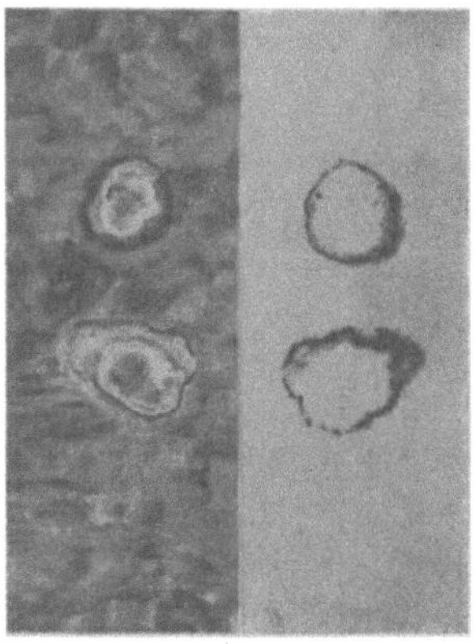

Versuch 4. Nachweis der Natriumhydroxydzone bei der Einwirkung von NaCl-lösung auf verzinktes Stahlblech.
Hierzu Bild 11.

Auf ein Stück verzinktes Stahlblech wurden in zwei Portionen mehrere Tropfen 3%iger Natriumchloridlösung gebracht; die Lösung wurde in einem feuchten Raum langsam eindunsten gelassen, wobei sich im inneren Raum der von der Lösung benetzten Fläche Kochsalzkriställchen ausscheiden. Sogleich nach dem Eindunsten wurde von dem Blechstück ein Lichtbild aufgenommen und unmittelbar danach mit angefeuchtetem Phenolphthaleinpapier ein Abdruck genommen, der mit dem ersten Lichtbild zusammen in der Abbildung wiedergegeben ist. Der Abdruck zeigt die alkalisch reagierende Außenzone als Spiegelbild der ersten Aufnahme.

Die in Zahlentafel 4 zusammengestellten Analysen von Korrosionsprodukten kommen im Gehalt an Zinkoxyd und Wasser den Befunden bei den vorstehenden Versuchen Nr. 1 und 2 nahe; sie sind aber im Zinkchlorid- und Natriumcarbonatgehalt niedriger als bei diesen Versuchswerten. Die Zinkcarbonatwerte wiederum liegen meistens höher.

Die nach Gl. (a) zu erwartenden Zahlenwerte sind im Gehalt an Zinkcarbonat, Zinkchlorid und Natriumcarbonat höher und im Zinkoxydgehalt niedriger als die der entsprechenden Korrosionsprodukte in Zahlentafel 4. Daraus ist zu entnehmen, daß durch die Anwesenheit von Natriumchlorid der Teil der Reaktion, der zum Zinkoxyd bzw. Zinkhydroxyd führt, bevorzugt stattfindet, was durch die Umsetzungsgleichung (a) nicht zum Ausdruck kommt, aber mit dem Ergebnis des Versuchs 3 übereinstimmt.

Versuch Nr.
Bild 11. NaCl-lösung auf verzinktem Stahlblech; Nachweis der alkalischen Zone
Aufgetropfte NaCl-lösung
Abdruck auf Phenolphthaleinpapier

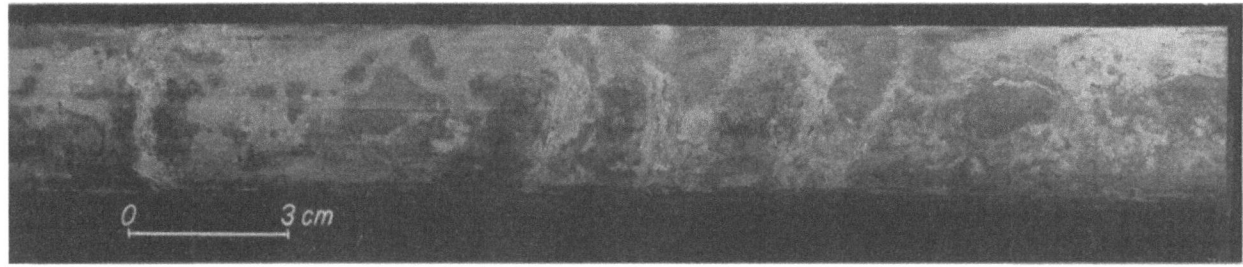

Probe Nr. 29
Bild 12. Verzinktes Stahlrohr. Angriff durch chloridhaltiges Wasser (Seewasser)

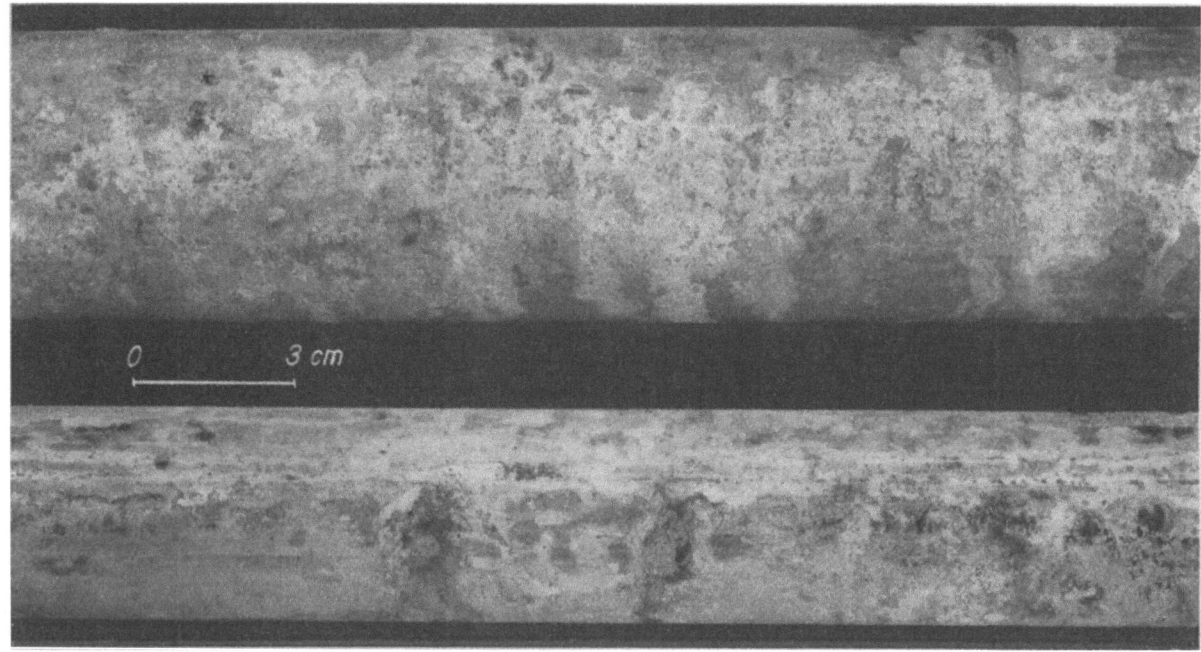

Probe Nr. 33
Bild 13. Verzinkte Stahlrohre Angriff durch salzhaltiges Wasser (Seewasser)

Aus den Analysenbefunden der Korrosionsprodukte auf Zahlentafel 4 (Bild 12, 13 und 14) geht hervor, daß bei sämtlichen Proben Nr. 27—40 Beschädigung der Zinkauflagen durch salzhaltiges Wasser (Seewasser) anzunehmen ist. Als charakteristische Kennzeichen für den Angriff durch Salzwasser sind zu nennen:

Das Korrosionsprodukt enthält
als Hauptbestandteil: Zinkoxyd bzw. Zinkhydroxyd
als wesentliche Bestandteile außerdem Zinkchlorid, Natriumcarbonat und Zinkcarbonat und als Nebenbestandteil Zinksulfat.

Im Gegensatz hierzu setzt sich das Korrosionsprodukt, das durch Wasser gebildet wird, zusammen aus
dem Hauptbestandteil Zinkoxyd bzw. Zinkhydroxyd
dem Bestandteil Zinkcarbonat und
den Nebenbestandteilen Zinksulfat, Zinkchlorid.

Verschiedenartige Korrosionen an verzinkten Stahlrohren eines und desselben Überseetransportes

1. Die Proben Nr. 41 (Bild 15)
D. Schwaben.

Von 4 Rohrabschnitten besaß einer von den übrigen drei verschiedenes Aussehen der Korrosionsstellen; daher wurde von dem Einzelrohr das Korrosionsprodukt für sich entnommen und untersucht, während die Korrosionsprodukte von den drei gleich aussehenden Abschnitten zu einer Durchschnittsprobe vereinigt wurden.

Nach den Analysen lagen tatsächlich verschiedene Arten von Korrosion vor. Einzelrohr A enthielt als Hauptbestandteile des Korrosionsprodukts Zinkoxyd, Zinkcarbonat und Wasser; außerdem waren außergewöhnlich viel Sulfate (berechnet als $ZnSO_4$ und Na_2SO_4) vorhanden, über deren Herkunft aus der Analyse sich keine Anhaltspunkte entnehmen ließen. Vermutlich ist das Rohr während des Transports (oder vielleicht schon früher) mit einer sulfathaltigen Flüssigkeit in Berührung gekommen, die zur Entstehung des sulfatreichen Zinkrostes geführt hat. Nach dem geringen Chloridgehalt und dem Fehlen von Natriumcarbonat war Seewasser an der Korrosion nicht beteiligt.

Dagegen enthält die von den drei gleichartig aussehenden Abschnitten entnommene Probe B neben den Haupt-

Probe Nr. 40
Bild 14. Verzinktes Stahlrohr mit Angriff durch chloridhaltiges Wasser; unten: unangegriffenes Rohrstück der gleichen Sendung

Zahlentafel 5. Verschiedenartige Korrosionsprodukte bzw. Ablagerungen auf verzinkten Stahlrohren eines und desselben Überseetransportes

Proben Nr.	41		42			43		44	
								Zweierlei Ablagerungen[2] auf einem Rohrstück	
Bezeichnung des Dampfers	Überseetransport D. Schwaben		Überseetransport D. Rapot			Überseetransport D. Waterland		Überseetransport D. Alwaki	
								Rohrabschnitt A	
der Rohrabschnitte	Rohrabschnitt A	3 Rohrabschnitte B	Rohrabschnitt		Rohrabschnitte B	Rohrabschnitt I	Rohrabschnitt II	Weiße Ablagerungen	Graue Ablagerungen
			A	A[1]					
	%	%	%	%	%	%	%	%	%
Zinkoxyd (ZnO)	27,1	37,7	35,2	51,5	58,1	57,7	57,9	69,2	31,4
Zinkcarbonat ($ZnCO_3$)	23,7	20,8	15,5	22,7	8,6	18,9	fehlt	fehlt	28,2
Zinksulfat ($ZnSO_4$)	16,5	3,4	4,4	6,4	1,0	fehlt	1,0	0,4	—
Zinkchlorid ($ZnCl_2$)	1,2	8,1	3,7	5,4	10,7	6,8	21,8	28,5	24,8
Bleisulfat ($PbSO_4$)	—	—	—	—	0,6	—	—	—	—
Natriumcarbonat (Na_2CO_3)	fehlt	5,4	5,8	8,5	2,5	1,4	fehlt	fehlt	2,7
Calciumcarbonat ($CaCO_3$)	4,1	3,2	31,6	—	2,3	0,3	1,2	0,5	2,9
Magnesiumcarbonat ($MgCO_3$)	0,8	1,6	0,5	0,7	0,5	0,1	0,1	0,2	1,1
Calciumsulfat ($CaSO_4$)	—	—	—	—	—	—	—	—	—
Natriumsulfat (Na_2SO_4)	9,8	—	—	—	—	0,5	0,6	1,2	8,0
Ammoniumchlorid (NH_4Cl)	—	—	—	—	—	geringe Mengen	geringe Mengen	—	—
Eisen(III)oxyd (Fe_2O_3)	1,3	1,2	0,4	0,6	1,7	1,1	1,5	—	—
Kieselsäure (SiO_2)	—	—	Spuren	Spuren	1,3	0,3	0,6	—	—
Chemisch gebundenes Wasser als Rest berechnet	15,5	18,6	2,9	4,2	12,7	13,1	15,3	—	—
Reaktion gegen Lackmus	neutral	alkalisch	schwach alkalisch		schwach alkalisch	neutral	schwach sauer	neutral	schwach alkalisch

[1] Analyse A bezogen auf calciumcarbonatfreies Material
[2] Beide Proben waren stark mit Fremdstoffen (Holzstückchen, Teile von Mennigeanstrich usw.) vermischt. Um die Zahlenwerte vergleichen zu können, wurden sie auf fremdstoff- und wasserfreie Substanz umgerechnet.

bestandteilen Zinkoxyd, Zinkcarbonat und Wasser noch die wesentlichen Bestandteile Zinkchlorid und Natriumcarbonat, die für den Angriff durch eine salzhaltige Lösung, also wahrscheinlich Seewasser, charakteristisch sind.

2. Die Proben Nr. 42 (Bild 16) D. Rapot.

Als beschädigte Rohrabschnitte lagen vor: 1 Abschnitt A und 3 Abschnitte B. (Die Abschnitte C waren als unbeschädigt gebliebene Stücke des gleichen Transportes eingesandt.) Die beschädigten Teile wiesen alle die analytischen Kennzeichen für Seewasserangriff auf. Auf dem Rohrstück A befand sich außerdem ein weißer Längsstreifen, der außer Zinkchlorid und Natriumcarbonat, den wesentlichen Kennzeichen des Seewasserangriffs, erhebliche Mengen

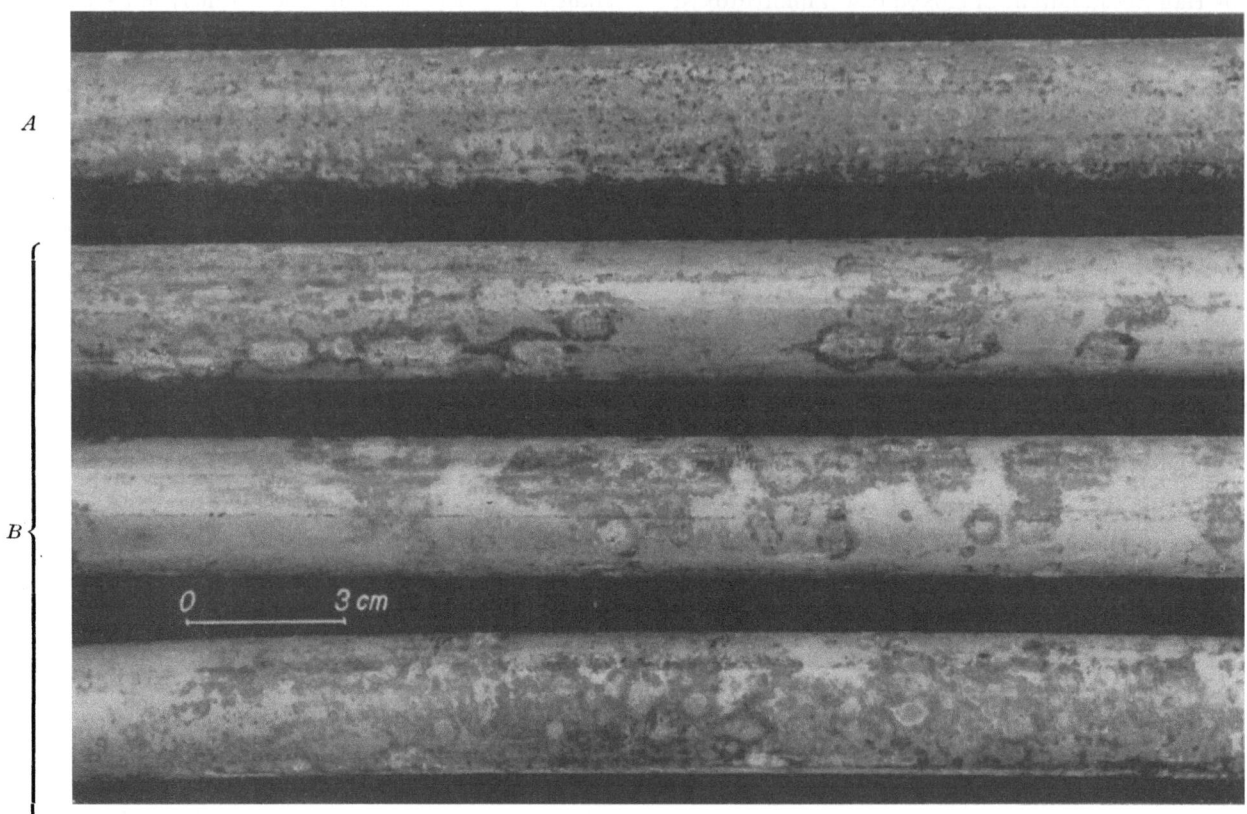

Probe Nr. 41
Bild 15. Zweierlei Angriffe beim gleichen Transport. Verzinkte Stahlrohre
Rohr A Belag enthält viel Sulfate, im übrigen liegt Angriff durch Wasser vor. Rohre B. Angriff durch chloridhaltiges Wasser (Seewasser).

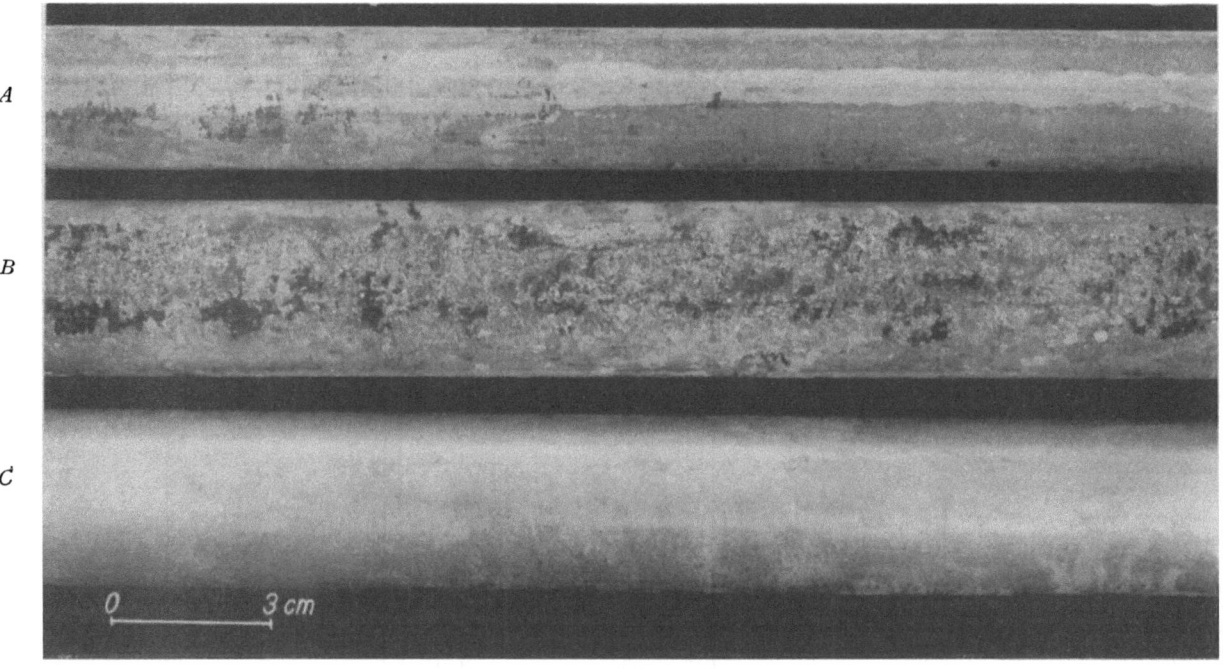

Probe Nr. 42
Bild 16. Verzinkte Stahlrohre. Zweierlei Angriffe beim gleichen Transport.
A = Streifen von angetrockneter Kreideaufschlämmung in salzhaltigem Wasser. B = Angriff durch salzhaltiges Wasser (Seewasser).
C = Mitgesandtes Rohrstück ohne Angriff

feines Calciumcarbonat enthielt; das Rohrstück ist demnach wahrscheinlich mit einer Aufschlämmung von Kreide (in Seewasser) in Berührung gekommen, die an zwei nebeneinander liegenden Rohren entlang gelaufen ist. Nach dem Abreiben des weißen Streifens blieb das Rohrstück völlig unversehrt zurück; auch von Seewasserbeschädigung war am Zinküberzug nichts zu erkennen.

3. Die Proben Nr. 43 (Bild 17 und 18) D. Waterland.

Auf den beiden beschädigten Abschnitten von Bild 17 befanden sich Korrosionsprodukte, die hauptsächlich Zinkoxyd, Zinkcarbonat und Wasser enthielten und außerdem in wesentlichen Mengen Zinkchlorid und etwas Natriumcarbonat; der Angriff ist demnach kennzeichnend für Seewasserbeschädigung.

Dagegen sind die Korrosionsprodukte auf den beschädigten Abschnitten des Bildes 18 von anderer Art; zwar chlorid, jedoch kein Zinkcarbonat und kein Natriumcarbonat. Das Ergebnis ist also im wesentlichen das gleiche wie bei den Korrosionen auf den Rohrabschnitten von Bild 18, und die Entstehung der weißen Ablagerungen ist wahrscheinlich auf die gleiche Ursache zurückzuführen, wie die der Beschädigungen von Bild 18.

Die grauen Korrosionsprodukte bestanden aus Zinkoxyd und Zinkcarbonat, reichlichen Mengen Zinkchlorid, sowie Natriumcarbonat; es liegt also eindeutig Angriff durch Salz bzw. Seewasser vor.

Die Ergebnisse weiterer Untersuchungen über das Entstehen der weißen Ablagerungen befinden sich weiter unten.

Die essigsäurelöslichen Bestandteile auf unbeschädigt gebliebenen Rohrteilen von Überseetransporten

Mit den beschädigten Rohrabschnitten einiger Sendungen wurden dem Amt gleichzeitig einzelne unbeschädigt

Probe Nr. 43, I
Bild 17. Verzinkte Stahlrohre. Verschiedene Angriffe bei der gleichen Überseesendung (dazu Bild 18)
Oben: Mitgesandter Rohrabschnitt ohne Beschädigung. Zwei Rohre Angriff durch salzhaltiges Wasser (Seewasser)

bestanden sie ihrer Hauptmenge nach ebenfalls aus Zinkoxyd und Wasser, sowie besonders viel Zinkchlorid, doch fehlten sowohl Zinkcarbonat als auch Natriumcarbonat völlig, die als wesentliche Bestandteile beim Seewasserangriff zugegen sein müßten. Zunächst kann nur festgestellt werden, daß die Beschädigungen nicht mit den durch Seewasser entstehenden übereinstimmen.

4. Die Probe Nr. 44 (Bild 19) D. Alwaki.

Das beschädigte Rohrstück wies zwei Längsstreifen von Korrosionsprodukten auf, die beide verschiedenes Aussehen hatten; in Bild 19 befindet sich in der Mitte der weiße Längsstreifen von kreidigem Aussehen mit scharf begrenzten Rändern, am unteren Rand der graue Längsstreifen mit unscharfen Rändern und durchsetzt mit weißen und dunkeln Flecken. Von beiden Streifen wurden getrennte Proben entnommen und untersucht.

Die Analyse der weißen Ablagerungen ergab als Hauptbestandteile Zinkoxyd und erhebliche Mengen Zink-

gebliebene Abschnitte mitübersandt; sie waren den gleichen Überseeweg gegangen wie die beschädigten Rohre.

Um zu erfahren, welche Fremdstoffe sich nach der überstandenen Seereise auf der Zinkoberfläche angesammelt hatten, wurden die betreffenden Flächen mit erwärmter 10%iger Essigsäure behandelt und die erhaltene Flüssigkeit auf die in Lösung gegangenen Bestandteile untersucht.

Als Ergebnis ist festzustellen, daß die unbeschädigten Rohre auf ihrer Außenseite durchweg eine dünne Schicht Zinkoxyd und Zinkcarbonat (Zinkrost) aufweisen; außerdem enthalten sie kleine Mengen Natriumchlorid, Calcium- und Magnesiumsalz (wahrscheinlich als Carbonat), sowie meist in reichlicherem Maße Sulfat (Zinksulfat). Der höhere Sulfatgehalt ist wahrscheinlich auf das Eindringen von Rauchgasen in die Laderäume des Schiffes zurückzuführen.

Es folgt aus diesem Ergebnis, daß kleine Mengen dieser Stoffe nicht die Ursache einer eingetretenen Zerstörung der Zinkauflage verzinkter Waren sein können.

Zahlentafel 6. Die essigsäurelöslichen Bestandteile auf unbeschädigt gebliebenen Rohrteilen von Überseetransporten

Probe Nr.	35	36	37	38	42	43		
Dampferbezeichnung	D. Königsberg (I)	D. Alwaki	D. Königsberg (II)	D. Alcyone	D. Rapot	D. Waterland		
Entnahmestelle des Analysenmaterials	Unbeschädigtes Rohr Außenseite %	Unbeschädigtes Rohr Außenseite %	Unbeschädigtes Rohr Außenseite %	Unbeschädigtes Rohr Außenseite %	Unbeschädigtes Rohr Außenseite %	Unbeschädigtes Rohr Außenseite %	Beschädigte Rohre[1] I Innenseite (unbeschädigt) %	II Innenseite (unbeschädigt) %
Abgelöste Fläche	1358 cm²	914 cm²	495 cm²	517 cm²	n. b.	n. b.	n. b.	n. b.
Zinkoxyd (ZnO)	117,4 mg	131,4 mg	159,0 mg	122,0 mg	43,0 mg	327,0 mg	330 mg	525 mg
Eisenoxyd (Fe_2O_3)	1,0 mg	1,6 mg	1,0 mg	1,2 mg	0,8 mg	3,5 mg	0,3 mg	1,4 mg
Kalk (CaO)	2,9 mg	2,0 mg	1,7 mg	1,6 mg	2,2 mg	3,4 mg	1,0 mg	1,0 mg
Magnesia (MgO)	0,6 mg	0,4 mg	0,4 mg	0,6 mg	0,3 mg	0,6 mg	0,3 mg	0,4 mg
Natriumoxyd (Na_2O)	3,1 mg	3,8 mg	1,6 mg	2,0 mg	4,6 mg	6,5 mg	3,5 mg	5,2 mg
Chlor (Cl)	2,5 mg	4,1 mg	2,4 mg	1,4 mg	1,1 mg	5,5 mg	Spuren	6,0 mg
Schwefelsäure (SO_3)	11,0 mg	11,7 mg	9,3 mg	5,0 mg	1,8 mg	36 mg	2,0 mg	13,0 mg
Kohlensäure (CO_2)	vorhanden	vorhanden	vorhanden	vorhanden	vorhanden	vorhanden	vorhanden	vorhanden

[1] I außen Seewasserangriff, II außen fremdartiger Angriff vgl. Tafel V Nr. 43, I u. II.

Probe Nr. 43, II
Bild 18. Verzinkte Stahlrohre
Oben: starke Verrostung. Mitte: Rohrstück unbeschädigt. Unten: Weiße Ablagerung unbekannter Herkunft; **stark chloridhaltig**

Die Ablagerung weißer salzartiger Masse auf der Innenseite verzinkter Rohre

Das gleiche gilt auch für die Innenseiten verzinkter Rohre.

Beim Ausladen von verzinkten Stahlrohren aus einem nach Übersee gegangenen Transportdampfer wurde beobachtet, daß aus den Rohren weiße salzartige Stückchen in großer Menge herausfielen. Nach der Analyse eines ausländischen Laboratoriums sollten diese Beschädigungen auf Berührung der Rohre mit Seewasser zurückzuführen sein.

Einige Zeit nach Mitteilung dieser Beobachtung wurde an das Amt ein verzinkter Rohrabschnitt eingesandt, dessen äußere Verzinkung nur wenig beschädigt war und auf dessen Innenseite sich ein festhaftender Längsstreifen von weißer salzartiger Masse vorfand (Bild 20, Probe Nr. 45).

Es sollte festgestellt werden, woraus die weiße Masse bestand, wie sie in dem Rohr entstanden sein könnte und ob sie

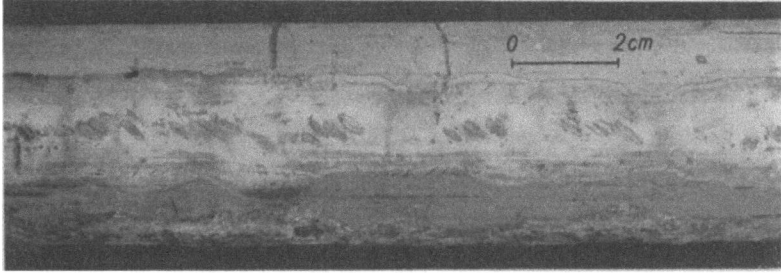

Probe Nr. 44
Bild 19. Zweierlei Angriffe am gleichen Rohrabschnitt
Weiße Ablagerung in der Rohrmitte: Zinkoxyd und Zinkchlorid; Graue Krusten am untern Rand: Angriff durch salzhaltiges Wasser.

Calciumchlorid ($CaCl_2$) 0,6%
Magnesiumchlorid ($MgCl_2$) . . . 0,5%
Ammoniumchlorid (NH_4Cl) . . 0,5%
Eisenoxyd (Fe_2O_3) 4,3%
Wasser als Rest berechnet . . . 19,8%

Zinkcarbonat, Zinksulfat und Natriumcarbonat waren nicht zugegen.

Nach diesem Befund hat sich der Vorgang des Ent-

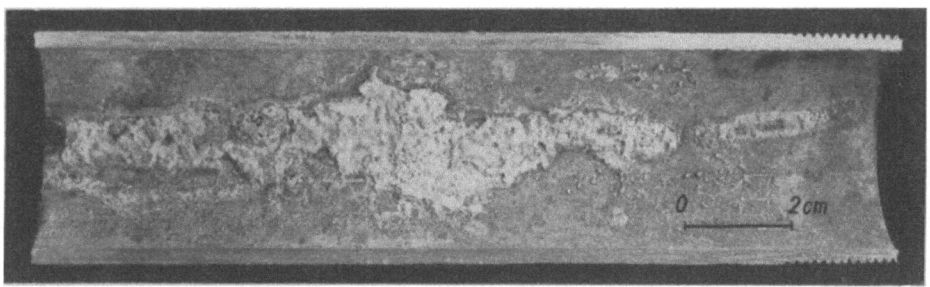

Probe Nr. 45
Bild 20. Verzinktes Stahlrohr. Weiße Ablagerung auf der Innenseite. Einlieferungszustand

Probe Nr. 45
Bild 21. Verzinktes Stahlrohr (wie Bild 20). Nach Entfernen der weißen Ablagerung und Abbeizen kamen schwarze Streifen einer Zunderschicht (Eisenoxyd) zum Vorschein

etwa durch Einwirkung von Seewasser auf das Rohr gebildet sei.

Beim Entnehmen des Analysenmaterials fand sich unter der salzartigen Masse eine bis zu 0,5 mm dicke, fest am Rohr haftende Eisenoxydschicht vor (Bild 21).

Die weiße Salzmasse enthielt:

Zinkoxyd (ZnO) 54,3%
Zinkchlorid ($ZnCl_2$) 16,7%
Natriumchlorid (NaCl) 3,0%
Calciumsulfat ($CaSO_4$) 0,3%

stehens der weißen Ablagerungen im Innenrohr sehr wahrscheinlich so abgespielt, daß infolge mangelhaft durchgeführter Beizung Eisenoxyde im inneren Rohr zurückblieben. An diesen Stellen, die beim Heißverzinken kein Zink annahmen, blieb das verwendete Flußmittel (meist ein Gemisch von Zinkchlorid und Salmiak) haften, das beim Abkühlen des verzinkten Rohres erstarrte. Später konnte es, in feuchter Luft, wieder weich und flüssig werden und in diesem Zustande die Verzinkung angreifen, oder es konnte als halbweiche Masse beim Ausladen der Rohre in Brocken herausfallen.

Demnach wären die weißen Ablagerungen auf mangelhaftes Beizen in der Verzinkerei zurückzuführen, jedoch nicht auf eine Einwirkung des Seewassers auf die verzinkten Rohre.

Von Wallace G. Imhoff (16) sind die Fehler, die infolge mangelhaften Beizens bei der Heißverzinkung von Stahlwaren entstehen und die häufig zu nachträglicher Beschädigung der Zinkauflagen durch die sich bildende Zinkchloridlösung führen, eingehend behandelt.

Versuche über das Verhalten von Zinkchlorid gegen Zink

Versuch 5. Einwirkung von verdünnter Zinkchloridlösung auf Zink.

Auf ein schwach geneigtes Stück Zinkblech

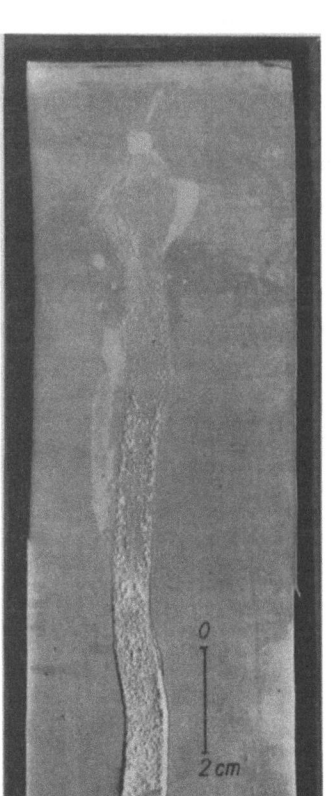

Versuch 5
Bild 22. Zinkangriff durch Zinkchloridlösung

wurde von Zeit zu Zeit verdünnte etwa 5%ige Zinkchloridlösung getropft. Der Versuch wurde etwa 14 Tage lang fortgeführt und ergab zum Schluß eine weiße Ausscheidung auf dem Zinkblech von etwas teigiger Beschaffenheit (Bild 22), die zur Analyse abgenommen wurde. Die Analyse ergab:

Zinkoxyd (ZnO) 41,9%
Zinkchlorid (ZnCl$_2$) 36,9%
Zinkcarbonat (ZnCO$_3$) . . . . fehlt
Wasser (als Rest) 21,2%

Versuch 6. Einwirkung geschmolzenen Zinkchlorids auf verzinktes Stahlblech.

Auf ein Stück verzinktes Stahlblech wurde eine kleine Menge geschmolzenes Zinkchlorid aufgegossen und erstarren gelassen. Die Probe blieb etwa 4 Monate lang in einem feuchten Raum liegen. Die Masse wurde teilweise flüssig und schaumig infolge schwacher Gasentwicklung. Später wurde die Masse wieder trocken und fest (Bild 23). Nachdem in feuchter Luft keine Veränderung mehr beobachtet werden konnte, wurde die entstandene Masse abgenommen und untersucht. Sie enthielt nach dem Trocknen:

Zinkoxyd (ZnO) 37,8%
Zinkchlorid (ZnCl$_2$) 48,9%
Zinkcarbonat (ZnCO$_3$) . . . . fehlt
Wasser (als Rest berechnet) . . 13,3%

Die bei Einwirkung von Zinkchlorid und Feuchtigkeit auf Zink entstehenden weißen Produkte entsprechen somit in ihrer Zusammensetzung durchaus denen der verzinkten Rohre: Proben Nr. 43, II, Bild 18 unteres Rohrstück und Nr. 44, I, Bild 19, Mittelstreifen, sowie der Probe Nr. 45, Bild 20.

Wenn auch die Mengen der Einzelbestandteile erheblich schwanken, so unterscheiden sich diese Proben dennoch scharf von den Korrosionsprodukten, die durch Wasser oder salzhaltige Lösungen entstanden sind insofern, als sie neben Zinkoxyd nur reichliche Mengen Zinkchlorid, aber kein Zinkcarbonat und kein Natriumcarbonat enthalten.

Dem Angriff des Zinks durch Zinkchlorid liegt die Hydrolyse des Zinkchlorids zugrunde:

(b) $\quad Zn + ZnCl_2 + 2 H_2O = 2 Zn(OH)Cl + H_2$.

Ist die Wirkung der Wasserstoffionen erschöpft, so geht der Angriff nicht weiter und wenn die nicht mehr angreifende, noch flüssige Zinkchloridlösung auf die Außenseite der Rohre gelangt und dort antrocknet, läßt sich nach Abreiben der weißen Ablagerungen mit einer feuchten Bürste meist der blanke und unangegriffene Zinküberzug wiederherstellen. Die starke Korrosion an dem oberen Rohrstück in Abb. 18 dürfte auf weiter hinzugekommene Flüssigkeit zurückzuführen sein, wobei erneut Hydrolyse,

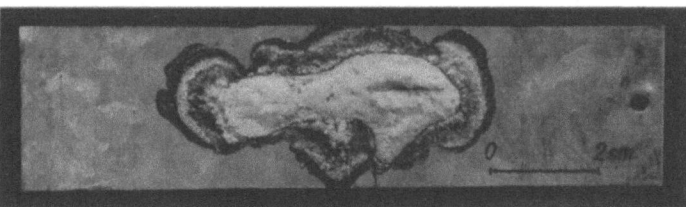

Versuch 5
Bild 23. Verzinktes Stahlblech. Angriff durch aufgeschmolzenes Zinkchlorid beim Liegenlassen in feuchter Luft

Zerstörung der Zinkauflage und schließlich Rosten des freigelegten Eisens eintrat.

Beschädigungen der Zinkauflage und Rosten des Stahlbleches als Folge einer Verunreinigung des verzinkten Stückes durch Zinkchlorid sind auch sonst beobachtet worden. Im Folgenden ein Beispiel:

Probe Nr. 46. Beschädigung eines einseitig verzinkten Ofenrohres durch Zinkchlorid enthaltendes Flußmittel (Bild 24).

Das Ofenrohr diente zur Abführung der Feuerungsgase eines mit Braunkohlenbriketts geheizten Ofens. Auf der verzinkten Außenseite des Ofenrohres befanden sich zahlreiche kleine, weiße und dunkle Teilchen, die anscheinend durch Verspritzen heißer zinkchloridhaltiger Masse in der Verzinkerei auf das Rohr gelangt waren. Die Verunreinigung war anfänglich unbeachtet geblieben. Nach einiger Zeit des Gebrauchs waren an der bespritzten Stelle zahlreiche feine Löcher entstanden, an denen sich Eisenrost zeigte. Von der weißen aufgespritzten Masse wurde eine Probe analysiert; sie enthielt:

Zinkoxyd (ZnO) 48,0%
Zinkchlorid (ZnCl$_2$) 33,0%
Wasser (H$_2$O) 15,0%
Zinkcarbonat (ZnCO$_4$) . . . fehlt
Eisenoxyd und Fremdstoffe . . Rest

Bei dieser Verunreinigung des verzinkten Stahlbleches handelt es sich somit ebenfalls um ein wasserhaltiges Gemisch von Zinkoxyd und basischem Zinkchlorid, das mit den bei den Versuchen 5 und 6 entstandenen Produkten, sowie mit den an Rohrabschnitt Nr. 43, II und Nr. 48, I (Bild 18 und 19) vorgefundenen Ablagerungen Ähnlichkeit aufweist.

Zusammenfassung

Die chemische Zusammensetzung der an Zinkoberflächen entstandenen festen Korrosionsprodukte, Ablagerungen und Schutzschichten ist sowohl von der Art des angreifenden Mittels als auch von den näheren Bedingungen der Einwirkung abhängig.

Auf Grund zahlreicher Analysen der verschiedensten Art lassen sich folgende Arten von Korrosionsprodukten unterscheiden:

Atmosphäre entsteht als Endprodukt carbonatfreies Zinkoxyd mit geringem Wassergehalt.

Die Stärke des Angriffs durch Wasser wird bereits durch geringen Kohlensäuregehalt des Wassers bzw. der Atmosphäre maßgebend beeinflußt.

2. **Gemische aus wasserhaltigem Zinkoxyd mit wechselnden Mengen von basischem Zinkcarbonat, basischem Zinkchlorid und Natriumcarbonat.**

Als Produkt starker Zinkkorrosion entstehen Gemische von dieser Zusammensetzung an Zinkoberflächen, wenn sie der Einwirkung wäßriger Chloridlösungen (z. B. Seewasser)

Probe Nr. 46
Bild 24. Einseitig verzinktes Ofenrohr. Beschädigung durch zinkchloridhaltige Spritzer

1. **Gemische von wasserhaltigem Zinkoxyd mit wechselnden Mengen Zinkcarbonat.**

Produkte dieser Art entstehen bei der Einwirkung von Feuchtigkeit auf Zink unter Mitwirkung der atmosphärischen Luft.

Der freien Atmosphäre ausgesetztes Zink wird im allgemeinen nur wenig angegriffen. Die Oberfläche des Zinks überzieht sich sehr schnell mit einer dünnen Haut, die aus Zinkoxyd und Zinkcarbonat besteht und die ausgesprochene Schutzwirkung für das darunter liegende Zink ausübt. Sie nimmt im Laufe von Jahren nur allmählich zu; die Verunreinigungen der atmosphärischen Luft spielen dabei eine wesentliche Rolle, indem insbesondere Schwefelverbindungen (z. B. Rauchgasbestandteile) an der Oberfläche des Zinks als basisches Zinksulfat in die Schutzschicht eingehen. Auch kleine Mengen Chloride werden in ähnlicher Weise zu Bestandteilen der Schutzschicht.

Als starke Zinkkorrosion tritt das Gemisch von Zinkoxyd und basischem Zinkcarbonat auf, wenn die Möglichkeit besteht, daß sich am Zink Feuchtigkeit als Schwitz- oder Kondenswasser niederschlägt und lange Zeit daran halten kann (z. B. an feucht aufeinander gelegten Blechen). Bei beschränktem Zutritt der atmosphärischen (d. h. kohlensäurehaltigen) Luft fällt das Korrosionsprodukt ärmer an Zinkcarbonat aus als bei ungehindertem Luftzutritt in der freien Atmosphäre; bei völligem Abschluß von der freien

ausgesetzt sind; die atmosphärische Luft wirkt dabei durch Lieferung des erforderlichen Sauerstoffs und der Kohlensäure mit. Die Verunreinigungen der Atmosphäre insbesondere durch Rauchgase sind insofern von Einfluß auf die Zusammensetzung dieser Gemische, als in industriereichen Gegenden durch den höheren Gehalt der Luft an Schwefelverbindungen das Korrosionsprodukt eine Zunahme im Gehalt an Zinksulfat erfährt.

Bei verzinkten Stahlteilen ist indessen zu berücksichtigen, daß kleine Mengen von Chloriden, Natrium- bzw. Ammoniumverbindungen und auch von Sulfaten zum Teil von Verunreinigungen stammen, die von der Heißverzinkung her an noch unbenutzten und unbeschädigten Stücken haften geblieben sind oder von den Oberflächen unbeschädigter Stücke, die bereits einen Überseetransport hinter sich haben, aufgenommen worden sind, ohne daß sie zu Korrosionen geführt haben. Diese kleinen Gehalte an Verunreinigungen, die noch analytisch feststellbar sind, können nicht mehr als Ursachen von Korrosionen angesprochen werden, die durch Seewasser hervorgerufen sind.

3. **Gemische von wasserhaltigem Zinkoxyd mit basischem Zinkchlorid.**

Gemische dieser Art sind zuweilen im Innern verzinkter Stahlrohre oder als Ablagerung auf der Außenseite in größerer Menge vorzufinden. Sie rühren von Resten des bei der Heißverzinkung von Rohren zurückgebliebenen Flußmittels her. Meist bilden sie Krusten und Ablagerungen von weißer Masse, die beim Umladen der Sendung von den Rohren abfällt. Wegen ihres hohen Gehaltes an Chlorid sind diese Massen nach oberflächlicher Untersuchung mitunter als Korrosionsprodukte eines Seewasserangriffs angesprochen worden.

Durch das Fehlen der für Seewasserangriffe charakteristischen Bestandteile Zinkcarbonat und Natriumcarbonat (alkalische Reaktion) läßt sich eine dahingehende Beurteilung jedoch nicht aufrecht erhalten.

Schrifttum

1. Eugen Deiß und Walter Böhm: Angew. Chem. 48 (1935) 464.
2. Eugen Deiß: Vedag-Buch 1936, 123.
3. P. A. von Bonsdorff: Pogg. Annal. Phys. u. Chem. 42 (1837) 332.
4. H. E. Davies: Journ. soc. chem. Ind. 18 (1899) 102.
5. E. A. Anderson u. M. L. Fuller: Metals and alloys ref. durch Metall u. Erz 37 (1940) 502.
6. F. R. Morral: Trans. electrochem. soc. 77 (1940) 279 ref. in Chem. Zentralblatt 1941, I, 1473.
7. A. St. Cocoşinschi: Ztschr. anorg. Chem. 197 (1931) 270.
8. E. H. Schulz: Stahl und Eisen 50 (1930) 360.
9. R. Fricke und Th. Ahrndts: Ztschr. anorg. Chem. 134 (1924) 344.
10. W. Feitknecht: Helv. chim. acta 13 (1930) 314.
11. R. Fricke und K. Meyring, Ztschr. anorg. Chem. 230 (1937) 357.
12. O. Bauer und G. Schikorr: Ztschr. Metallkunde 26 (1934) 73.
13. Eugen Deiß: Wissenschaftliche Abhandlungen der Deutschen Materialprüfungsanstalten, II. Folge 1941, 31, Verlag Springer Berlin.
14. Karl Daeves: Chem. Ztg., Chem. Techn. Übersicht 1936, 104.
15. U. R. Evans: The corrosion of metals, 2. Aufl. London 1926, 81. und: Metallic corrosion, passivity and protection London 1937, 361.
16. Wallace G. Imhoff: Metal cleaning and finishing 5, 1933, 471.

Staatliches Materialprüfungsamt
Berlin-Dahlem.

Berlin-Dahlem, 15. Mai 1943.

BELASTUNGSVERSUCHE MIT RAHMENECKEN DER UNTERFÜHRUNG DES PERSONENTUNNELS IM DUISBURGER HAUPTBAHNHOF

Von **K. Albers** und **E. Link**

A. Einleitung

Die Unterführung des Personentunnels im Hauptbahnhof Duisburg wurde mit Zweigelenkrahmen von 18 m Stützweite überbrückt. Ein Teil der Rahmen wurde in vollständig geschweißter, ein anderer Teil in genieteter Bauweise ausgeführt. Die Stahlkonstruktionen wurden im Jahre *1934* gebaut. Die Abmessungen der schweren, geschweißten Rahmen, insbesondere die Blech- und Gurtplattendicken waren für die damalige Zeit ungewöhnlich groß, so daß die Deutsche Reichsbahn sich entschloß, in Verbindung mit dem Deutschen Ausschuß für Stahlbau mit geschweißten und genieteten Rahmenecken Großversuche im Staatlichen Materialprüfungsamt Berlin-Dahlem ausführen zu lassen.

Wenn auch für die Berechnung der Spannungen in Rahmenecken schon seit einigen Jahren eine gute Näherungslösung bekannt war[1], so blieben doch besonders für die geschweißte Rahmenecke eine Reihe von Fragen offen, die nur durch Versuche zu klären waren.

Zunächst einmal war zu der Zeit, als die Versuche eingeleitet wurden, eine ausreichende versuchstechnische Bestätigung der Brauchbarkeit der Näherungslösung noch nicht bekannt. Inzwischen ist jedoch über einige Spannungsuntersuchungen an Rahmenecken berichtet worden[2,3,4], die auch zur Aufstellung einer neuen Näherungslösung führten.

[1] Bleich, H.: Spannungsverteilung in den Gurtungen gekrümmter Stäbe mit T- und I-förmigen Querschnitt. Stahlbau 6 (1933), S. 3—6.
[2] Grüning, G.: Spannungsermittlung in stählernen Rahmenecken. (Nach Progreß Report Nos. 3, 4, 5 und 6, 7, 8 on Stress Distribution in Steel Rigid Frames. National Bureau of Standards, United States Department of Commerce, Washington D. C. 1937.) Bauing. 19 (1938) S. 210.
[3] Kayser u. Herzog, A.: Versuche zur Klärung des Spannungsverlaufs in Rahmenecken. Stahlbau 1939.
[4] Steinhardt, O.: Beitrag zur Berechnung gekrümmter Stäbe mit gegliedertem Querschnitt. Dissertation TH Darmstadt 1938.

Durch eine ausreichende Lösung der Spannungsaufgabe ist jedoch das Festigkeitsverhalten einer Rahmenecke keineswegs ausreichend bekannt und vorherbestimmbar, da das Verhalten nach einem örtlichen Überschreiten der Elastizitäts- oder der Fließgrenze insbesondere auch die Beul- oder Knickerscheinungen sich der rechnerischen Erfassung entziehen. Vor allem ist das Beulproblem für das Stegblech in den Eckfeldern bei gleichzeitig verwickeltem Spannungszustand theoretisch wohl kaum erfaßbar.

Ausreichende Erfahrungen über das Festigkeitsverhalten großer geschweißter Stahlkonstruktionen lagen damals ebenfalls noch nicht vor. Wenn auch die Tatsache bekannt war, daß die Schrumpfspannungen die Festigkeit und die Verformungsfähigkeit im Allgemeinen bei einwandfreien werkstofflichen Verhältnissen nicht ungünstig beeinflussen, so war doch ihre Auswirkung auf die Beulung nicht bekannt. Große Schrumpfspannungen waren aber in den geschweißten Rahmenecken zu erwarten und wurden auch durch die Messungen bestätigt.

Von besonderem Wert war natürlich die vergleichende Untersuchung der geschweißten und genieteten Rahmenecken, da sie für die gleichen äußeren Abmessungen und Belastungen ausgebildet und berechnet worden waren.

Mit den Versuchen war im Januar *1937* begonnen worden. Da das Amt in der folgenden Zeit durch andere, vordringlichere Aufgaben stark in Anspruch genommen war und die 3000 t-Maschine (Eigentum des Deutschen Stahlbauverbandes auf dem Amtsgelände), in der die Versuche durchgeführt werden mußten, laufend durch andere Arbeiten besetzt war, konnten die Versuche erst 1941 zum Abschluß gebracht werden.

B. Versuchsstücke und Versuchsausführung

1. Beschreibung der Versuchsstücke

Die geschweißten Rahmen hatten eine Stützweite von 18 m und eine Höhe von 3,25 m, gemessen zwischen den Lagerpunkten und der Schwerachse des Riegels (Bild 1).

Das Stegblech des Riegels war 20 mm, das des Stiels und im Bereich der Ecke war 32 mm dick. Die Gurte bestanden aus Wulstflachstählen 460 · 65 mm. Sowohl die äußere als auch die innere Gurtplatte war ungestoßen um den ganzen Rahmen herumgeführt. Auf der Innenseite war die Ecke mit einem Halbmesser von 925 mm ausgerundet. Die äußere Gurtplatte war mit 500 mm Halbmesser um die Ecke herumgezogen worden. Dieser Krümmungshalbmesser ist so klein, daß die Ecke als außen spitz angesehen werden kann. Die Höhe des Riegels betrug in der Mitte 907 mm und am Übergang zur Ecke 1034 mm. Der Stiel war am Übergang zur Ecke 1264 mm breit und verjüngte sich zum Fußpunkt hin. An den Endpunkten der Krümmung der inneren Gurtplatte waren kräftige Aussteifungen aus 2 Flachstählen 200 · 30 mm eingeschweißt, die am Innengurt stramm eingepaßt waren. Eine besonders starke Aussteifung aus 2 Flachstählen 200 · 50 mm war schräg in der Mitte der Ecke angeordnet. Nach der äußeren Ecke hin gabelte sich diese Aussteifung in zwei Teile, die die Endpunkte der Krümmung der äußeren Gurtplatte abstützten.

Die äußere Form der genieteten Rahmen entsprach der der geschweißten (Bild 2). Die Ausrundung der Innenkante, der unteren Gurtwinkel betrug 1000 mm, wogegen in diesem Fall die Ecke außen spitz ausgeführt war. Die Höhe des 14 mm dicken Stegblechs betrug in der Mitte 800 mm, am riegelseitigen Übergang zur Ecke 927 mm und am stielseitigen Übergang 1200 mm. Die Gurte wurden von Gurtwinkeln 200 · 200 · 18 mm und 2 bis 4 460 mm breiten Gurtplatten gebildet. Am Anfangs- und Endpunkt der Krümmung des Innengurtes und schräg in der Mitte der Ecke waren kräftige Aussteifungen aus 4 Winkeln 100 · 100 · 10 mm und Futtern angeordnet.

Zwischen den Gurtwinkeln, Aussteifungen, großen Eckblechen und Futterblechen war das Stegblech so breit eingespannt, daß die Stegblechdicke mit nur 14 mm gewählt werden konnte. (Bei dem geschweißten Rahmen fehlten diese breiten Einspannungen, außerdem waren die zu erwartenden großen Schrumpfspannungen zu berücksichtigen, so daß die Wahl einer Stegblechdicke von 32 mm im Bereich der Ecke verständlich ist.)

Die geschweißten und genieteten Rahmen waren für die gleiche Belastung, Lastenzug N., bemessen. Die größte resultierende Auflagerkraft betrug 266 t.

Das Gewicht war bei beiden Ausführungen annähernd gleich. Der geschweißte Rahmen wog 19,2 t und der genietete 19,4 t.

Bild 3 zeigt eine Werkaufnahme eines geschweißten Rahmens [5].

Für die Untersuchung wurden 2 geschweißte und 2 genietete Rahmenecken, die von der Firma Johannes Dörnen, Brückenbauanstalt, Dortmund-Derne hergestellt worden

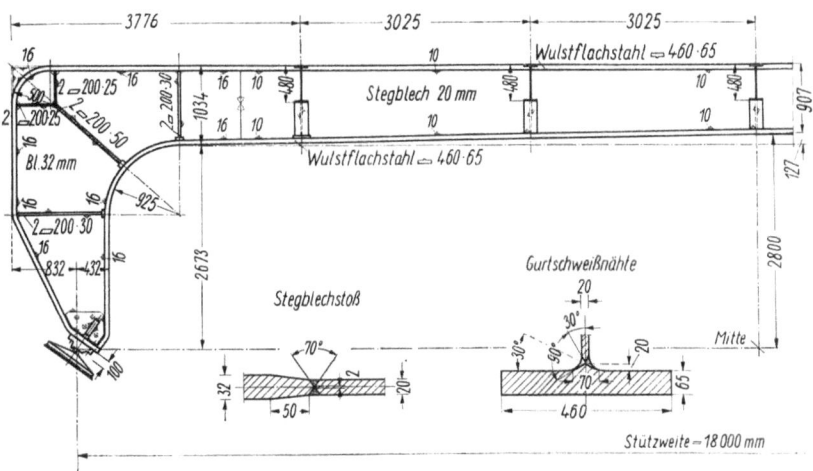

Bild 1. Übersicht über einen geschweißten Rahmen

waren, geliefert. Die Bilder 4 und 5 zeigen die geschweißten und genieteten Rahmenecken, die hier in der Versuchslage dargestellt sind. Für die Versuche waren die Ecken so vom Riegel abgetrennt worden, daß der Rahmenstiel und das Riegelende etwa gleich lange Schenkel der Rahmen-

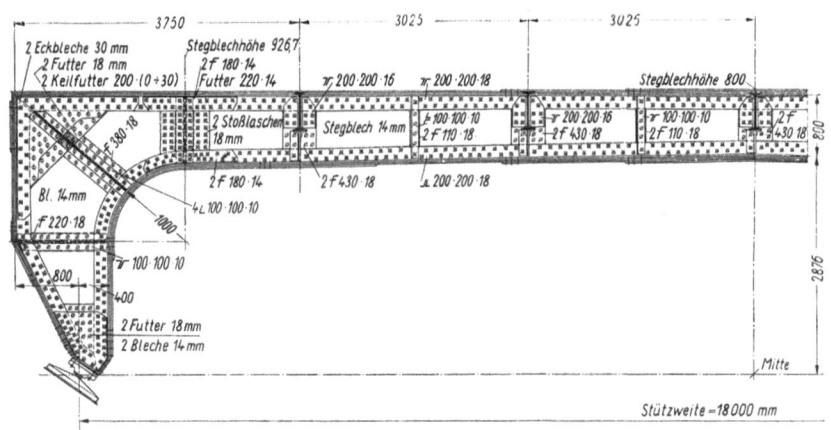

Bild 2. Übersicht über einen genieteten Rahmen

ecke bildeten. Das fußseitige Ende konnte für die Krafteinleitung im Versuch unverändert beibehalten werden, wäh-

[5] Der in Bild 3 gezeigte Rahmen entsprach nicht ganz der Ausführung der geprüften Rahmenecken. Es muß hier bemerkt

Bild 3. Werkaufnahme eines geschweißten Rahmens. (Vergleiche auch Fußnote 5)

rend das riegelseitige Ende für die Aufnahme der Krafteinleitung besonders hergerichtet werden mußte. Die obere Gurtplatte wurde um das Ende herumgezogen und ein besonderes Drucklager eingebaut. Das an dieser Stelle nur 20 mm dicke Stegblech wurde durch Beilagebleche und Aussteifungen zur Aufnahme der örtlichen großen Kraft

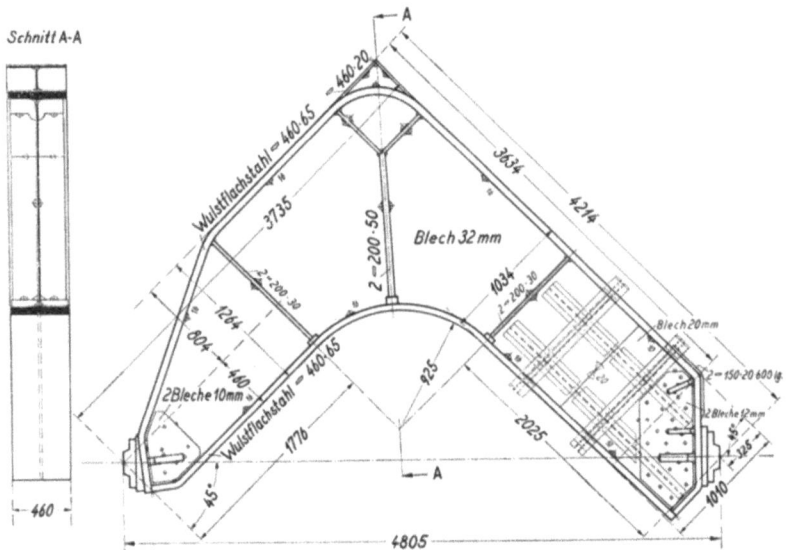

Bild 4. Abmessungen der geschweißten Rahmenecken

verstärkt. Da ein vorzeitiges Ausbeulen des übrigen Teils des 20 mm dicken Stegblechs befürchtet wurde, wurden zusetzlich kräftige Verspannungen angeordnet. Die Prüflast griff am Fußlager unter einem etwas flacheren Winkel an, als ihn im Bauwerk der resultierende größte Auflagerdruck ergibt. Bei einer der Auflagerkraft im Bauwerk

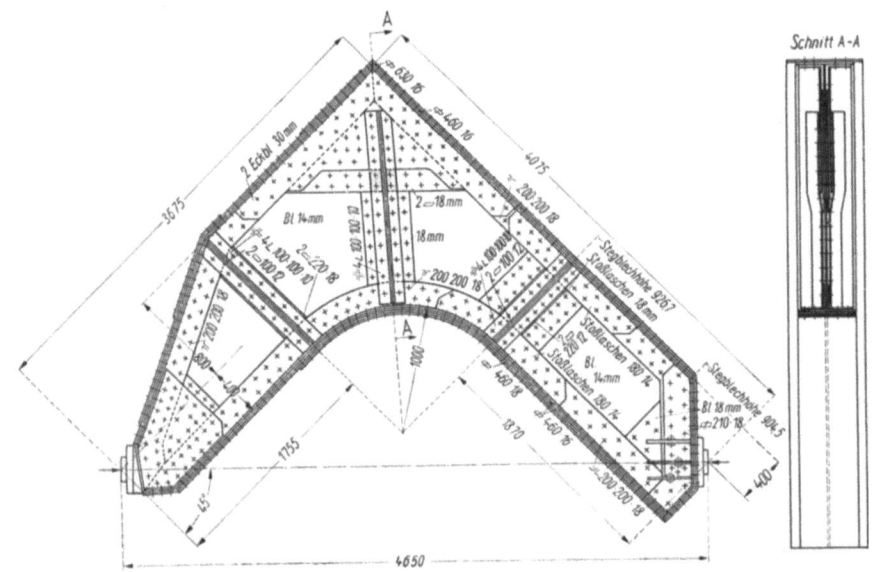

Bild 5. Abmessungen der genieteten Rahmenecken

gleichen Prüflast waren die Momente beim Versuch in der Ecke etwa 15% höher.

werden, daß die geschweißten Rahmen nicht alle ganz gleich ausgeführt worden sind, sondern entsprechend der Entwicklung der Schweißtechnik im Stahlbau in den Baujahren konstruktive Änderungen aufweisen. Der hier dargestellte Rahmen hat abweichend von den geprüften Rahmenecken zur Verstärkung des Stegblechs entlang der ausgerundeten inneren Gurtplatte aufgeschweißte Beilagebleche erhalten.

2. Umfang der Untersuchung

Da bei den geschweißten Rahmenecken eine Auswirkung der hohen Schrumpfspannungen auf die Tragfähigkeit vermutet wurde, sollte durch Messung der Schrumpfungen bei der Herstellung einer geschweißten Rahmenecke versucht werden, Rückschlüsse auf die Größe der eingetretenen Schrumpfspannungen zu ziehen.

Vor Ausführung des Versuchs mit der geschweißten Rahmenecke 2 wurden die Halsnähte und an einigen Stellen auch die Kehlnähte, mit denen die Beilagebleche an den Druckeinleitungsstellen auf das Stegblech aufgeschweißt waren, durch Röntgenuntersuchungen bzw. magnetische Untersuchungen geprüft.

Es wurden je zwei geschweißte und genietete Rahmenecken unter zügiger Laststeigerung bis zur Zerstörung belastet. Bei diesen Versuchen wurden die Verformungen und Dehnungen gemessen.

Ausführlichere Dehnungsmessungen wurden an der geschweißten Rahmenecke 2 vorgenommen, durch die die Spannungsverteilung in der Ecke ermittelt wurde.

3. Versuchsdurchführung

a) Bestimmung der Schrumpfungen und Schweißspannungen an einer geschweißten Rahmenecke

An einer geschweißten Rahmenecke wurden die durch das Schweißen verursachten Schrumpfungen mit einem Setzdehnungsmesser nach Siebel-Pfender gemessen. Es wurden hierzu Meßstrecken von 100 und 300 mm am Stegblech und an den Gurtplatten angebracht. Vorgemessen wurde an der zusammengebauten und gehefteten Rahmenecke; nach dem Fertigschweißen der Ecke wurden die Meßstrecken nachgemessen. Aus den Längenänderungen können in den Gebieten, in denen keine plastischen Verformungen aufgetreten sind, die Spannungen angegeben werden. Da die Meßstrecken im allgemeinen nur in einer Richtung angeordnet waren, wurden die Spannungen einfach aus $\sigma = \varepsilon \cdot E$, also ohne Berücksichtigung der Querverformung bestimmt. Obwohl die Abweichungen der tatsächlichen Spannungen, zu deren Ermittlung die Dehnungswerte in beiden Richtungen hätten berücksichtigt werden müssen, von den so ermittelten nicht ganz belanglos sind, würde sich im allgemeinen Spannungsbild, auf das es hier im wesentlichen ankam, nur wenig geändert haben. Die Lage der Meßstrecken kann aus der Darstellung der Ergebnisse (Bild 12) entnommen werden.

b) Versuche mit den geschweißten Rahmenecken

Die geschweißte Rahmenecke 1 wurde in eine stehende 450 t Druckmaschine eingebaut. Die Versuchsanordnung ist aus Bild 6 zu ersehen.

Das Riegelende setzte sich in einer ebenen Lagerfläche auf dem unteren, in einer Kugelschale gelagerten Drucktisch, das Stielende mit einer Kugelfläche gegen die eine Druckplatte des oberen Querhauptes. Dieser Versuch hatte

Bild 6.' Versuchsanordnung für den Belastungsversuch mit der geschweißten Rahmenecke 1 in einer 450 t Druckmaschine.

in erster Linie die Bestimmung der Bruchlast zum Ziel. Es wurden deshalb nur wenige Verformungs- und Dehnungsmessungen vorgenommen. Als wesentlich zum Vergleich mit den Ergebnissen der geschweißten Rahmenecke 2 wird nur die Messung der Zusammendrückung der freien Schenkel mit einer Leuneruhr erwähnt. Da die Rahmenecke 1 bei 428 t noch keine erkennbaren Schäden zeigte, mußte der Versuch zunächst abgebrochen, und die Rahmenecke aus der Maschine ausgebaut werden. Dieser erste Teil des Versuchs wurde im Januar 1937 durchgeführt und konnte erst im Juni 1938 in der 3000 t-Maschine mit waagerechter Kraftachse fortgeführt werden. Bild 8 zeigt den Einbau in der 3000 t-Maschine mit waagerechter Druckachse. Um ein Umfallen der Rahmenecke im Falle seitlichen Ausknickens zu vermeiden, war ein Stahlgerüst in die Maschine eingebaut worden, das von vornherein keine Berührung mit dem Versuchsstück hatte, sondern es gegebenenfalls nur aufzufangen hatte. In dieser Versuchsanordnung wurde die Rahmenecke bis zur Zerstörung belastet.

Die geschweißte Rahmenecke 2 konnte erst im Juni 1941 in der 3000 t-Maschine geprüft werden. Die Meßstellenanordnung geht aus Bild 7 hervor. Die Verformungen in der Ebene der Rahmenecke wurden mit sieben Leuneruhren gemessen und zwar die lotrechten Durchbiegungen mit den Leuneruhren 1. bis 5. und die waagerechte Zusammendrückung der Schenkel mit den Leuneruhren 6. und 7. Mit den senkrecht zur Rahmenecke angeordneten Leuneruhren 8. bis 12. am inneren Gurt und 13. bis 17. am äußeren Gurt sollte festgestellt werden, ob ein seitliches Ausweichen der Rahmenecke eintrat. Die Formänderungen wurden mit den Meßuhren System Leuner mit einer Genauigkeit von $1/100$ mm bestimmt.

Mit den Meßuhren 21. bis 26., die an Holzleisten zwischen den Aussteifungen befestigt waren, sollte das Ausbeulen des Stegblechs festgestellt werden. Die Verwölbung der inneren Gurtplatte wurde an der Meßstelle 27. mit einer Meßuhr bestimmt. Diese Meßuhren wurden mit einer Genauigkeit von $1/100$ mm abgelesen. Die im Stegblech in tangentialer Richtung eintretenden Dehnungen wurden an den Meßstellen J_6–J_{12} und D_6–D_{13} auf beiden Seiten mit Huggenberger Tensometern gemessen. Die Dehnungsmesser hatten eine Meßlänge von 20 mm und eine Ablesegenauigkeit von $\pm 1 \cdot 10^{-4}$ mm.

Es war von besonderer Wichtigkeit für die Zuverlässigkeit der Dehnungs- und Spannungsmessungen am Stegblech, daß die Meßpunkte und Rißlinien auf beiden Seiten des Stegblechs genau gegenüber lagen. Um die 12 Richtpunkte, die auf der Vorderseite des Stegblechs mit Körnermarken festgelegt waren, auf der Rückseite genau zu übertragen, wurde wie folgt verfahren: auf der Rückseite wurden jeweils 3 Körner in der Nähe des Richtpunktes eingeschlagen. Sämtliche Körnungen auf der Vorder- und Rückseite wurden durch Bleikügelchen besetzt. Sodann wurde in 70 cm Entfernung von dem genau waagerecht liegenden Stegblech eine Bleiblende mit 2 mm Rundloch mit Hilfe eines Lotes genau senkrecht über die Körnerpunkte auf der Vorderseite gebracht. Der Brennfleck einer Röntgenröhre wurde dann in 1 m Abstand so eingerichtet, daß die durch die Bleiblende fallenden Röntgenstrahlen auf einem Leuchtschirm einen zentrischen Strahlenfleck um den Körnerpunkt lieferte. Nach dem Einrichten wurde die Bleiblende entfernt und eine Röntgenaufnahme hergestellt,

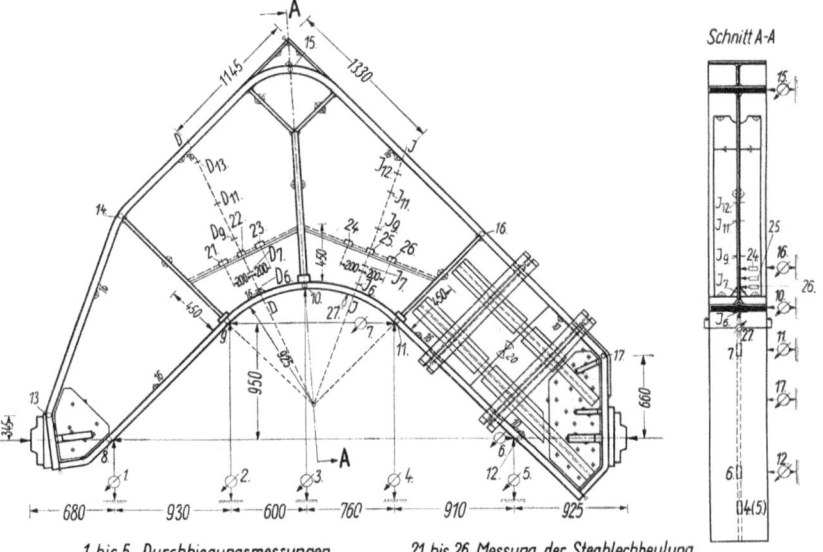

1. bis 5. Durchbiegungsmessungen.
6. und 7. Messung der Längenänderungen.
8. bis 17. Seitliche Ausbiegungsmessungen.
21. bis 26. Messung der Stegblechbeulung.
D_6 bis D_{13}, J_6 bis J_{12}. Dehnungsmessungen.
27. Messung der Querverwölbung des Untergurtes.

Bild 7. Meßstellenanordnung bei der geschweißten Rahmenecke 2

wobei der Film unmittelbar auf den 3 Bleikügelchen auf der Rückseite auflag. Mit Hilfe des Röntgenbildes, das außer den 3 Körnerpunkten der Rückseite auch den Richtpunkt der Vorderseite enthielt, konnte der Richtpunkt auf der

Bild 8. Versuchsanordnung für den Belastungsversuch mit der geschweißten Rahmenecke 2 in der 3000 t-Maschine

Rückseite zuverlässig genau gegenüberliegend angerissen werden. Von den Richtpunkten ausgehend wurde das Liniennetz für die Meßstellen auf beiden Seiten des Stegblechs angerissen.

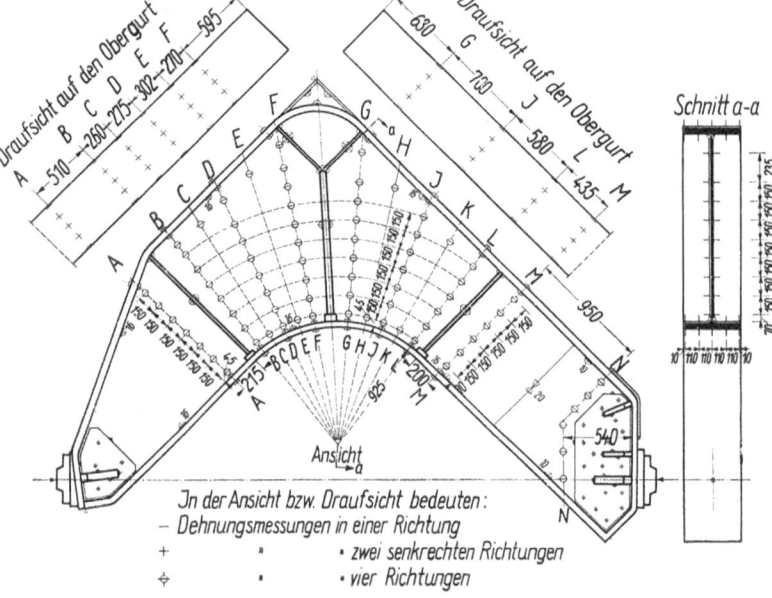

Bild 9. Meßstellenanordnung für die Ermittlung der Spannungsverteilung an der geschweißten Rahmenecke 2

Bild 8 zeigt den Versuchsaufbau der geschweißten Rahmenecke 2 in der 3000 t-Maschine.

Die Belastung wurde von einer unteren Last von 50 t ausgehend in Stufen von 50 t und Zwischenentlastungen bei 150, 300 und 400 t langsam gesteigert. Bei diesen Laststufen wurde der Versuch jeweils zur Ausführung ausführlicher Dehnungsmessungen unterbrochen.

c) Ermittlung der Spannungsverteilung in der geschweißten Rahmenecke 2

Wie bereits erwähnt, wurden an der geschweißten Rahmenecke 2 ausführlichere Dehnungsmessungen für die Ermittlung der Spannungsverteilung durchgeführt. Die Meßstellen am Stegblech und an den Gurten sind in den beiden Eckfeldern in den Radialschnitten B—B bis L—L angeordnet (Bild 9). In den Schnitten C—C, E—E, H—H und K—K waren jedoch jeweils nur zwei Meßstellen am Stegblech vorgesehen. Außer in diesen Radialschnitten wurden die Dehnungen in je einem Meßquerschnitt im Stiel (A—A) und im Riegel (M—M) gemessen. Ferner wurden einige Dehnungsmessungen an der Krafteinleitungsstelle am Riegelende vorgenommen, weil dort bei der Rahmenecke 1 ein Riß entstanden war.

Zur Bestimmung des ebenen Spannungszustandes wurden auf beiden Seiten des Stegblechs die Dehnungen jeweils in vier Richtungen, die unter 45° zueinander geneigt waren, gemessen. Zur Bestimmung des ebenen Spannungszustandes reichen Messungen in drei Richtungen aus. Die vierte Richtung wurde zur Kontrolle hinzugenommen. Bekanntlich müssen die Summen der Dehnungen in zwei beliebigen senkrecht zueinander stehenden Richtungen eines Meßpunktes konstant sein. War dies an einzelnen Stellen nicht der Fall, so mußten Meßfehler vorliegen. Die Messungen wurden dann wiederholt, bis eine im Rahmen der Meßgenauigkeit befriedigende Übereinstimmung gefunden wurde. An den Gurten wurden auf der Außen- und Innenseite die Dehnungen jeweils in zwei Richtungen gemessen. Bei den dicht an der Kante liegenden Meßstellen genügte die Messung in einer Richtung.

Die eben beschriebenen Dehnungsmessungen wurden alle zwischen einer unteren Laststufe von 50 t und einer oberen Laststufe von 290 t, d. h. also für eine Lastdifferenz von 240 t durchgeführt. Um festzustellen, ob durch eintretende Verformungen, Abbau der Schweißspannungen bzw. durch beginnendes Beulen des Stegblechs eine nennenswerte Änderung des Spannungszustandes eintrat, wurden die Spannungen in den Schnitten D—D und J—J auch zwischen den Laststufen 50 und 140 t bzw. 390 t bestimmt. Vor der Ausführung der Dehnungsmessungen bei jeder Laststufe war die Rahmenecke vorher um jeweils 10 t höher belastet worden, d. h. also auf 150, 300 und 400 t, um zu verhindern, daß die elastischen Messungen durch etwaige geringe plastische Formänderungen gestört wurden.

Die Dehnungen wurden mit Huggenberger-Tensometern mit 20 mm Meßlängen und einer Ablesegenauigkeit von $\pm 1 \cdot 10^{-4}$ mm gemessen. Es wurde für die Tensometer eine neue Aufspannung entwickelt, die besonders das Messen in mehreren Richtungen an einem Punkt wesentlich erleichterte und die sich bei den umfangreichen Messungen gut bewährt hat. Die Aufspannung ist in

Bild 10 dargestellt. Auf das Versuchsstück wurde neben dem Meßpunkt ein kleiner Bock mit einer Gewindebohrung angelötet. Mit diesem Bock wurde die eigentliche Aufspannung federnd aufgespannt. Die Aufspannung selbst bestand aus einem Blech, durch dessen Schlitz die Aufspannschraube hindurchgesteckt wurde. Am Rückarm genau so eingebaut wie die geschweißten Rahmenecken. Die beiden Rahmenecken waren in gleicher Ausbildung angeliefert worden. Da bei der Rahmenecke I das Stegblech im Bereich der Ecke frühzeitig ausbeulte, wurden bei der Rahmenecke II noch zwei weitere Stegblechaussteifungen in den Eckfeldern eingeschweißt.

Bild 10. Ringaufspannung und Papierschablonen für elastische Dehnungsmessungen in 4 Richtungen mit Huggenberger-Tensometern zur Ermittlung des ebenen Spannungszustandes

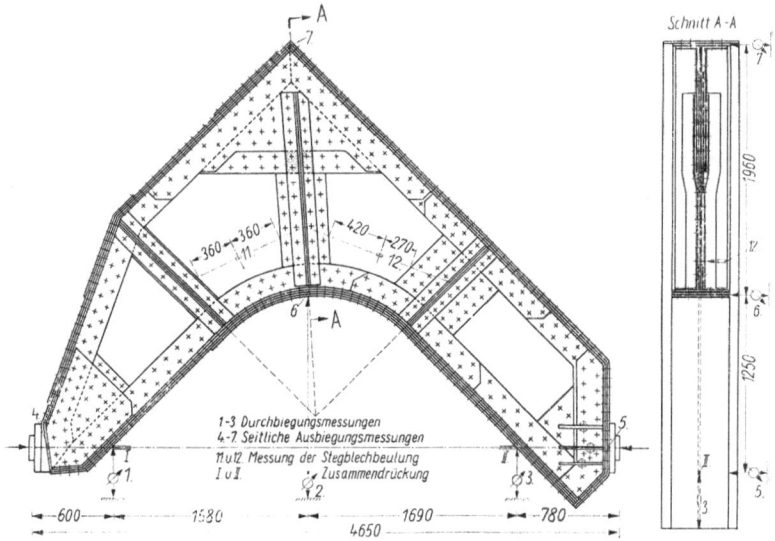

Bild 11. Meßstellenanordnung bei der genieteten Rahmenecke I

waren zwei Stellschrauben eingeordnet, mit der sich die Aufspannung genau einrichten ließ. Vorn endete die Aufspannung in einem Ring, durch den der Dehnungsmesser hindurchgesteckt und mittels eines Stiftes gegen das Werkstück gespannt wurde. Der Ring ermöglichte das Drehen des Dehnungsmessers in die vier Richtungen ohne die Aufspannung zu verändern. Das genaue Ansetzen der Tensometer wurde durch dieses Verfahren gegenüber den bisher üblichen erheblich erleichtert.

Die Dehnungsmessungen wurden sehr sorgfältig durchgeführt, um Meßfehler weitgehendst zu vermeiden. Bei den Dehnungsmessungen in vier Richtungen wirken sich geringe Abweichungen der Meßrichtungen vom Sollwinkel unter Umständen erheblich aus, wie Bierett[6] nachgewiesen hat. Um die Richtungen möglichst genau festzulegen und die Tensometer möglichst genau in der Meßrichtung ansetzen zu können, wurden kleine Papierschablonen aufgeklebt, auf denen die Meßrichtungen genau aufgezeichnet waren. Die Winkel ließen sich auf dem Reißbrett wesentlich genauer aufzeichnen als mit der Reißnadel am Versuchsstück. Zudem hat die Aufzeichnung mit dunklen Strichen auf hellem Papier den Vorteil, daß die Tensometer mit größerer Sicherheit genau angesetzt werden können, da die Spiegelung des Striches auf den blanken Schneiden gut zu sehen ist. An den Stellen, an denen die Schneiden sitzen sollten, waren kleine Löcher in das Papier gestanzt. Dieses Verfahren hat sich sehr gut bewährt, was aus den Summen-Kontrollen der Dehnungsmessungen in vier Richtungen zu entnehmen war.

d) Versuche mit den genieteten Rahmenecken

Die genieteten Rahmenecken I und II wurden ebenfalls in der 3000 t-Maschine untersucht. Sie wurden dort

Zum Vergleich mit den geschweißten Rahmenecken sollten bei den genieteten Rahmenecken hauptsächlich die Bruchlasten bestimmt werden. Es wurden daher keine so ausführlichen Messungen wie an den geschweißten Rahmenecken durchgeführt. Eine genaue Untersuchung der Spannungsverteilung wäre an den genieteten Rahmenecken wegen der starken Gliederung und Nietung schlecht möglich gewesen. Die Meßstellenanordnung für die genietete Rahmenecke I zeigt Bild 11. In der Ebene der Rahmenecke wurden die lotrechten Durchbiegungen an den Meßstellen 1 bis 3 mit Leuneruhren gemessen, während die Zusammendrückung der beiden Enden gegeneinander (Meßstelle I und II) durch Fernrohrablesung von Maßstäben in $1/10$ mm bestimmt wurde. An den Meßstellen 4 bis 7 wurde ebenfalls mit Meßuhren das seitliche Ausweichen der Rahmenecke beobachtet. Mit den Meßuhren 11 und 12 wurde die Stegblechbeulung verfolgt.

An der genieteten Rahmenecke II fiel die Messung der Stegblechausbeulung naturgemäß fort.

C. Ergebnisse

1. Zerstörungsfreie Untersuchung der Schweißnähte

Die Halsnähte der geschweißten Rahmenecke 2 wurden stichprobenweise mit 6 Röntgenaufnahmen untersucht. Es wurden einige Wurzelfehler mit Schlackenresten und kleinere Porenansammlungen gefunden. Die festgestellten Fehler waren ohne Bedeutung.

Die Kehlnähte, mit denen die Verstärkungsbleche an den Druckeinleitungsstellen auf das Stegblech aufgeschweißt worden waren, wurden bei den geschweißten Rahmenecken 1 und 2 magnetisch untersucht (Wechselstrom-Durchflutung mit etwa 450 A). Die Prüfung war ohne Befund.

2. Ergebnisse der Schrumpfspannungsmessungen

Die Ergebnisse der Schrumpfspannungsmessungen sind in Bild 12 dargestellt. Die gemessenen Dehnungen und

---
[6] Bierett, G.: Mitt. Materialprüfungsanst. Sonderheft XV. Verl. J. Springer, Berlin 1931.

Stauchungen sind in $\varepsilon \cdot 2\,100\,000$ kg/cm², worin $\varepsilon = \dfrac{\Delta l}{l}$ ist, aufgetragen. Diese Werte entsprechen an den von den Schweißnähten entfernter liegenden Stellen, an denen keine plastischen Verformungen aufgetreten sind, den Schrumpfspannungen. An den den Nähten näher gelegenen Stellen treten erfahrungsgemäß große plastische Stauchungen auf, so daß die hier gemessenen Werte nicht den spannungen in kg/cm² dar; die eingeklammerten Zahlen bedeuten die gemessenen Stauchungen $\varepsilon = \dfrac{\Delta l}{l}$.

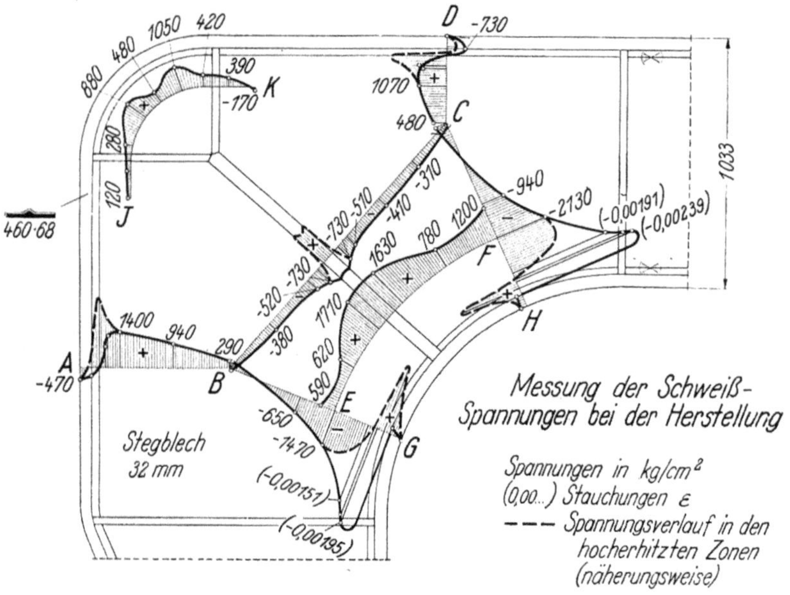

Die auf den beiden Seiten des Stegblechs gemessenen Werte wurden gemittelt. Bei den Gurtplatten wurde das Mittel aus allen in einer Tiefenrichtung liegenden Meßwerten gebildet.

In der Richtung parallel zur und dicht bei der Halsnaht wurden an der Rahmeninnenseite Stauchungen $\varepsilon = -0{,}00195$ bis $-0{,}00239$ gemessen; auf der Außenseite wurden Dehnungen geringerer Größe gefunden. Es ist bekannt, daß beim Schweißen plastische Stauchungen auftreten, da die thermische Ausdehnung der erwärmten Zonen durch die kälteren Teile behindert wird. Die Verkürzungen führen bei der Abkühlung zu elastischen Dehnungen, wobei hier innen die Stauchungen und außen die Dehnungen größer waren.

An den Wulstprofilen waren die Meßstellen fast unmittelbar bis an den Ansatz der Halsnaht herangerückt worden, so daß einige dieser Meßstellen sogar überschweißt wurden. Es ergaben sich hier geringe Stauchungen $\varepsilon = \sim 0$ bis $-0{,}00037$. Da in der unmittelbaren Nähe der Naht beim Schweißen besonders große plastische Stauchungen aufgetreten sein müssen, weisen die geringen Verkürzungen auf hohe Schrumpfzugspannungen hin, die die normale Streck-

Bild 12. Schweißspannungen in einer geschweißten Rahmenecke

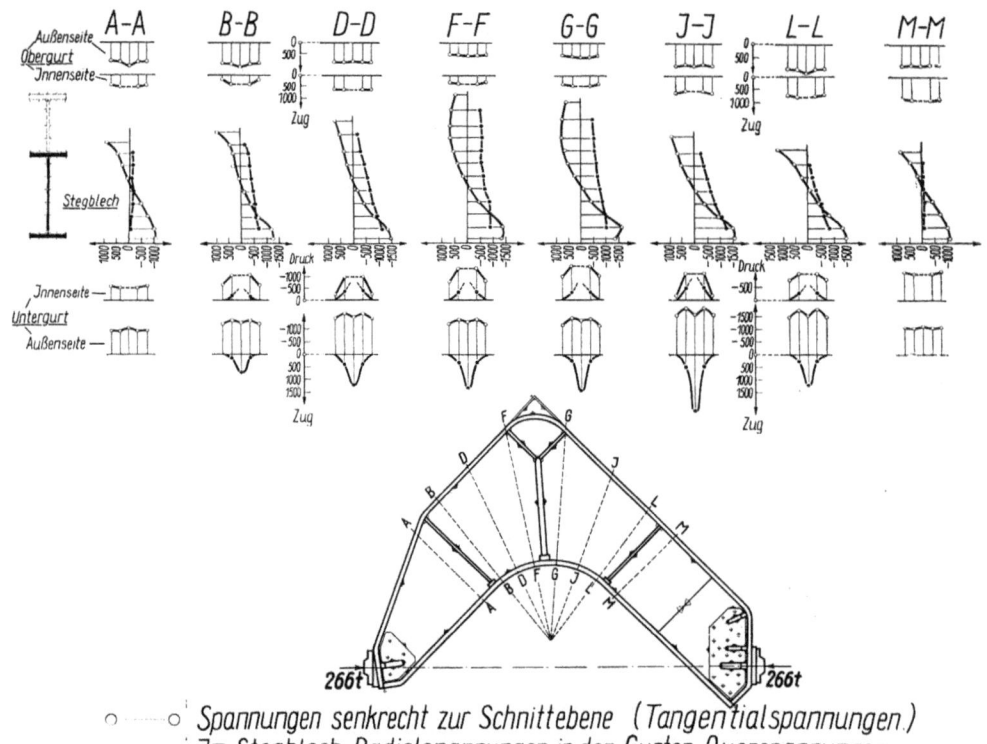

Bild 13. Gemessene Spannungen in den Radialschnitten der geschweißten Rahmenecke 2 für 266 t Belastung. (Spannungen in kg/cm²)

verbliebneen Schrumpfspannungen entsprechen. Der Verlauf der dort mutmaßlich verbliebenen Schrumpfspannungen ist gestrichelt eingetragen. Die Zahlenangaben, soweit sie nicht eingeklammert sind, stellen die Schrumpf-

grenze zumindest erreichten, vielleicht aber auch schon überschritten haben.

In radialer Richtung ergaben sich in 22 cm Abstand von der inneren Halsnaht beträchtliche Zugspannungen bis zu 1710 kg/cm², wogegen in 57 cm Abstand bereits Druckspannungen festgestellt wurden. Es wird vermutet, daß in unmittelbarer Nähe der Naht noch größere Radialspannungen vorhanden waren.

Die Ergebnisse zeigen, daß im Stegblech der Rahmenecke erhebliche Schrumpfzug- und Druckspannungen durch das Schweißen entstanden sind. Von besonderer Bedeutung sind die hohen Schrumpfdruckspannungen, die besonders in dem der inneren Halsnaht benachbarten Bereich annähernd die Höhe der Streckgrenze erreichten, da sie örtlich mit den Zonen der durch äußere Lasten erzeugten hohen Druckspannungen zusammenfielen. Die Befürchtung, daß sich ein Einfluß der Schrumpfdruckspannungen auf den Beginn der Stegblechausbeulung bemerkbar machen würde, war also durchaus naheliegend.

3. Ergebnisse der Spannungsmessungen an der geschweißten Rahmenecke 2

In den Querschnitten J—J und D—D wurden die Spannungen zwischen 50 t und 140 t, zwischen 50 t und 290 t und zwischen 150 t und 390 t ermittelt, nachdem die Rahmenecke um jeweils 10 t höher vorbelastet worden war, um den Einfluß bleibender Verformungen aus den elastischen Messungen auszuschalten. Es zeigte sich, wie auch zu erwarten war, daß eine nennenswerte Änderung des Spannungszustandes aus äußerer Belastung nicht eingetreten war, obwohl bei der höheren Laststufe bereits bleibende Verformungen festgestellt wurden. Es kann deshalb auf die Mitteilung der gemessenen Spannungen für die Laststufen 140 t und 390 t verzichtet werden; es werden nur die Ergebnisse der ausführlichen Messungen zwischen den Laststufen 50 t und 290 t, also bei einer Lastdifferenz von 240 t mitgeteilt. Alle nachfolgenden Spannungsangaben wurden auf die Nutzlast umgerechnet, gelten also für die Nutzlast von 266 t.

In Bild 13 sind die gemessenen Spannungen in den Radialschlitten A bis M zeichnerisch dargestellt. Nachfolgend werden die senkrecht zu den Schnitten A—A bis M—M gerichteten Spannungen als Tangentialspannung, die in Richtung der Schnitte liegenden als Radialspannungen bezeichnet. In den Schnitten A und M wichen die Tangentialspannungen nur wenig von der gradlinigen Verteilung ab, wogegen im Bereich der eigentlichen Ecke im Stegblech die Tangentialspannungsverteilung erwartungsgemäß den bekannten kurvenförmigen Verlauf hatte. Die angegebenen Spannungen des Stegblech sind Mittelwerte der Messungen auf der Vorder- und Rückseite. Die neutrale Achse lag gegenüber der Schwerachse der einzelnen Radialschnitte nach der inneren, gekrümmten Druckkante zu verschoben. Die Druckspannungen stiegen von der neutralen Achse in Richtung der inneren Kante steil an, wogegen die Zugspannungen besonders im Bereich der äußeren spitzen Ecke einen flachen, kurvenförmigen Verlauf hatten. Die Radialspannungen nahmen vom Größtwert in der Nähe der Innenkante etwa gradlinig zur spitzen Ecke hin ab.

Im Bereich der spitzen Ecke waren die Spannungen der äußeren Gurtplatte erwartungsgemäß gering und gleichmäßig über die Breite der Gurtplatte verteilt.

Durch die Abtriebskraft trat eine starke Querverwölbung der inneren, gekrümmten Gurtplatte auf. Diese Querverwölbung verursachte erhebliche Biegespannungen in der Querrichtung und eine stark ungleichmäßige Ver-

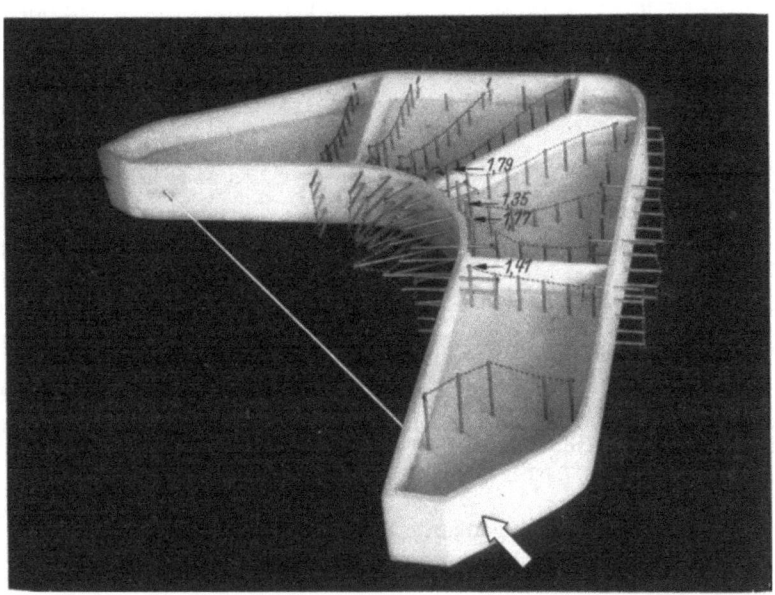

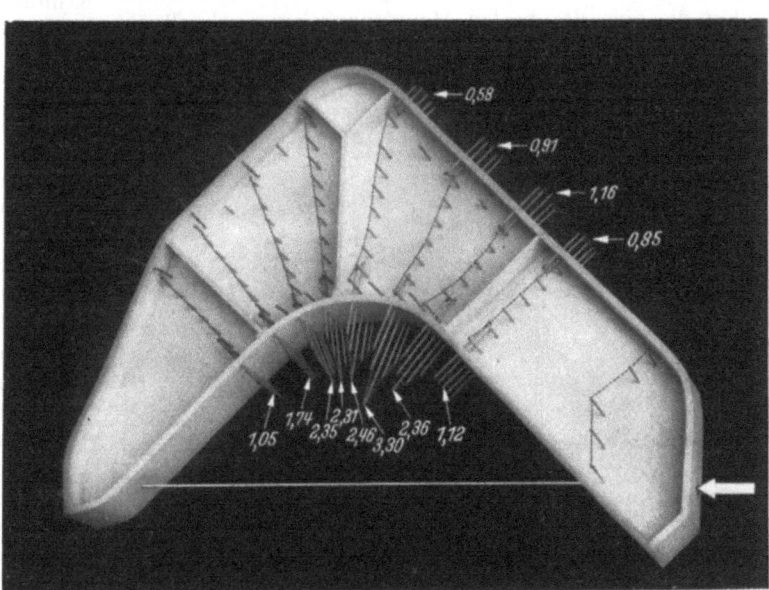

Bild 14a und b. Modell über die Größe der Anstrengungen nach der Gestaltungsänderungstheorie $\sigma_g = \sqrt{\max \sigma^2 + \min \sigma^2 - \max \sigma \cdot \min \sigma}$ in t/cm²

teilung der Tangentialspannungen, die nach den Kanten zu stark abfielen. Unter der Stegmitte zeigte sich an der Unterkante, dort wo die Querbiegespannung am größten war, jedoch eine geringere Tangentialdruckspannung. Diese Erscheinung wurde in allen Querschnitten innerhalb der Rundung beobachtet. Die Randspannungen, die an den Außenkanten der Gurtplatten in der Stegblechmittelebene gemessen wurden, sind in den Spannungsbildern für das Stegblech mit angegeben. Auf der Zugseite paßte der Wert gut in die Verlängerung der Spannungskurve des Stegblechs hinein, wogegen auf der Druckseite die Randspannung offensichtlich sehr viel kleiner war, als dem Verlauf der Kurve entsprochen hätte. Auf diese Erscheinung der anscheinend zu geringen Tangentialdruckspannungen in der Stegblechmittelebene an der Innenkante wird noch zurückzukommen sein.

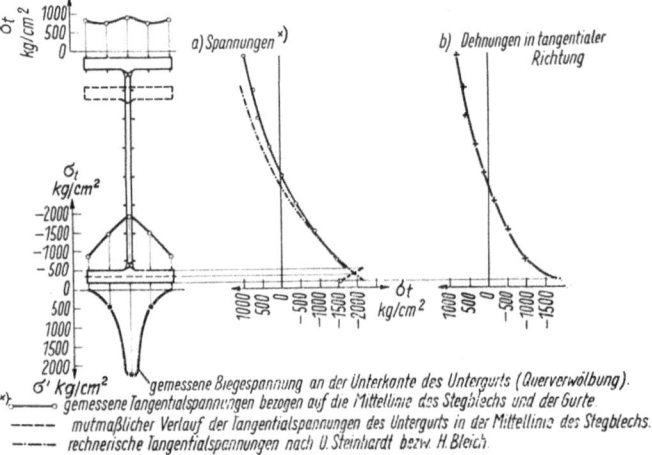

Bild 15. Vergleich der gemessenen und rechnerischen Spannungen für den Radialschnitt J—J der geschweißten Rahmenecke 2. (Spannungen in kg/cm²)

In der Nähe der Innenkante traten in beiden Hauptspannungsrichtungen Druckspannungen von erheblicher Größe auf.

Mit zunehmender Entfernung von der Innenkante nahm die eine der beiden Hauptspannungen schnell ab und hatte oberhalb der neutralen Achse ein positives Vor-

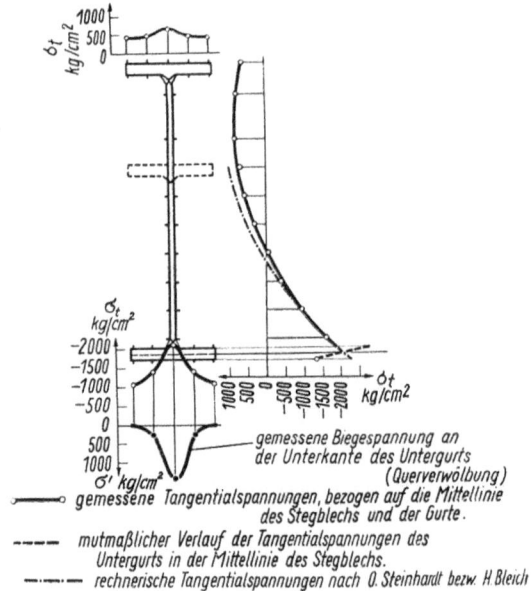

Bild 16. Vergleich der gemessenen und rechnerischen Spannungen im Radialschnitt G—G der geschweißten Rahmenecke 2. (Spannungen in kg/cm²)

zeichen (Zug), während die andere Hauptspannung nur langsam abnahm ohne das Vorzeichen zu wechseln.

Erhebliche Spannungen wurden im Schnitt N—N dicht vor der Beilageplatte des rechten Auflagers gemessen. Die Hauptspannungen an der untersten Meßstelle betrugen max $\sigma = + 730$ kg/cm² und min $\sigma = - 1450$ kg/cm² und an der obersten Meßstelle max $\sigma = + 930$ kg/cm² und

min $\sigma = - 720$ kg/cm². Die entsprechenden Vergleichsspannungen nach der Gestaltänderungstheorie

$$\sigma_g = \sqrt{\max \sigma^2 + \min \sigma^2 - \max \sigma \cdot \min \sigma}$$

ergeben sich zu 1920 bzw. 1430 kg/cm² (Bild 14). Diese Spannungswerte interessieren lediglich im Zusammenhang mit dem an dieser Stelle bei der geschweißten Rahmenecke 1 eingetretenen Riß.

Um ein Bild über die tatsächlichen Anstrengungen über die ganze Rahmenecke zu gewinnen, wurden nach der Gestaltänderungstheorie[7] die Vergleichsspannungen errechnet, die die Anstrengung an den einzelnen Punkten durch den 2-achsigen Spannungszustand angeben (Bild 14).

Die größten Anstrengungen ergaben sich an der Unterkante der unteren Gurtplatte in der Stegblechmittelebene, wo sich im Schnitt J—J die größte Vergleichsspannung $\sigma_g = 3{,}30$ t/cm² bei der Nutzlast ergab. Demnach hätte bei 266 t die Fließgrenze längst überschritten sein müssen. Daß dies nicht der Fall war, dürfte an der ungleichmäßigen Spannungsverteilung in der Gurtplatte liegen, da ja für den Fließeintritt nicht die Spannungsspitze, sondern ein Querschnittsmittelwert der Beanspruchungen maßgebend ist.

Im Stegblech lagen die Gebiete größter Anstrengung am unteren Rand. 45 mm vor der Innenkante der inneren Gurtplatte betrug die Vergleichsspannung im Schnitt G—G $\sigma_g = 1{,}79$ t/cm². In den übrigen Bereichen des Stegblechs waren die Anstrengungen wesentlich geringer.

Für den gekrümmten Träger mit I-förmigem Querschnitt haben H. Bleich[1] und O. Steinhardt[4] Näherungslösungen angegeben. Diese Lösungen setzen konzentrische Krümmung der beiden Flansche voraus. Für die Rahmenecke mit ausspringender spitzer Ecke liegen noch keine Lösungen vor. Für die beiden Schnitte J—J und G—G wurden nach den beiden angegebenen Lösungen die rechnerischen Spannungen ermittelt, wobei als gleichbleibende Trägerhöhe die des rechten Schenkels (Riegel des Rahmens) angenommen wurde. Beide Verfahren beruhen darauf, daß sie ungleichmäßige Spannungsverteilung in den Gurtplatten durch eine Abminderung der Gurtplattenbreiten derart berücksichtigen, daß die größte Randspannung in der Stegblechmittelebene über die ganze Plattenbreite gleichbleibend angenommen werden kann. In dem so gefundenen Ersatzquerschnitt können nach dem bekannten Verfahren von Müller-Breslau die Tangentialspannungen ermittelt werden. Für Rahmenecken mit konzentrisch gekrümmten Gurten wurde die gute Übereinstimmung der theoretischen Lösungen durch Versuche nachgewiesen; bei ausspringender spitzer Ecke waren die tatsächlichen Spannungen z. T. nicht unerheblich kleiner als die rechnerischen[3].

In den Bildern 15 und 16 sind die theoretischen Spannungen den gemessenen gegenübergestellt. Die beiden Näherungslösungen ergaben nur sehr geringe Unterschiede. Die Übereinstimmung der rechnerischen mit den gemessenen Tangentialspannungen ist vergleichsweise sehr gut, besonders in der Nähe der Innenkante. Stark abweichend ist lediglich die wesentlich kleinere, untere Randspannung in der Stegebene, für die nachfolgend eine Erklärung gegeben werden soll. In Bild 15 sind die in tangentialer Richtung gemessenen Dehnungen aufgetragen. Hier liegt der Wert am unteren Rande mit denen des Stegblechs auf einer stetigen Kurve. Die Abminderung der Tangentialspannung erklärt sich aus der Querwölbung der Gurtplatte, durch die an dieser Stelle eine erhebliche Querzugspannung $\sigma' =$

---

[7] Schleicher, F.: Bauing. 1928, S. 253.

2210 kg/cm² und bei eben gedachter Plattenoberseite eine entsprechend große Druckspannung entsteht. Bei freiem Verformungsvermögen der Gurtplatte müßten durch die Querbiegespannungen Querdehnungen, d. h. also hier zusätzliche Dehnungen bzw. Stauchungen in der tangentialen Richtung, auftreten, die eine zusätzliche Biegung der Gurtplatte in der Stegebene verursachen müßten. Da die Gurtplatte hier jedoch mit dem Steg fest verbunden ist, müssen sich diese Querdehnungen in zusätzliche Tangentialspannungen umsetzen und zwar an der Unterkante in eine zusätzliche Zug-, an der Oberkante (der unteren Gurtplatte) in eine zusätzliche Druckspannung. In den Bildern 15 und 16 ist der auf Grund dieser Überlegung gegebene Verlauf der Tangentialspannungen in der Gurtplatte gestrichelt angedeutet.

Die Querbiegespannungen σ' an der Unterkante der Gurtplatte in der Stegblechmittelebene waren kleiner als die rechnerischen Werte. Sie betrugen:

im Schnitt J—J, rechnerisch + 2890 kg/cm²,
             gemessen +2210 kg/cm²,
im Schnitt G—G, rechnerisch + 3050 kg/cm²,
             gemessen +1490 kg/cm².

Es macht sich hier wahrscheinlich die Versteifung der Platte durch den Wulst und besonders im Schnitt G—G die Wirkung der benachbarten Aussteifung bemerkbar.

4. Ergebnisse der Bruchversuche mit den geschweißten Rahmenecken

a) Geschweißte Rahmenecke 1

Auf die Wiedergabe der wenigen Meßergebnisse an der geschweißten Rahmenecke 1 wird verzichtet, da der Verlauf der Verformungen beider Rahmenecken nahezu vollkommen gleich war.

Beim ersten Einbau konnte die Rahmenecke 1 nur bis 428 t belastet werden, da die Prüfmaschine keine höhere Belastung zuließ. Am gekrümmten Innengurt wurden von etwa 200 t ab geringe bleibende Verformungen festgestellt, die sich jedoch auf den Verlauf der äußeren Formänderungen nur wenig auswirkten. Die in der Kraftwirkungslinie zwischen den Schenkeln der Rahmenecke gemessene Zusammendrückung verlief bis 200 t gradlinig, von 200 bis 330 t waren die Abweichungen infolge kleinerer örtlicher plastischer Verformungen im Innengurt nur gering, so daß der gradlinige Verlauf praktisch bis 330 t gewahrt blieb. Von dieser Last ab nahmen die plastischen Formänderungen stärker zu.

Die ersten Fließerscheinungen zeigten sich bei etwa 400 t durch Abplatzen des Zunders im Zuggebiet des Stegblechs in der Nähe der Gabelungsstelle der Eckaussteifung, obwohl in diesem Gebiet auf Grund der Spannungsmessungen an der Rahmenecke 2 nicht die größten Anstrengungen nach der Gestaltänderungstheorie gefunden wurden. Es ist anzunehmen, daß der Fließbeginn durch die Schrumpfspannungen beeinflußt worden ist.

Nach der Belastung mit 428 t wurde eine schwache Ausbeulung des Stegblechs in einem Eckfeld bemerkt. Der genaue Beginn des Ausbeulens kann nicht mit Sicherheit angegeben werden, da bei dem Versuch mit der Rahmenecke 1 auf ausführlichere Messungen verzichtet worden war.

Bei der Fortsetzung des Versuchs in der 3000 t-Maschine nahm die Ausbeulung stark zu. Außer dieser Ausbeulung, einigen Fließerscheinungen besonders an der inneren Gurtplatte und deren starke bleibende Querverwölbung wurden bei weiterer Laststeigerung bis zur Höchstlast keine besonderen Verformungs- oder Rißerscheinungen beobachtet.

Die Höchstlast betrug 552 t.

Danach fiel die Last bei stark zunehmender Verformung etwas ab. Bei 523 t trat an der Einleitungsstelle der Kraft am riegelseitigen Ende im Stegblech ein Riß ein. Bild 17

Bild 17. Riß in der Nähe der Druckeinleitung am Riegelende der geschweißten Rahmenecke 1

Bild 18. Stegblechausbeulung und Gurtverformung bei der geschweißten Rahmenecke 1

zeigt den Rißverlauf. Er verlief durch die Ecknaht der Gurtplatte, dann ein Stück durch die Halsnaht und vom Ende der Verstärkungsbeilage ab schräg in das Stegblech.

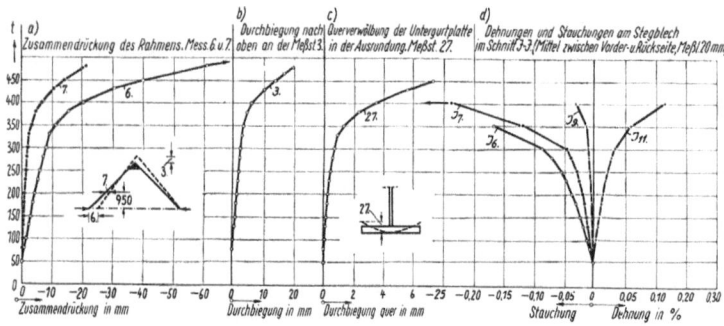

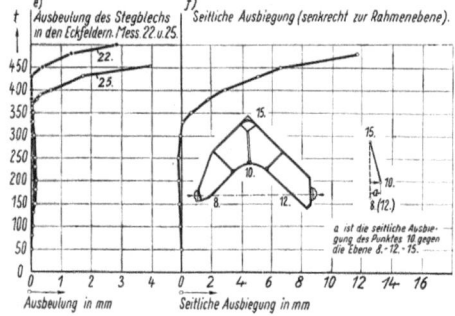

Bild 19. Meßergebnisse des Belastungsversuchs mit der geschweißten Rahmenecke 2

Die Rißursache konnte nicht eindeutig geklärt werden. Möglicherweise haben große Schrumpfspannungen den Rißeintritt mit bewirkt. Sicher ist jedenfalls, daß die Art der Krafteinleitung örtlich hohe Spannungen verursacht

Bild 20. Stegblechausbeulung im riegelseitigen Eckfeld der geschweißten Rahmenecke 2

hat, die infolge der konstruktiven Ausbildung dieses Punktes nicht plastisch abgebaut werden konnten. An sich ist die Beurteilung dieser Frage für das Verhalten der Rahmenecke bedeutungslos, da die Krafteinleitung am riegelseitigen Ende nachträglich durch Änderung für den Versuchszweck hergerichtet wurde.

Auf Bild 18 ist die Beule im Stegblech durch eine aufgelegte Latte gut sichtbar gemacht worden. Die Querverwölbung sollte durch den angelegten Winkel anschaulich hervorgehoben werden.

Abgesehen von dem mehr als zufällig anzusehenden Riß ist als Zerstörungsursache das Ausbeulen des Stegblechs anzusehen, wodurch sich auch das Absinken der Last nach der Höchstlast von 552 t erklären läßt.

b) Geschweißte Rahmenecke 2

Die Ergebnisse der Verformungs-, Dehnungs- und Ausbeulungsmessungen sind in den Bildern 19a—f dargestellt. Die Zusammendrückung war bis etwa 230 t rein elastisch, bis 330 t traten geringe bleibende Werte auf. Oberhalb 330 t nahm die Zusammendrückung durch plastische Verformungen stärker zu (Bild 19a, Mess. 6). Die Durchbiegung (Bild 19b) ließ den Beginn plastischer Formänderungen erst wesentlich später erkennen.

Auch aus dem Verlauf der Querverwölbung ist der Beginn geringer bleibender Verformungen von 230 t ab zu entnehmen, stärkere plastische Verformungen traten ab 330 t auf. Im gekrümmten Untergurt wurden nach Bild 14 die höchsten Anstrengungen ermittelt. Von hier ausgehend sind auch die ersten plastischen Formänderungen aufgetreten, die sich auch durch bleibende Zusammendrückungen anzeigten. Aus den in Bild 14 angegebenen Vergleichsspannungen bei der Nutzlast kann auf die Größe der Anstrengungen bei 230 bzw. 330 t geschlossen werden. Im Schnitt J—J betrugen sie an der Unterkante des Untergurts 2,86 t/cm² bzw. 4,10 t/cm². Die plastischen Verformungen sind also verhältnismäßig spät aufgetreten. Fließfiguren wurden an den Gurten erst wesentlich später entdeckt.

Bild 19d zeigt die Ergebnisse der Dehnungsmessungen im Schnitt J—J. Es ist zu entnehmen, daß eine ganz geringe Abweichung vom elastischen Verlauf bereits ab 180 t aufgetreten ist. Diese frühzeitigen geringen Abweichungen vom rein elastischen Verhalten sind bei statischer Last bedeutungslos. Sie haben lediglich eine Änderung des Eigenspannungszustandes zur Folge.

Die ersten Fließfiguren am Stegblech wurden in der Zugzone in der Nähe der rechten Aussteifung bei 390 t und in der Nähe der Gabelungsstelle der mittleren Aussteifung bei 400 t gefunden. Da hier die Anstrengungen nach den Spannungsmessungen verhältnismäßig gering waren, muß angenommen werden, daß der Fließbeginn durch Zusammenwirken der Lastspannungen und Schrumpfspannungen verursacht worden ist. (Vgl. auch Abschn. 4a, geschweißte Rahmenecke 1).

Von 370 t ab begann das Stegblech im riegelseitigen Eckfeld auszubeulen (Bild 19e). Mit steigender Last nahm die Ausbeulung stark zu. Bei 450 t betrug die Tiefe der Beule schon 4 mm. Die Last ließ sich trotzdem noch erheblich weiter steigern. Nach der Höchstlast war die Beule

45 mm tief. Im stielseitigen Eckfeld begann das Beulen erst bei 430 t.

Wie aus Bild 19 f zu ersehen ist, blieb die Rahmenecke bis 330 t vollkommen eben. Bei weiterer Laststeigerung wich der Untergurt stark seitlich aus. Die aufgetragene seitliche Bewegung des Meßpunktes 10. bezieht sich auf die Ebene durch die Meßpunkte 8., 12. und 15. Der Vorgang ist mit dem Ausknicken des Druckgurts in einem auf Biegung beanspruchten Träger vergleichbar. Das Maß der seitlichen Ausbiegung betrug bei 480 t bereits 12 mm.

Bei weiterer Laststeigerung führte das seitliche Ausweichen des Untergurts bei einer

Höchstlast von 532 t

zum Versagen der Rahmenecke.

Die Bilder 20 und 21 zeigen Aufnahmen der geschweißten Rahmenecke 2 nach dem Versuch. Die starke Ausbeulung des Stegblechs im riegelseitigen Eckfeld ist aus Bild 20 deutlich erkennbar. Im stielseitigen Eckfeld war die Beulung wesentlich geringer. Infolge des seitlichen Ausweichens des Untergurts nach hinten erhielt der Untergurt an der Vorderkante zusätzliche Druckspannungen, während die Hinterkante entlastet wurde. Das Bestreben der Gurtplatte im gekrümmten Teil an den Außenkanten nach oben auszuweichen, war deshalb an der Vorderkante wesentlich stärker als an der Hinterkante. Bild 21 läßt die bezeichnende Verformung der Untergurtplatte erkennen.

5. Ergebnisse der Bruchversuche mit den genieteten Rahmenecken

Aus den in Bild 22 wiedergegebenen Meßergebnissen können wesentliche Rückschläge auf das Verhalten der genieteten Rahmenecken gezogen werden. Der Verlauf der Zusammendrückung, Durchbiegung nach oben und seitlichen Ausbiegung (Bild 22 a, b und c) zeigt, daß beide Rahmenecken sich nahezu gleich verformt haben. Das Verhalten unterscheidet sich lediglich durch die Ausbeulung des Stegblechs, da bei der Rahmenecke II noch zusätzliche Aussteifungen eingeschweißt worden waren, so daß bei dieser Ecke das Stegblech nicht ausbeulen konnte. Als Grenze des elastischen Verhaltens kann nach dem Verlauf der Zusammendrückung und Durchbiegung nach oben rund 240 t angegeben werden. Besonders bemerkenswert ist, daß die seitliche Ausbiegung des Druckgurts schon von den ersten Laststufen an auftrat. Diese anfangs geringen Ausbiegungen sind vermutlich auf eine kleine Außermittigkeit des Kraftangriffs oder eine kleine Vorkrümmung zurückzuführen. Von rund 200 t ab nahmen die seitlichen Ausbiegungen etwas stärker zu, um mit weiterer Laststeigerung dann recht erheblich zu werden. Dieses seitliche Ausweichen des Druckgurts, das bei der Rahmenecke II mit zusätzlichen Stegblechaussteifungen zum Versagen führte, war auch bei der Rahmenecke I bereits eingeleitet. Durch das bei 300 t beginnende Ausbeulen des Stegblechs kam dieser begonnene Vorgang nicht mehr zur Auswirkung, da die Ausbeulung des Stegblechs bei der

genieteten Rahmenecke I bereits bei einer
Höchstlast von 359 t

zum Versagen führte. Bei der Rahmenecke II dagegen bestimmte der Vorgang des seitlichen Ausweichens des Druckgurts die Grenze der Tragfähigkeit.

Die Höchstlast bei der genieteten Rahmenecke II
betrug 375 t.

Es ist somit erklärlich, daß durch die Verhinderung der Stegblechausbeulung bei der Rahmenecke II keine große Steigerung der Tragfähigkeit erreicht wurde.

Bild 23 zeigt das ausgebeulte Stegblech und den verformten Untergurt der genieteten Rahmenecke I. Der ausgewichene Druckgurt der Rahmenecke II hat das versteifte Stegblech seitlich mitgenommen. Dadurch ist im

Bild 21. Verformung des Druckgurts der geschweißten Rahmenecke 2

Stegblech unmittelbar unter den kräftigen Eckblechen ein Knick entstanden, der auf Bild 24 zu sehen ist.

Gegenüber den Höchstlasten der geschweißten Rahmenecken von 552 t und 532 t haben die genieteten Rahmenecken überraschend früh versagt. Wenn man das ver-

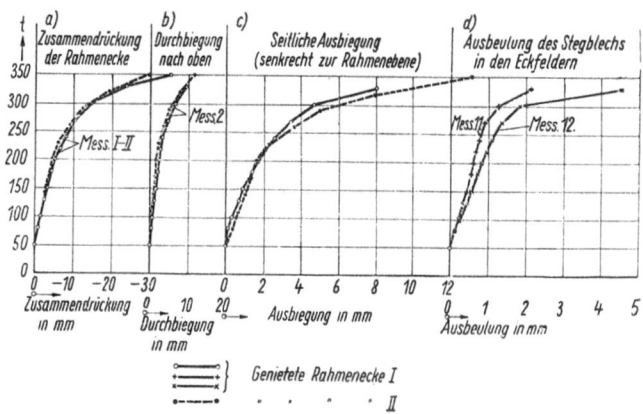

Bild 22. Meßergebnisse der Belastungsversuche mit den genieteten Rahmenecken

hältnismäßig frühzeitige Ausbeulen des nur 14 mm dicken Stegblechs bei der genieteten Rahmenecke I außer Betracht läßt, so würde als wesentlicher Grund für die geringe Tragfähigkeit das seitliche Ausweichen des Druckgurts bestehen bleiben. Bei sonst gleicher geometrischer Form kann das seitliche frühzeitige Ausweichen im Vergleich zu den geschweißten Rahmenecken wohl nicht ausreichend mit dem etwas kleineren Trägheitsradius des Druckgurtes

$i_y = 11,6$ cm gegen 13,3 cm bei den geschweißten Ecken erklärt werden. Offensichtlich ist der aus einzelnen Platten und Winkeln zusammengenietete Gurtquerschnitt gegenüber dem starken Wulstflachstahl bei den gegebenen Beanspruchungsverhältnissen wesentlich ungünstiger.

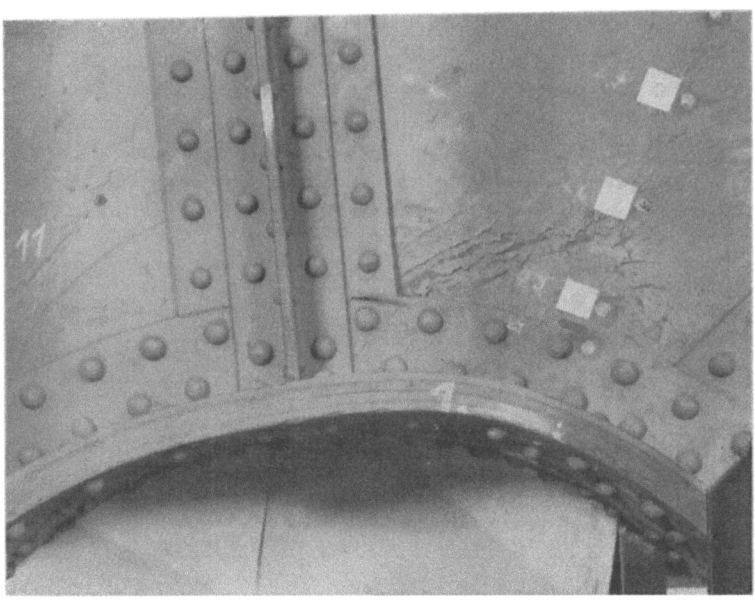

Bild 23. Stegblechausbeulung und Gurtverformung bei der genieteten Rahmenecke I nach 359 t Höchstlast

Der Vorteil der geschweißten Bauweise zeigt sich auch klar am Vergleich der Meßergebnisse (Bild 13 und 22). Bei den geschweißten Rahmenecken waren bleibende Durchbiegungen und Zusammendrückungen erst bei wesentlich höheren Lasten aufgetreten.

D. Zusammenfassung und Schlußfolgerungen

Die Schweißspannungen in der geschweißten Rahmenecke hätten nur durch Rückfederungsmessungen und Zerlegung des Versuchsstücks exakt bestimmt werden können. Da die Rahmenecke noch im Belastungsversuch geprüft werden sollte, konnte nur durch Dehnungsmessungen beim Schweißen versucht werden, einen Einblick in die Schweißspannungsverhältnisse zu erhalten. Die Ergebnisse lassen erkennen, daß tatsächlich erhebliche Schrumpfspannungen vorhanden waren. Insbesondere sind die Schrumpfdruckspannungen in der Nähe des inneren, gedrückten Gurts beachtenswert, da sie sich hier mit den Betriebsdruckspannungen gleichsinnig überlagern. Die Vermutung, daß durch die Schweißspannungen ein Einfluß auf die Tragfähigkeit ausgeübt wurde, war also naheliegend.

Um so beachtenswerter sind die Ergebnisse der Belastungsversuche mit den geschweißten und genieteten Rahmenecken, wobei sich die geschweißten Rahmenecken als überlegen zeigten. Die beiden geschweißten Rahmenecken ertrugen Höchstlasten von 552 t und 532 t, das ist im Mittel etwa 50 v. H. mehr als die der genieteten. Bei beiden geschweißten Rahmenecken beulte das Stegblech aus; die Rahmenecke 2 versagte jedoch durch seitliches Ausweichen des Druckgurts. Der nach dem Lastabfall bei der Rahmenecke 1 in der Nähe der Druckeinleitung am Riegelende entstandene Riß ist für die Beurteilung der Versuchsergebnisse ohne Bedeutung. Nennenswerte plastische Verformungen traten erst ab 330 t auf, wenn man von den sehr geringen bleibenden Formänderungen oberhalb 230 t absieht. Die ersten Fließfiguren wurden im Stegblech im Zuggebiet bei 390 t bemerkt, während der Beulbeginn bei 370 t lag. Wenn man die im Vergleich zu den Verhältnissen im Bauwerk etwas ungünstigere Angriffsrichtung der Kraft berücksichtigt, ergibt sich, bezogen auf die Nutzlast, eine Sicherheit von 2,3 bis 2,4.

Die Tragfähigkeit der genieteten Rahmenecken war wesentlich geringer. Bei der genieteten Rahmenecke I versagte bei 359 t das Stegblech auf Beulen. Bei der genieteten Rahmenecke II war die Stegblechbeulung durch zusätzliche Aussteifungen verhindert worden. Trotzdem ergab sich eine nur wenig höhere Höchstlast von 375 t, da der Druckgurt seitlich auswich. Diese erheblich geringere Seitensteifigkeit des genieteten Druckgurts im Vergleich zum geschweißten läßt sich nicht aus den Trägheitsradien erklären, die nicht so sehr verschieden waren. Der aus einzelnen Gurtplatten und Gurtwinkeln zusammengenietete Querschnitt ist bei den gegebenen Beanspruchungsverhältnissen offensichtlich wesentlich ungünstiger als der einheitliche Gurtquerschnitt bei den geschweißten Rahmenecken. Hierin dürfte der wesentliche Unterschied im Verhalten der beiden Ausführungsarten zu sehen sein. Bei den genieteten Rahmenecken traten bereits wesentlich früher, schon unterhalb der Nutzlast, bleibende Verformungen auf. Unter Berücksichtigung der Beanspruchungsverhältnisse im Bauwerk ergaben die Höchstlasten der genieteten Rahmenecken eine 1,55- bzw. 1,6fache Sicherheit.

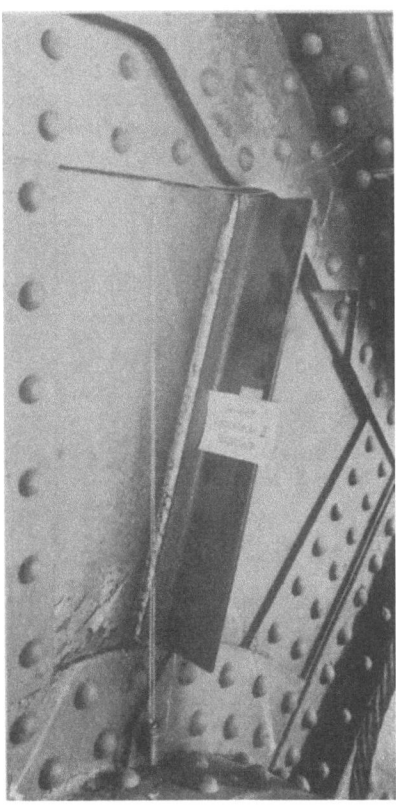

Bild 24. Durch das seitliche Ausweichen des Druckgurtes eingeknicktes Stegblech der genieteten Rahmenecke II. Die Knickstelle liegt an der Unterkante des Eckblechs. Das Lot zeigt die Neigung des Stegblechs an

Da einerseits keine spannungsfrei geglühten, geschweißten Rahmenecken geprüft wurden, andererseits bei den verwickelten Verhältnissen der äußeren Form und Spannungen sich die Beul- und Knickerscheinungen einer zuverlässigen Berechnung entziehen, ist der Beweis über den Einfluß der Schweißspannungen auf die Tragfähigkeit nicht schlüssig geführt. Aber aus dem ganzen Verhalten der geschweißten Rahmenecken und aus der im Verhältnis zu den genieteten Ecken sehr hohen Tragfähigkeit ist zu entnehmen, daß die Schweißspannungen im vorliegenden Fall keinen wesentlichen Einfluß auf die Tragfähigkeit gehabt haben. Die gleichen Erkenntnisse konnten aus einem Druckversuch mit einer schweren geschweißten Stütze mit rahmenartigem Kopf und Fuß gewonnen werden[8]. Auch hierbei wurde festgestellt, daß die hohen Schweiß- und Walzspannungen die Tragfähigkeit der auf Druck beanspruchten Stütze bei statischer Belastung nicht wesentlich herabgesetzt haben. Diese Feststellungen beziehen sich ausschließlich auf statische Beanspruchungen bei rahmenartigen Tragwerken, die auf Knicken oder Beulen beansprucht werden.

Aus dem Verhalten der geschweißten Rahmenecken ist zu entnehmen, daß die Wahl der Stegblechdicke von 32 mm in der Ecke im Vergleich zu den übrigen Abmessungen günstig war. Diese Rahmenecken sind sowohl hinsichtlich des Beginns beachtenswerter Verformungen als auch der Tragfähigkeit günstiger bemessen gewesen als die genieteten, bei denen sowohl die Stegblechdicke als auch die Seitensteifigkeit des gekrümmten Druckgurts ziemlich gering war. Jedoch dürfte die etwas geringe Seitensteifigkeit im Bauwerk wegen der Querverbände ohne Bedeutung sein. Die Sicherheit gegen Stegblechbeulung ist bei den genieteten Rahmenecken verhältnismäßig gering, wenn sie auch nicht zu Bedenken Anlaß zu geben braucht. Es ist auch möglich, daß der Beulbeginn bei der genieteten Rahmenecke I durch das frühzeitig beginnende seitliche Ausweichen des Druckgurts etwas beeinflußt war, daß also

[8] Siehe S. 75.

bei Vergrößerung der Seitensteifigkeit durch Querverbände im Bauwerk auch die Sicherheit gegen Stegblechbeulung etwas vergrößert wird.

Die durch ausführliche Spannungsmessungen an der geschweißten Rahmenecke 2 gefundene Spannungsverteilung in der Ecke zeigte eine gute Übereinstimmung mit den bekannten Näherungslösungen von H. Bleich[1] und O. Steinhardt[4]. Diese Berechnungsverfahren sind bei Rahmenecken, die in den Abmessungsverhältnissen den vorliegenden geschweißten Rahmenecken ähnlich sind, durchaus brauchbar. Sie sind unbedingt zutreffender als die einfache Annahme gradliniger Spannungsverteilung, die zu einem völlig falschen Bild führt.

Zusammenfassend kann festgestellt werden:
1. Die großen Schweißspannungen sind bei schweren, geschweißten „Druck-Rahmenecken" mit vorwiegend statischer Beanspruchung ohne nennenswerten Einfluß auf die Tragfähigkeit, wenn Beul- und Knickerscheinungen im plastischen Gebiet liegen.
2. Die geschweißten Rahmenecken sind den nach gleichen Grundsätzen bemessenen genieteten Rahmenecken überlegen, ohne ein Mehrgewicht zu fordern.
3. Die Abmessungen der geschweißten Rahmenecken waren im vorliegenden Fall glücklich gewählt. Die der genieteten Rahmenecken waren hinsichtlich der Seitensteifigkeit und der Stegblechstärke verhältnismäßig ungünstig.
4. Die Berechnungsverfahren von H. Bleich[1] und O. Steinhardt[4] sind bei Abmessungen, die den hier gegebenen ähnlich sind, gut brauchbar. Örtlich eng begrenzte Überschreitungen der Anstrengungen (nach der Gestaltänderungshypothese[7]) sind in gewissem Grade ohne große Bedeutung, da der Fließbeginn nicht nur von der Höhe der Anstrengung, sondern auch von der Art der Spannungsverteilung über den Querschnitt abhängig ist.

UNTERSUCHUNGEN AN EINER GESCHWEISSTEN STÜTZE FÜR DAS KREUZUNGSBAUWERK AM BAHNHOF ALTONA

Von Kurt Albers

I. Aufgabe

Zur Überführung eines Hauptgleises mit einem Krümmungshalbmesser von 350 m über den Güterbahnhof Altona wurde ein Kreuzungsbauwerk in geschweißter Ausführung geplant. Die 18 Überbauten der 370 m langen Brücke sollten auf zwei Widerlagern, drei stählernen Pfeilern und dazwischen auf 14 einstieligen Pendelstützen ruhen. Zweistielige Pendelrahmen wären wegen der unregelmäßigen Gleisanlagen des Güterbahnhofs unangebracht gewesen.

Wegen des beschränkten Lichtraums zwischen den Gütergleisen mußten an die Konstruktion der Stützen, die die senkrecht zur Brückenachse wirkenden Horizontalkräfte wie Wind- und Fliehkräfte aufnehmen sollten, ungewöhnliche Anforderungen gestellt werden. Sie sollten in der Brückenlängsrichtung als Pendelstützen wirken, während sie in der Richtung quer zur Brücke eingespannt werden mußten.

Ein Vergleichsentwurf der einstieligen Stützen in genieteter Bauweise führte zu großen Abmessungen und ließ die Vorteile der geschweißten Ausführung in konstruktiver fertigungstechnischer und wirtschaftlicher Hinsicht deutlich hervortreten[1]. Die geschweißte Ausführung ist in Bild 1 wiedergegeben.

Da die Abmessungen der Stützen ungewöhnliche waren, sollte ein Versuch über die Tragfähigkeit Aufschluß geben. Es war die Befürchtung ausgesprochen worden, daß durch das Schweißen der Halsnähte bei den massigen Querschnitten hohe Schweißspannungen, besonders auch hohe Reaktionsdruckspannungen, entstehen würden, wodurch sich möglicherweise die Knicklast der Stütze vermindern könne. Es sollten durch Messungen die Schrumpfspannungen und im Zusammenhang damit auch die Walzspannungen in den massigen Walzquerschnitten bestimmt werden. Die Stützen sollten aus St 37 hergestellt werden. Dementsprechend wurde zur Versuchsstütze wie auch zu allen anderen Proben St 37 verwendet.

[1] Dörnen, A.: Elektroschweißung 7 (1936), H. 10, S. 184—187.

II. Versuchsplanung

1. Vorversuche an kurzen Probestücken

Um einen Einblick in die Größenordnung der Walz- und Schrumpfspannungen zu bekommen, wurden an kurzen Probestücken vor der Herstellung der Versuchsstütze Eigenspannungsmessungen vorgenommen.

An einem Wulstprofil 600×60 mm wurden durch Rückfederungsmessungen beim Zerlegen die Walzlängsspannungen bestimmt.

Zur Bestimmung der Schweißspannungen wurden zwei I-förmige Probestücke von 1500 mm Länge aus je zwei Wulstprofilen 600×80 mm und einem Stegblech 338×30 mm geschweißt.

An einem dieser beiden Probestücke wurden die gesamten Eigenspannungen, d. h. die Walz- und Schrumpfspannungen, durch Zerlegen ermittelt.

Alle Schrumpfspannungsmessungen waren nicht als systematische Untersuchung gedacht, es sollte lediglich die Größenordnung der Schrumpf- und Walzspannungen, besonders der im vorliegenden Fall als Gefahrenquelle anzusehenden Reaktionsdruckspannungen, also weniger der Nahtspannungen ermittelt werden.

2. Untersuchungen an der Stütze

Soweit es möglich war, sollten die Schrumpfspannungen, d. h. wiederum vorwiegend die Reaktionsdruckspannungen, bei der Herstellung der Stütze bestimmt werden. Durch Ausmessung von Meßstrecken vor und nach dem Schweißen wurden die Verformungen ermittelt, aus denen sich, soweit sie im elastischen Bereich lagen, Rückschlüsse auf die Größe der Schrumpfspannungen ziehen ließen.

Die Stütze wurde den Verhältnissen im Bauwerk entsprechend mit außermittigem Kraftangriff im Druckversuch geprüft. Sie sollte über die größte Nutzlast hinaus bis zur Grenze ihrer Tragfähigkeit belastet werden.

Da für die stark verformte Stütze nach dem Versuch keine andere Verwendungsmöglichkeit bestand, wurde der Stützenstiel, der im Druckversuch nicht zu Bruch gebracht werden konnte, zwischen Kopf und Fuß herausgeschnitten, und nachträglich im Biegeversuch bis zum Bruch belastet, um die Verformungsfähigkeit des massigen geschweißten Querschnitts zu prüfen.

III. Bestimmung der Walz- und Schrumpfspannungen

1. Abmessungen und Herstellung der Proben, Ausführung der Messungen

a) Probe 1 zur Bestimmung der Walzspannungen

An einem Wulst-Flachstahl 600×60 mm aus St 37 wurden die Walzlängsspannungen gemessen. Die Probe wurde an der Oberfläche auf beiden Seiten mit Meßstrecken versehen, die vor dem Zerlegen ausgemessen wurden. Zunächst wurden 10 mm breite Scheiben von Profildicke herausgeschnitten und die Rückfederung der Meßstrecken gemessen. Sodann wurden durch Schnitte parallel zur Oberfläche von den Scheiben etwa 5 mm dicke Streifen abgetrennt, wonach dann nochmals die Rückfederung der Meßstrecken bestimmt wurde. Die Anordnung der Meßstrecken und die Art der Zerlegung ist in Bild 2 wiedergegeben. Beim Zerlegen wurde die bei derartigen Untersuchungen notwendige Sorgfalt angewendet, um eine Beeinträchtigung der Meßergebnisse zu vermeiden.

b) Probe 2 und 3 zur Bestimmung der Schweißspannungen an einem kurzen Probestück

Der I-förmige Querschnitt der Stütze bestand aus einem Stegblech 338×50 mm und Gurten, die aus Dörnen-Wulstflachstählen 600×80 mm und aufgelegten Gurtplatten 440×80 mm gebildet wurden. Um Unklarheiten durch Überlagerung der Schweißspannungen mehrerer Schweißnähte zu vermeiden, wurde für die Schweißspannungsmessungen an einem Probestück ein Querschnitt bestehend aus einem Stegblech 338×50 mm und Dörnen-Wulstflachstählen 600×80 mm gewählt, auf das Anschweißen der aufgelgten Gurtplatten wurde also verzichtet. Es wurden zwei Proben von 1500 mm Länge hergestellt, sie bestanden ebenso wie die Stütze aus St 37. Geschweißt wurde die eine Probe mit Schweißdraht Kjellberg St 37 A und die andere mit Kjellberg St 48 A.

Nach dem Zurichten des Stegblechs und der Gurtprofile wurden die Teile leicht geheftet, und die Halsnähte in folgender Reihenfolge geschweißt:

Probe 2, mit Schweißdraht St 37 A geschweißt:
Seite 1, 2 Lagen mit Elektroden mit 4 mm Durchmesser,
S. 2, Auskreuzen der Nahtwurzel,
2 Lagen mit Elektroden 4 mm Durchmesser,
S. 1, 1 Lage mit Elektroden mit 4 mm Durchmesser,
S. 2, 2 Lagen mit Elektroden mit 4 mm Durchmesser,
S. 1, 2 Lagen mit Elektroden mit 5 mm Durchmesser,
S. 2, 2 Lagen mit Elektroden mit 5 mm Durchmesser,
S. 2, 2 Lagen mit Elektroden mit 4 mm Durchmesser.

Probe 3, mit Schweißdraht St 48 A geschweißt:
S. 1, 2 Lagen mit Elektroden 4 mm Durchmesser,
S. 2, Auskreuzen der Nahtwurzeln,
3 Lagen mit Elektroden 4 mm Durchmesser,
S. 1, 3 Lagen mit Elektroden 5 mm Durchmesser,
S. 2, 4 Lagen mit Elektroden 5 mm Durchmesser.

Vor jeder neuen Lage wurde die Schlackenhaut durch Abstemmen mit einem Preßlufthammer entfernt[2]. Es schweißten jeweils zwei Schweißer an einer Naht von der Mitte nach den Enden. Die Arbeit wurde durch die betriebsmäßigen Pausen unterbrochen.

Die Meßstrecken wurden nach dem Heften vor dem Schweißen der Nähte angebracht und ausgemessen. Um örtliche Zufälligkeiten auszuschalten, wurden jeweils zwei Meßstrecken hintereinander angeordnet. Nach dem völligen Erkalten der Proben wurden die Meßstrecken nachgemessen. Die beim Schweißen eingetretenen elastischen Formänderungen in Richtung der Schweißnähte gestatteten Rückschlüsse auf die Größe der Schweißspannungen.

c) Probe 2 zur Bestimmung der gesamten Eigenspannungen (Walz- und Schweißspannungen)

Die mit Elektroden Kjellberg St 37 A geschweißte Probe 2 wurde nach Bestimmung der Schweißspannungen zerlegt, um durch Rückfederungsmessungen Einblick in die Größe der gesamten Eigenspannungen zu gewinnen, die sich aus den vor dem Schweißen vorhandenen (aber natürlich nicht unverändert erhaltenen) Walzspannungen und den Schweißspannungen zusammensetzen. Die Zer-

---
[2] Die Schweißarbeiten wurden im Jahre 1936 ausgeführt.

legung der Probe geht aus Bild 5 hervor. Mit Ausnahme einiger Meßstrecken, bei denen dies nicht möglich war, wurden in diesem Falle nur Streifen von der ganzen Profildicke herausgeschnitten, auf das Herausschneiden von Scheiben durch Schnitte parallel zur Oberfläche wurde verzichtet.

d) Herstellung und Abmessungen der Stütze

Die Stütze hatte in der Ansicht die Form eines I's (Bild 1). Ihre Länge zwischen dem oberen und dem unteren Lager betrug 6615 mm, die Breite des Fußes 3600 mm und der Abstand der oberen Brückenlager 3850 mm. Der 700 mm hohe I-förmige Querschnitt des Stützenstiels

rechnen, die bei häufig wechselnder Belastung die Ursache für Daueranbrüche bilden könnte.

Nachdem bei der Herstellung die drei Teile des Stegblechs (Kopfteil, Stützenteil und Fußteil) mit Stumpfnähten zusammengeschweißt waren, wurden die Kanten autogen zugeschnitten und dann zugeschärft. Es wurden immer längere Hals-Nahtstücke mit mehreren Lagen, jedoch noch nicht ganz gefüllt, geschweißt. Die letzten Lagen wurden erst gelegt, nachdem die ganze Nahtlänge so teilweise fertiggestellt war. Die Wurzellage der Halsnähte wurde mit getauchten rechteckigen Elektroden 4 × 7 mm und die zweite Lage mit Mantelelektroden von 6 mm Durchmesser geschweißt. Nach dem Wenden und Auskreuzen

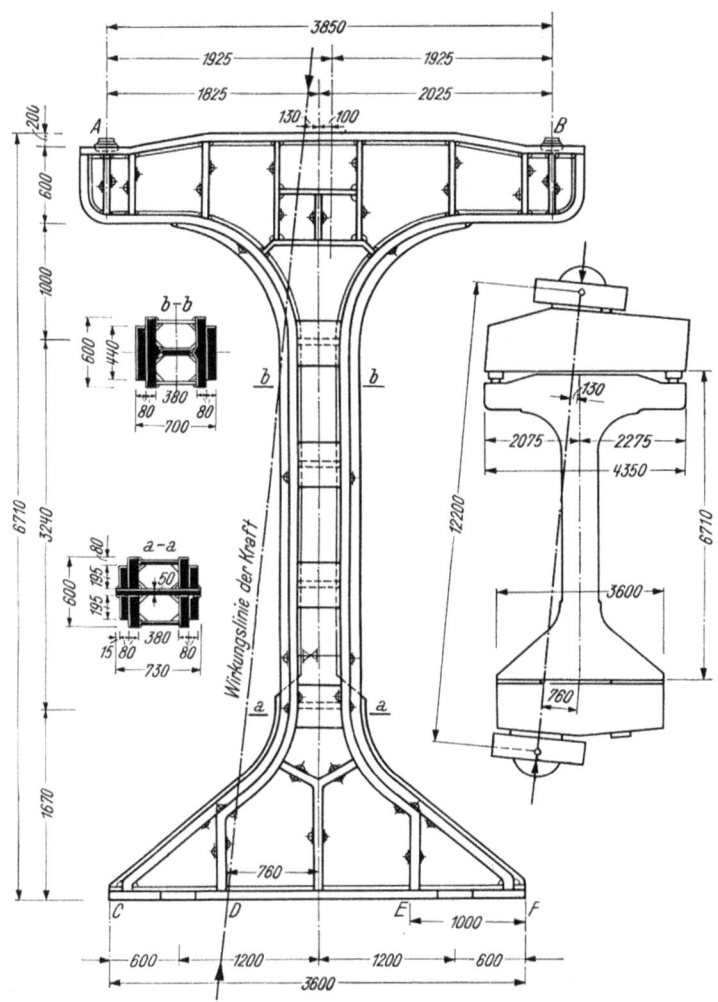

Bild 1. Abmessungen der Versuchsstütze.

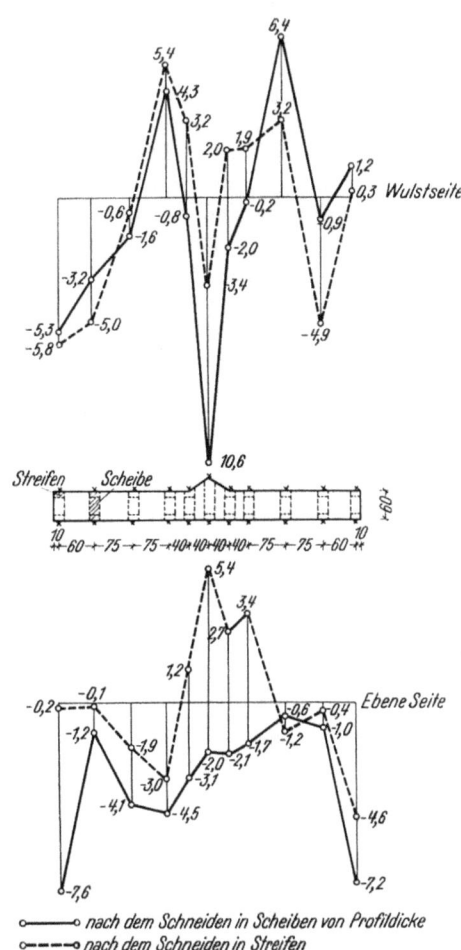

Bild 2. Walzspannungen in einem Wulstflachstahl 600 × 60 mm. Spannungen in kg/mm²

im 3240 mm langen prismatischen Mittelteil setzte sich aus einem 50 mm dicken Stegblech, zwei Wulstflachstählen 600 × 80 mm und zwei aufgelegten Gurtplatten 440 × 80 mm zusammen. Die Wulstflachstähle waren um die Kragarme des Kopfes herumgeführt worden, die Gurtplatten liefen kurz hinter den mit großem Halbmesser ausgerundeten Ecken dünn aus. Im unteren Teil waren die Gurtplatten geschlitzt und auf das durchgesteckte Stegblech mit Kehlnähten aufgeschweißt worden. Diese Form wurde gewählt, weil auf diese Weise die Verbindung der Gurtplatten durch sechs Kehlnähte mit dem Stegblech die Aufnahme der großen Radial- und Schubkräfte ermöglichte. Diesem Vorteil steht ein nicht unbedenklicher Nachteil gegenüber. An der Stelle, wo der Schlitz begann, war mit einer starken Unstetigkeit des Kraftflusses zu

der Wurzel wurde auf der zweiten Seite die erste Lage mit 4 mm und die folgenden Lagen mit 6 mm Manteldrähten gelegt. Die zweite Gurtplatte wurde zum Schluß angeschweißt.

Bei der Herstellung der Stütze wurden die durch Schrumpfung entstehenden Längenänderungen durch Ausmessen von Meßstrecken vor und nach dem Schweißen bestimmt. Die Anordnung der Meßstellen ist aus Bild 6 zu ersehen.

e) Ausführung der Messungen

Die 100 mm langen Meßstrecken wurden durch kleine in die Oberfläche der Proben eingeschlagene Stahlkugeln festgelegt. Die Längenänderungen dieser Meßstrecken wurden durch Ausmessung vor und nach dem Arbeitsgang

(Schweißen, Zerlegen) mit dem Mahrschen Setzdehnungsmesser nach Siebel-Pfender bestimmt. Da das Meßgerät eine Anzeige von 0,002 mm je Teilstrich hat und die zugelassene größte Streuung dreier voneinander unabhängiger Meßgänge einen halben Teilstrich betrug, kann die Meßgenauigkeit mit ± 0,001 mm angegeben werden, dem entspricht unter Annahme einer Elastizitätszahl von $E = 2,1 \times 10^4$ kg/mm² eine Spannung von ± 0,20 kg/mm². Der Temperatureinfluß wurde durch Vergleichsmessungen an einem Kontrollstab aus gleichem Werkstoff ausgeschaltet.

2. Ergebnisse

a) Walz- und Schrumpfspannungen an den Probestücken 1, 2 und 3

Die aus den Rückfederungsmessungen an der Probe 1 ermittelten Walzspannungen sind im Bild 2 wiedergegeben. Durch Zerlegung in Scheiben von Profildicke ergaben sich an den Kanten erhebliche Druckspannungen bis zu 7,6 kg/mm², an der Wulstspitze bis zu 10,6 kg/mm². Die größte gemessene Zugspannung betrug 6,4 kg/mm². Nach der weiteren Zerlegung änderte sich das Bild der Spannungsverteilung, größere Spannungen wurden jedoch nicht festgestellt. Da an der Oberfläche die Druckspannungen überwiegen,

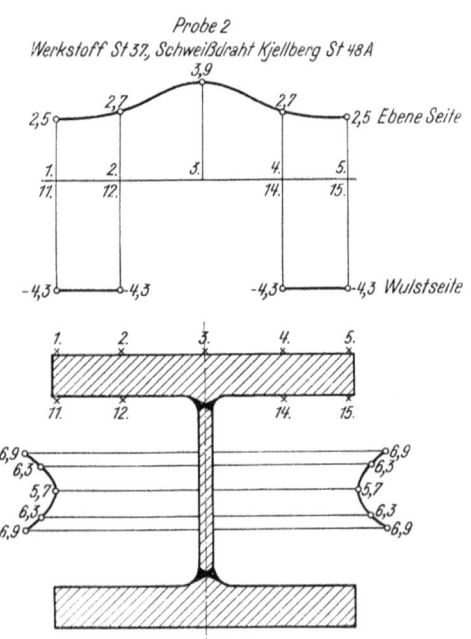

Bild 3. Aus den Einzelmessungen gemittelte Schrumpfspannungen, die beim Schweißen gemessen wurden. Spannungen in kg/mm²

ßenordnung als auch der Verteilung der Spannungen. Ein unterschiedlicher Einfluß der beiden verschiedenen Elektrodensorten wurde nicht festgestellt.

In den Stegen, die im Verhältnis zu den Wulstflachstählen verhältnismäßig dünn waren, wurden durchweg Zugspannungen bis zu 6,9 kg/mm² gefunden. Es sei bemerkt, daß dies nicht der Regel in geschweißten I-Querschnitten entspricht, sondern nur auf die anormalen Querschnittsverhältnisse zurückzuführen ist. Auf den Außenseiten der Wulstflachstähle wurden ebenfalls Zugspannungen bis 3,9 kg/mm² ermittelt, auf den Innenseiten traten Druckspannungen auf, die größte gemessene Druckspannung in 160 mm Entfernung von der Naht betrug 5,3 kg/mm². Meßstrecken in geringerem Abstand von der Naht anzuordnen erschien unangebracht, da mit einer Beschädigung beim Schweißen zu rechnen war, und außerdem

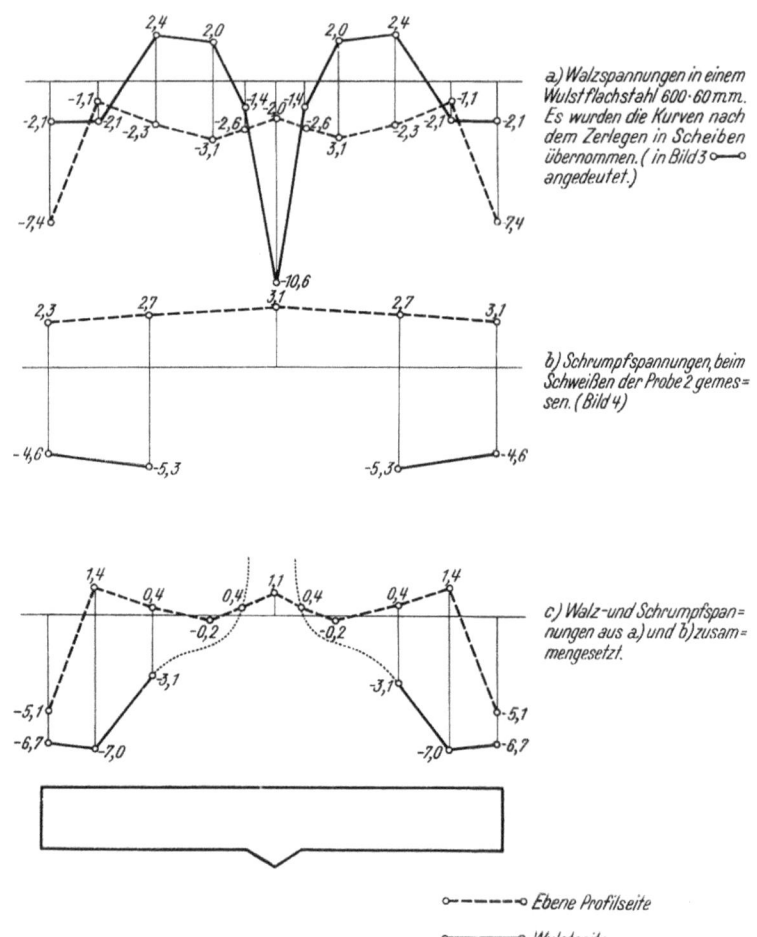

Bild 4. Darstellung der Walz- und Schrumpfspannungen. Hauptergebnisse. Spannung in kg/mm²

müssen im Profilinneren Zugspannungen vorgeherrscht haben. Dies war zu erwarten, da das Profil von außen nach innen erkaltete und die zuletzt erkalteten Zonen unter Zugspannungen stehen müssen, die zuerst erkalteten dagegen unter Druckspannungen.

Die Ergebnisse der beim Schweißen der Proben 2 ermittelten Schrumpfspannungen sind im Bild 3 angegeben. Um ein übersichtlicheres, schematisches Bild zu erhalten, wurden die zur waagerechten und senkrechten Schwerachse symmetrisch liegenden Einzelwerte gemittelt. Zwischen dem mit Elektroden Kjellberg St 37 A und dem mit Elektroden St 48 A (Probe 3) geschweißten Träger bestand eine gute Übereinstimmung sowohl hinsichtlich der Grö-

in der Nähe der Naht eine Zone plastischer Stauchungen auftreten muß, in der auf diese Weise die Schrumpfspannungen nicht bestimmt werden können.

Die Walz- und Schrumpfspannungen aus Bild 2 und 3 sind auf Bild 4 zusammengefaßt. Die Walz- und Schrumpfspannungen in Bild 4c sind durch Überlagerung der Werte aus 4a und 4b gewonnen worden. Eine völlige Übereinstimmung mit den Gesamtschrumpfspannungen, die durch Zerlegen der geschweißten Probe 2 gefunden wurden (Bild 5), war nicht zu erwarten, da die Abmessungen der Probe 1 nicht die gleichen waren wie die der Wulstflachstähle der Probe 2. Außerdem kann nicht erwartet werden, daß die ursprünglichen Walzspannungen sich in voller Größe mit den Schrumpfspannungen beim Schweißen überlagern. In der charakteristischen Form der Spannungsverteilung stimmen die beiden Kurven überein, nicht jedoch in der Größe der Spannungen.

Ein Einblick in die Schrumpfspannungsverhältnisse in der Naht und in ihrer Nähe ist nur durch Rückfederungsmessungen beim Zerlegen zu gewinnen. Derartige Messungen wurden an der Probe 2 (Kjellberg St 37 A) vorgenommen und in Bild 5 wiedergegeben. Es wurden auch

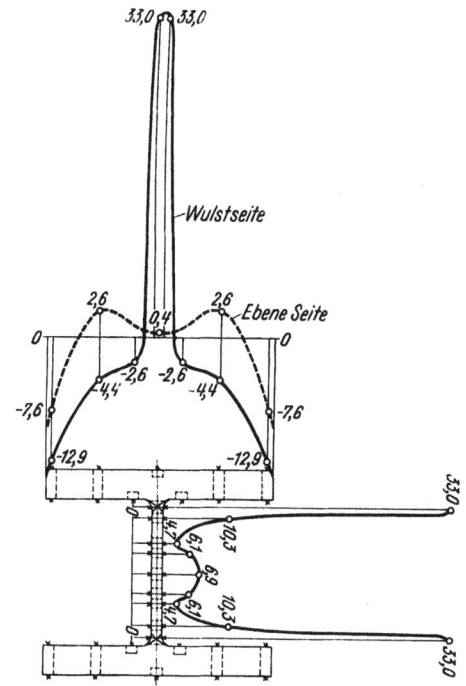

Bild 5. Aus den Einzelmessungen gemittelte Schrumpfspannungen, die beim Zerlegen gemessen wurden.
Spannungen in kg/mm²

hier die Werte aus den symmetrisch zur waagerechten und senkrechten Schwerachse liegenden Meßstrecken gemittelt angegeben.

Da die Walzstücke vor dem Schweißen nicht spannungsfrei geglüht worden waren, sind in den gemessenen Werten die Walzspannungen enthalten, soweit sie nicht, wie in der Nähe der Naht, durch plastische Verformungen abgebaut wurden.

Auf den Nähten wurden Zugspannungen von 33,0 kg/mm² gemessen. Im allgemeinen wurden bei früheren Untersuchungen Spannungen in der Naht in der Größenordnung der Streckgrenze gefunden. Die hier gefundenen Nahtspannungen sind also gegenüber früheren Meßergebnissen verhältnismäßig hoch. Diese hohen Zugspannungen erstreckten sich nur auf ein eng begrenztes Gebiet in und um die Naht. Im Stegblech wurden schon dicht neben der Naht wesentlich geringere Spannungen gefunden. Der Steg stand in der ganzen Höhe unter mäßigen Zugspannungen, die sich aus den Abmessungsverhältnissen erklären lassen. Wahrscheinlich hat sich beim Schweißen der verhältnismäßig dünne Steg durchschnittlich stärker erwärmt, so daß beim Abkühlen hier Zugspannungen auftreten mußten. Die Schrumpfspannungen des Steges in Bild 3 und Bild 5 stimmen ziemlich gut überein. Wie sich aus den Schrumpfspannungsmessungen an der Stütze (Bild 6) ergibt, scheinen die Länge des Versuchsstücks, die Verspannungsverhältnisse und das Schweißen der Kehlnähte für die außen aufgelegten Gurtplatten nicht ohne Einfluß auf die Schrumpfungsspannungen im Stegblech zu sein.

Auf der Innenseite der Wulst-Flachstähle ergaben sich außerhalb der Nahtzone, auch schon dicht neben der Naht, Druckspannungen, die an den Kanten mit 12,9 kg/mm² am größten waren. Auf der Außenseite dagegen wurden nur an den Kanten Druckspannungen von 7,6 kg/mm² ermittelt, im übrigen Bereich ergaben sich Zugspannungen bis zu 2,6 kg/mm².

b) Schrumpfungen der Stütze

Bekanntlich entstehen beim Schweißen in den erhitzten Zonen in der Nähe der Schweißnaht plastische Stauchungen, da die thermische Dehnung durch den benachbarten, nicht erhitzten Werkstoff verhindert wird. Da gleichzeitig mit der Abkühlung eine Verfestigung des Werkstoffs eintritt, müssen in diesen Zonen elastische Dehnungen, d. h. Schrumpfzugspannungen entstehen, denen Druckspannungen in dem übrigen Querschnitt das Gleichgewicht halten müssen. Die beim Schweißen entstandenen Schrumpfungsspannungen können nur durch nachträgliches Zerlegen ermittelt werden, wie es in den vorher beschriebenen Fällen geschehen ist. (Auch dies ist nur bedingt möglich, da nur die Oberflächenspannungen gemessen werden können.) An einfachen Querschnitten sind diese Gesetzmäßigkeiten der Schrumpfungen und Schrumpfspannungen eingehend untersucht worden[3]. Bei der Versuchsstütze war dieses Verfahren nicht anwendbar, da sie nicht zerlegt werden konnte. Wegen der hohen Material- und Herstellungskosten konnte natürlich keine zweite Stütze zur Bestimmung der Schrumpfspannungen in den Nahtzonen durch Zerlegen hergestellt werden. Wie bereits im Abschnitt II,1 betont wurde, kommt es hier im wesentlichen vielmehr auf die Verteilung und Größenordnung der Reaktionsdruckspannungen als auf die Schrumpfzugspannungen in den Nahtzonen an.

In Bild 6 sind die Schrumpfungen bzw. Schrumpfspannungen, die durch Ausmessung der Meßstrecken vor und nach dem Schweißen gefunden wurden, angegeben. Der Meßquerschnitt a'—a' lag etwa in der Mitte des prismatischen Teiles der Stütze. Das Stegblech stand mit Ausnahme der der Naht benachbarten Zonen unter nicht sehr hohen Druckspannungen. Auch in den Wulstflachstählen wurden durchweg Druckspannungen etwa gleicher Größenordnung gefunden, während in der Gurtlamelle mäßige Zugspannungen ermittelt wurden. Der vermutliche Verlauf der in den Nahtzonen herrschenden Schrumpfzugspannungen, die nicht gemessen werden konnten, ist durch gestrichelte Linien angedeutet worden.

Die in den Querschnitten b'—b', c'—c' und d'—d' gemessenen Verformungen ergaben eine offensichtlich gesetzmäßige Übereinstimmung mit den Ergebnissen gleicher Messungen an einer geschweißten Rahmenecke für den Personentunnel des Duisburger Hauptbahnhofs[4]. Demnach treten im Stegblech auf der Seite der inneren Ausrundung erhebliche Stauchungen auf, auf der gegenüberliegenden Seite dagegen Dehnungen. Die Werte sind im einzelnen von den gegebenen Verhältnissen wie äußere Form, Profilabmessungen, Schweißbedingungen, Schweißweg usw. abhängig. In allen Nahtzonen mußten natürlich Schrumpfzugspannungen vorhanden sein, die nicht gemessen wurden und durch gestrichelte Linien angedeutet sind. Auf Grund der großen Stauchungen ist im Stegblech teilweise mit erheblichen Druckspannungen zu rechnen, die

---
[3] Malisius, R.: Mitt. Forsch.-Anst. GHH-Konzern 8 (1940), S. 15—40. Rosenthal, D. u. J. Zábrs: Weld. J. 19 (1940), Nr. 9, Anhang S. 323—334.
[4] Vgl. S. 62.

vermutlich die Größenordnung der Streckgrenze erreichen. Die Formänderungen im Schnitt d'—d' waren verhältnismäßig klein, im Schnitt b'—b' erreichen die plastischen Stauchungen einseitig einen Wert von —0,00266 (—0,266% und auf beide Stegblechseiten im Mittel — 0,00220. Im Schnitt c'—c' betrugen die entsprechenden Werte sogar —0,00398 bzw. —0,00274. Sie waren also noch etwas größer als bei der Duisburger Rahmenecke. In den Wulstflachstählen wurden in diesen Schnitten ebenfalls durchweg Druckspannungen meist mäßiger Größe gefunden. Stellenweise waren jedoch die Reaktionsdruckspannungen an den inneren Kanten der Wulstflachstähle recht erheblich, besonders im Schnitt b'—b', wo eine größte Druckspannung von 15,8 kg/mm² gefunden wurde. Die Reaktionsdruckspannungen erreichten also tatsächlich eine Größenordnung, die die ursprünglich geäußerten Befürchtungen einer Verminderung der Tragfähigkeit nicht unberechtigt erscheinen ließen.

IV. Druckversuch mit der Stütze

1. Versuchsanordnung

Die Stütze wurde in der 3000 t-Maschine des Deutschen Stahlbauverbandes auf dem Gelände des Staatlichen Materialprüfungsamtes Berlin-Dahlem unter außermittiger Druckbelastung geprüft. Die Belastung sollte den ungünstigsten Beanspruchungsverhältnissen, die im Bauwerk auftreten können, entsprechen. Dieser ungünstigste Belastungsfall war in der statischen Berechnung nachgewiesen worden. Außer durch ständige Last (Eigengewicht) und lotrecht wirkender Verkehrslast einschließlich des Stoßzuschlages waren wegen der Gleiskrümmung eine waagerechte Fliehkraft und ebenfalls waagerechte Windkräfte, die in der gleichen Richtung wie die Fliehkraft wirken, in Rechnung zu stellen. Die sich hieraus ergebende resultierende Normalkraft beträgt 507,4 t, die am Kopf mit e = 13 cm und am Fuß mit e = 76 cm gegen die Mittellinie m—m außermittig angreift (Bild 1). Ent-

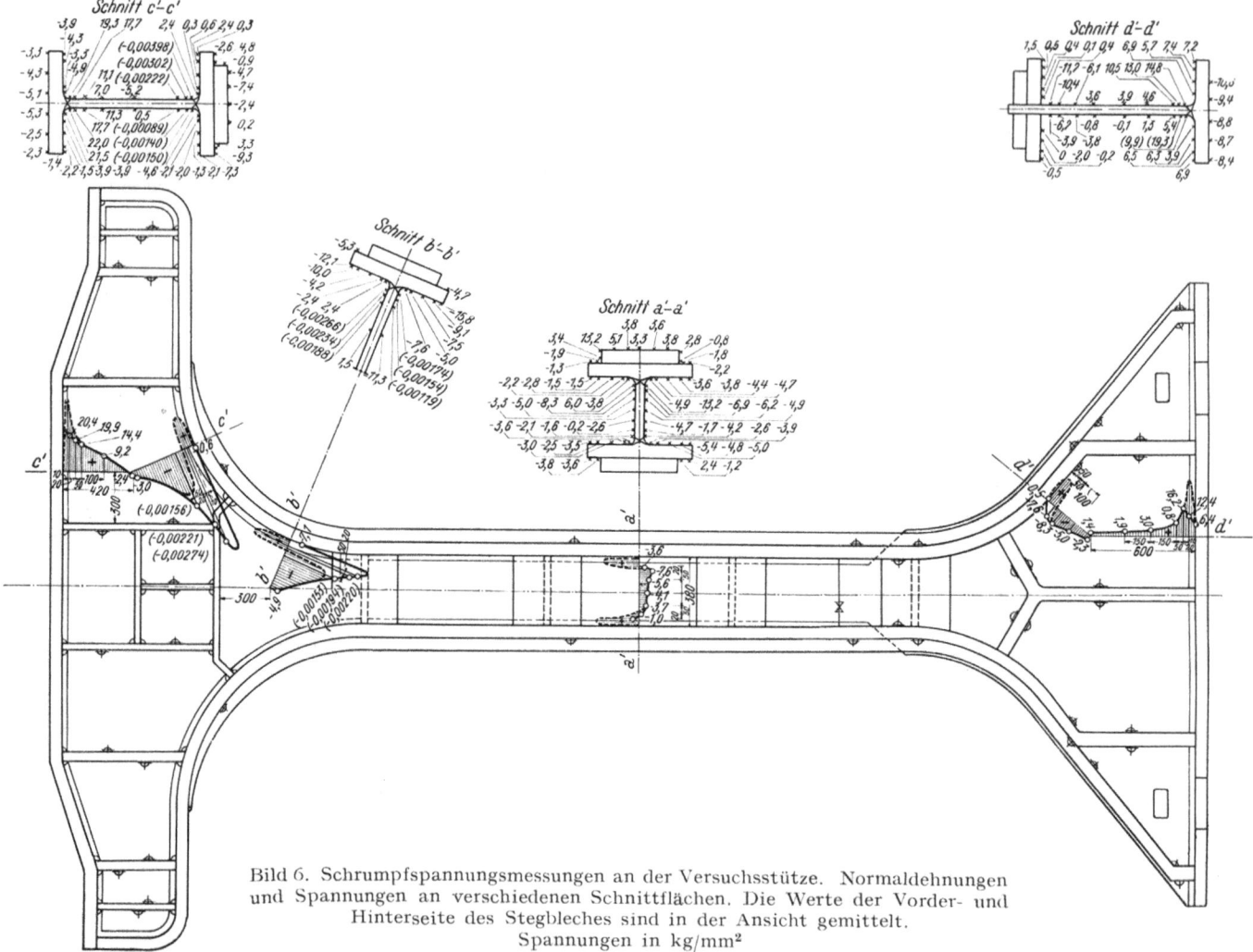

Bild 6. Schrumpfspannungsmessungen an der Versuchsstütze. Normaldehnungen und Spannungen an verschiedenen Schnittflächen. Die Werte der Vorder- und Hinterseite des Stegbleches sind in der Ansicht gemittelt. Spannungen in kg/mm²

sprechend der Ausbildung als Penselstütze in der Brückenlängsrichtung war in dieser Richtung ein mittiger Kraftangriff anzunehmen.

Aus der statischen Berechnung ergaben sich ohne Berücksichtigung der Knickbeiwerte die größten Spannungen in den in Bild 1 eingezeichneten Querschnitten zu:

Schnitt a—a: Randspannungen $\sigma = + 603$ kg/cm²
bzw. $\sigma = — 1151$ kg/cm²,
Schnitt b—b: $\sigma_{max} = 1055$ kg/cm², $\tau_{max} = 1058$ kg/cm²,
Schnitt c—c: $\sigma_{max} = 984$ kg/cm², $\tau_{max} = 677$ kg/cm²,
Schnitt d—d: $\sigma_{max} = 1135$ kg/cm², $\tau_{max} = 1030$ kg/cm².

Der Spannungsermittlung liegen die Beziehungen $\sigma = \dfrac{N}{F} \pm \dfrac{M}{W}$ und $\tau = \dfrac{Q \cdot S}{J \cdot t}$ zugrunde, aus σ und τ wurden die Hauptspannungen errechnet. Hierin bedeuten:

N = Normalkraft,
M = Moment,
F = Querschnittsfläche,

W = Widerstandmoment,
Q = Querkraft,
S = Statisches Moment,
J = Trägheitsmoment,
t = Stegblechdicke.

Die Lasten sollten im Versuch in der gleichen Weise eingeleitet werden, wie es dem Lastangriff im Bauwerk entspricht. Auf der Kopfseite ist der Lastangriff durch die beiden Hauptträger des Überbaus in den Punkten A und B gegeben. Hier waren zwischen der mitgelieferten kopfseitigen Traverse und dem Stützenkopf zwei Punktkipplager angeordnet. Fußseitig war ebenfalls eine Traverse vorgesehen, auf der der Stützenfuß mit zwei 1000 mm langen Flächenlagern C—D und E—F aufgelagert wurde. Die Traversen waren ebenfalls geschweißt ausgeführt und so stark bemessen, daß sie die zu erwartenden Höchstlasten ohne nennenswerte bleibende Verformungen ertragen konnten. Auf Linienkipplager auf der Fußseite, wie sie im Bauwerk vorgesehen sind, mußte verzichtet werden. Auch die Beweglichkeit der Punktkipplager in Richtung der Brückenlängsrichtung mußte im Versuch durch beigelegte Flacheisen ausgeschaltet werden, da die Druckplatten der Maschine nach allen Seiten frei drehbar gelagert sind. Diese gelenkige Lagerung der Druckplatten besteht aus großen Kugelkalotten, die in Kugelschalen gelagert sind. Zur Vermeidung der großen Reibungswiderstände gegen Verdrehen, wird der Raum zwischen der Kalotte und der Kugelschale mit einer Wasserschicht gefüllt, deren Druck stets in einem bestimmten Verhältnis zum Wasserdruck im Maschinenzylinder steht, so daß das Gleichgewicht der Kräfte bei jeder beliebigen Kraft gewahrt bleibt.

Die Knicklängen der Stütze wurde durch die beschriebene Lagerung gegenüber den Verhältnissen im Bauwerk nicht unerheblich verändert. Die Länge der Stütze zwischen den Lagerpunkten betrug im Bauwerk 6615 mm, wobei in der X-Richtung (quer zur Brückenachse) der Eulerfall 1, d. h. unten eingespannt, oben frei beweglich, und in der Y-Richtung Eulerfall 2, d. h. oben und unten gelenkig gelagert, maßgebend war. Im Versuch war in beiden Richtungen der Eulerfall 2 gegeben, wobei der Abstand der Drehpunkte 12 200 mm betrug. Mit $i_x = 25{,}6$ cm und $i_y = 14{,}7$ cm ergaben sich die Schlankheiten zu $\lambda_x = 48$ und $\lambda_y = 83$.

Die Stütze wurde mit großer Sorgfalt eingerichtet, damit die gegebenen Kraftrichtungen möglichst genau eingehalten wurden. Vor dem Hauptversuch, bei dem die Stütze in dem richtigen II. Einbau geprüft wurde, wurde

sie in einem Vorversuch im I. Einbau geprüft. Die beiden Einbaulagen zeigt Bild 7. Die Außermittigkeit wirkte in beiden Fällen in der entgegengesetzten Richtung, sie betrug auf der Kopfseite beim I. Einbau 250 mm, beim II. Einbau 130 mm, während sie auf der Fußseite in beiden Fällen gleich 760 mm war. Um ein seitliches Ausspringen der Stütze zu verhindern, wurden kräftige seitliche Abstützungen angebracht, Bild 8. Das Versuchsstück wurde mit Kalkmilch angestrichen, um Riss und Abspringen des Zunders beim Fließen besser erkennen zu können.

Die Versuche wurden in der Zeit vom 20. 3. bis 16. 4. 1937 durchgeführt.

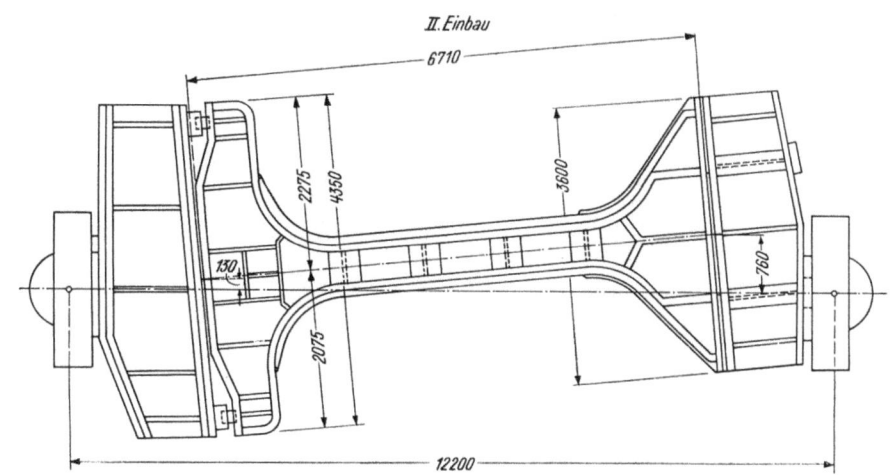

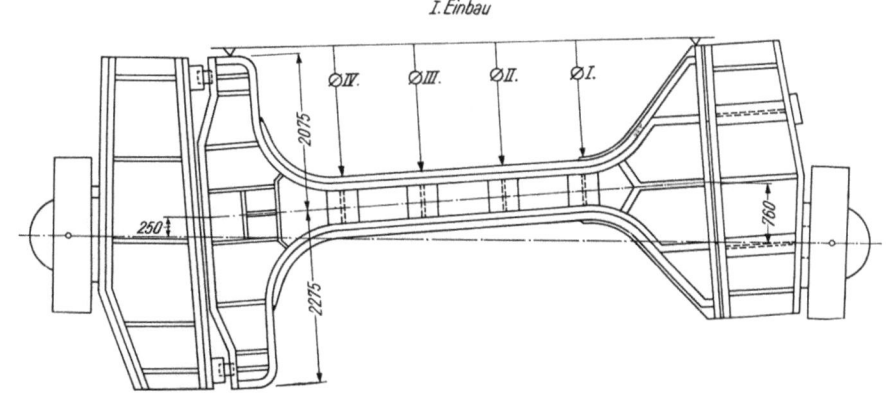

Bild 7. Druckversuch mit der Stütze. Versuchsanordnung.
Belastung im I. Einbau bis 850 t. Höchstlast im II. Einbau 1370 t

2. Versuchsverlauf und äußerliche Beobachtung

Die Stütze wurde im I. Einbau bis 850 t belastet. Nach der Belastung zeigte sich, daß die Kehlnähte am Ende der äußeren Gurtplatte eingerissen waren. (Bei H auf Bild 9.) Nach dieser Belastung wurden in der gleichen Einbaulage elastische Spannungsmessungen am Stegblech und an einigen Stellen der Gurte durchgeführt.

Nach dem Umbau in die II. Einbaulage wurde die Stütze langsam steigend stufenweise bis 1145 t belastet. Die größte rechnerische Schubspannung des Stegbleches betrug bei dieser Belastung im Schnitt b—b

$$\max \tau = \frac{1145}{507{,}4} \cdot 1058 = 2390 \text{ kg/cm}^2 \text{ und im Schnitt c—c}$$

$$\max \tau = \frac{1145}{507{,}4} \cdot 677 = 1530 \text{ kg/cm}^2. \text{ (Bezeichnung der}$$

Schnitte vgl. Bild 1.) Trotz der hohen rechnerischen Schubspannungen traten im Stegblech des Stützenkopfes bei 1145 t nur schwache Fließfiguren auf. Wahrscheinlich ist der Fließbeginn durch die Ungleichförmigkeit der Spannungen verzögert worden. Bei 1050 t wurden an einigen Stellen Risse in den Schweißnähten festgestellt mit denen die Aussteifungen an die Gurte angeschweißt

Bild 8. Stütze im II. Einbau

waren. Die Rißstellen sind auf Bild 9 gekennzeichnet. Bei 1145 t wurde ein Anriß in der Kehlnaht am Ende der äußeren Gurtplatte bei I bemerkt. Dieser Anriß entsprach dem im I. Einbau nach 850 t bei H festgestellten. Bild 10 zeigt einen Ausschnitt von dem fußseitigen Ende der Stütze nach der Belastung mit 1145 t. Es sind Fließ-

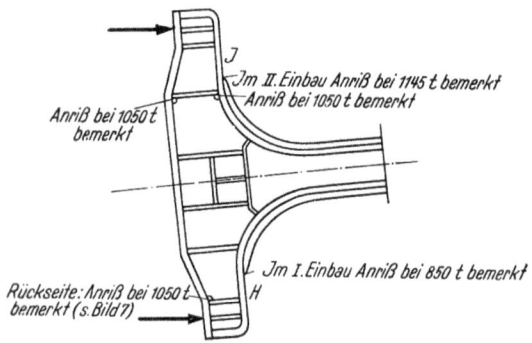

Bild 9. Beobachtung der Anrisse an Kehlnähten

figuren bei K, L und M und Nahtanrisse bei N und O sichtbar. Die rechnerische Druckspannung im Schnitt a—a betrug $\sigma_{Rand.} = -1151 \cdot \dfrac{1145}{507{,}4} = -2600$ kg/cm².

Bei weiterer Laststeigerung über 1145 t verstärkten sich die Fließfiguren. Die Ausbiegung nahm immer stärker zu, so daß eine Steigerung der Last über 1370 t aus versuchstechnischen Gründen nicht mehr möglich war. Die drehbaren Maschinendruckplatten kamen infolge der starken Endverdrehung der Stützenenden zur Anlage. Die Risse in den Kehlnähten an den Gurtplattenenden (bei H und J bei Bild 9) hatten sich nicht mehr stark vergrößert.

Die rechnerischen Spannungen bei der Höchstlast von 1370 t betrugen ohne Berücksichtigung der durch die Ausbiegung vergrößerten Außermittigkeit:

In Schnitt a—a: $\sigma_{Rand} = +1630$ bzw. -3110 kg/cm²,
,, ,, b—b: $\sigma_{max} = 2850$ kg/cm², $\tau_{max} = 2860$ kg/cm²,
,, ,, c—c: $\sigma_{max} = 2660$ kg/cm², $\tau_{max} = 1830$ kg/cm².
,, ,, d—d: $\sigma_{max} = 3070$ kg/cm², $\tau_{max} = 2780$ kg/cm²,

Die tatsächlichen Höchstspannungen sind jedoch größer gewesen, da die Ausbiegung die Angriffshebel der Last vergrößert hat, und außerdem die einfache Rechnungsannahme gradliniger Spannungsverteilung in den ausgerundeten Ecken nicht der tatsächlichen Spannungsverteilung entspricht. Bemerkenswert ist, daß trotz erheblicher Verformungen besonders im Bereich des am höchsten beanspruchten Querschnitts a—a nur schwache Fließlinien aufgetreten sind. Bild 11 zeigt die Stütze nach dem Versuch. Die großen bleibenden Formänderungen

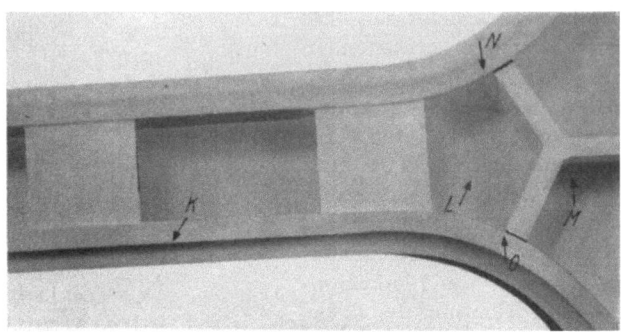

Bild 10. Fußseitiger Stützenstiel nach Belastung mit 1145 t. (II. Einbau)

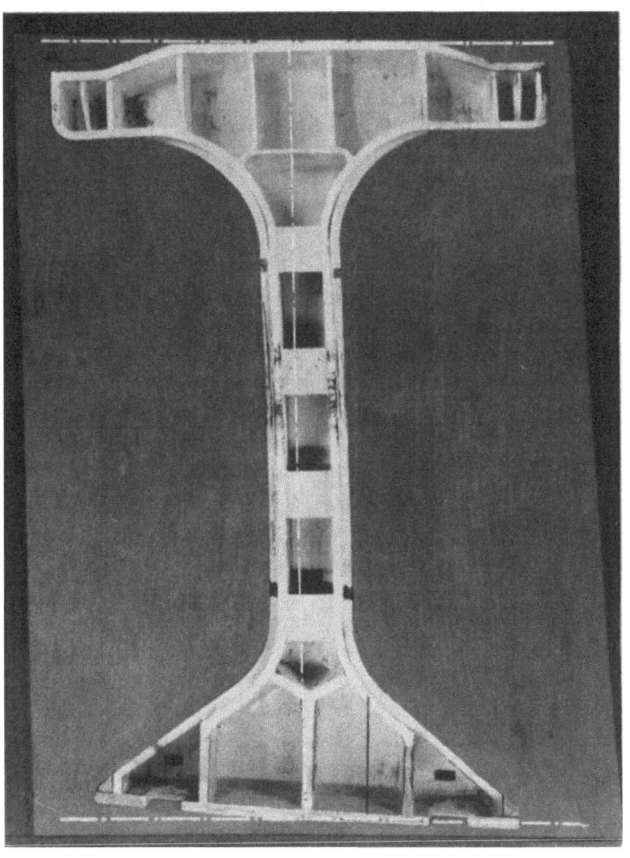

Bild 11. Ansicht der Stütze nach dem Versuch
Die Verformungen sind durch das eingezeichnete rechtwinklige Achsenkreuz kenntlich gemacht

sind durch ein eingezeichnetes, rechtwinckliges Achsenkreuz deutlich gemacht. Die Verdrehung der Endquerschnitte war beträchtlich, die Längenunterschiede an den beiden Außenseiten betrugen ± 122 m gegenüber der mittleren Länge.

Überblick über den Spannungsverlauf in derartigen Ecken vermitteln. Die Schubspannungen sind entsprechend der statischen Berechnung am gefährlichsten am Ende der Kragarme, die die Belastung aufzunehmen haben. Bei den Spannungen im Schnitt A—A ist bemerkenswert der große

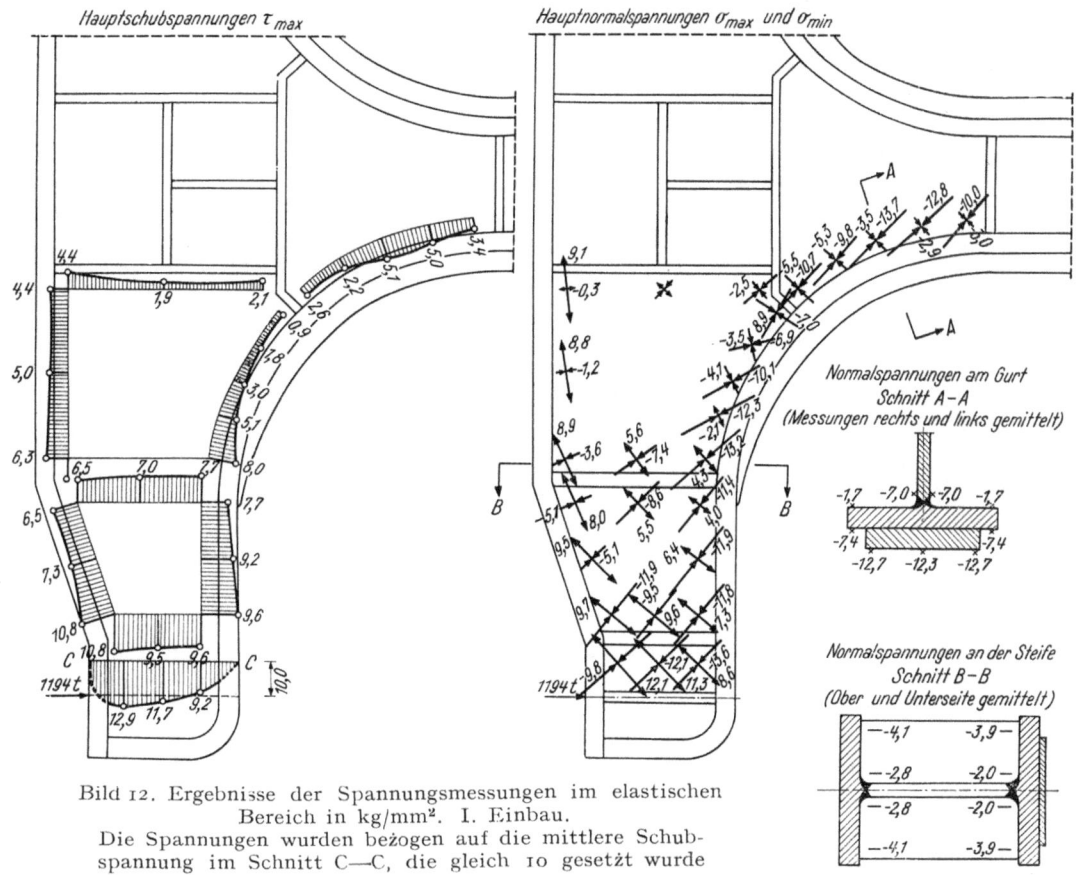

Bild 12. Ergebnisse der Spannungsmessungen im elastischen Bereich in kg/mm². I. Einbau.
Die Spannungen wurden bezogen auf die mittlere Schubspannung im Schnitt C—C, die gleich 10 gesetzt wurde

3. Ergebnisse der Messungen

Bild 12 zeigt die Ergebnisse der elastischen Spannungsmessungen. Die gemessenen Spannungen wurden bezogen auf die mittlere Schubspannung im Schnitt C—C, die gleich 10 gesetzt wurde. Die Spannungsmessungen sollten einen

Spannungsabfall an den äußeren Innenkanten der Gurtlamellen. Es entspricht dies grundsätzlich dem von

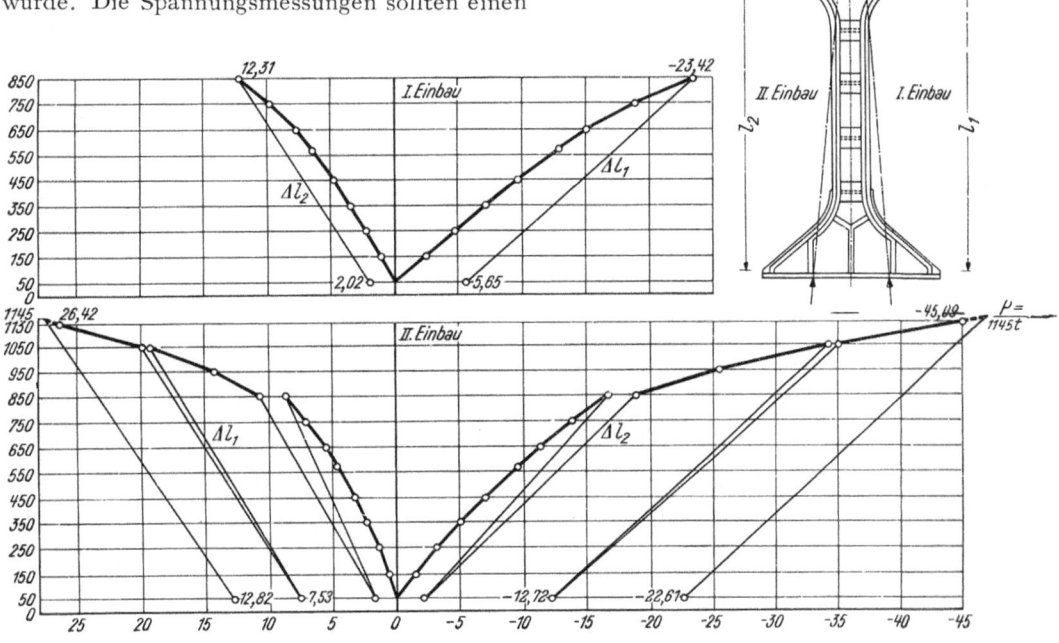

Bild 13. Zunahme Δl der Längen l_1 und l_2 in mm

Bleich[5] rechnerisch erfaßten Spannungsverlauf gebogener Gurtlamellen.

In Bild 13 sind die Zu- bzw. Abnahmen der Längen l_1 und l_2 vom Kopf bis zum Fuß der Stütze aufgetragen. (Die

Bei 1130 t beträgt die Gesamtausbiegung bereits 19,7 mm und bei 1145 t die bleibende Ausbiegung 7,48 mm.

Bild 15 gibt die Ausbiegungsmessungen in Form von Biegelinien an. Man sieht aus dem Verlauf der Linien

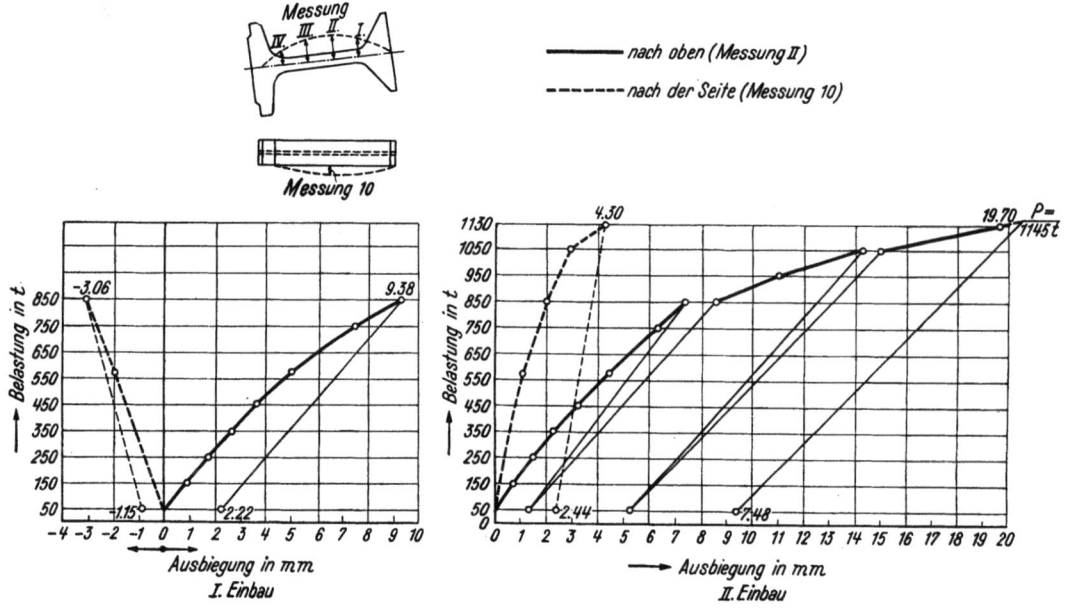

Bild 14. Ausbiegungen der Stütze in mm

bei kleinen Lasten, 350 und 580 t, vorgenommenen Entlastungen wurden hierbei ebenso wie bei den folgenden Meßergebnissen nicht mitangegeben, da die Grundlast von 50 t nicht mit genügender Genauigkeit angegeben werden kann. Durch die Ausbiegung der Stütze mit den Traversen können Klemmungen eingetreten sein, die diese Grundlast als zu klein erscheinen lassen. Es kann aus diesem Grunde nicht genau ermittelt werden, ob schon bei diesen kleinen Lasten, wie es die Auftragung der Meßergebnisse zunächst vermuten ließ, merkliche plastische Verformungen eingetreten sind.) Nach dem Anstieg der Last-Ausbiegungskurven zu schließen, sind merkliche bleibende Verformungen erst von etwa 600 t ab eingetreten. Bei $P = 850$ t sind sie dagegen bereits recht groß, besonders bei den allerdings etwas zu ungünstigen Beanspruchungsverhältnissen des I. Einbaus. Oberhalb 850 t ist deutlich zu erkennen, daß in einem beachtlichen Bereich der Stütze die Fließgrenze erreicht sein muß.

Bild 14 zeigt zunächst (gestrichelte Linien) die Ausbiegung der Stütze in waagerechter Richtung, also in der Richtung der größeren Schlankheit, in der jedoch eine mittige Beanspruchung gegeben war. Die Ausbiegung betrug im II. Einbau bei 1130 t erst 4,3 mm. Dies zeigt, daß trotz sorgfältiger Einrichtung eine geringe, nicht vermeidbare Außermittigkeit der Kraftwirkung vorhanden war.

Zur Messung der Ausbiegung in senkrechter Richtung wurde entsprechend Bild 7 ein Balken auf die Stütze gelegt, gegen den die Ausbiegung gemessen werden konnte. Die Auflager des Balkens müssen dabei als Ausbiegungsnullpunkte angenommen werden. Die Messung 2 auf Bild 14 zeigt wieder den Fließbeginn bei etwa 850 t. (Rechnerische Randspannung im Schnitt a—a.

$$\sigma = -1151 \frac{850}{507,4} = -1930 \text{ kg/cm}^2.)$$

---

[5] Bleich, H,: Die Spannungsverteilung in den Gurtungen gekrümmter Stäbe mit T- und I-förmigem Querschnitt. Stahlbau 6 (1933), S. 3.

für bleibende Biegung, daß die Plastizierung hauptsächlich in der Umgebung der Meßstelle I stattfand, obwohl Fließlinien an den Gurten dort kaum zu erkennen waren. Nach

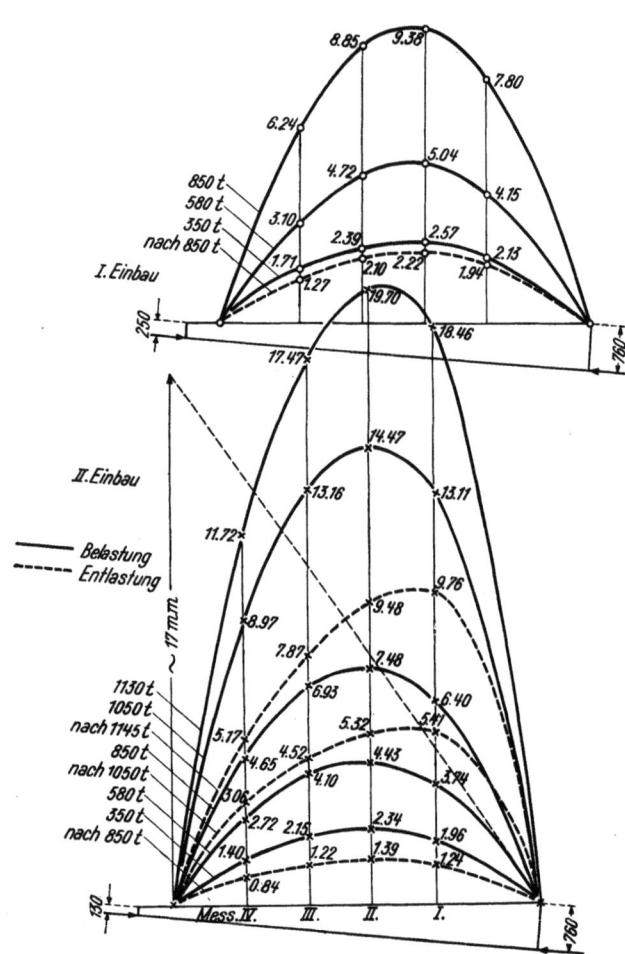

Bild 15. Ausbiegungslinien der Stütze nach oben in mm, ausgehend von der Nullast 50 t, bei der die Ausbiegungen gleich 0 gesetzt wurden

Bild 7 lag diese Meßstelle im hauptbeanspruchten Querschnitt a—a. Zieht man an die Biegelinien von Bild 15 im rechten Endpunkt die Tangente, so gewinnt man einen Anhaltspunkt dafür, um wieviel sich bei der aufgebrachten Belastung das obere Querhaupt der Stütze im Bau bei stehender Stütze seitlich ausbiegt. Nach Bild 15 beträgt dies Maß bei 580—50 = 530 t etwa 17 mm.

V. Biegeversuch mit dem Stützenstiel

1. Versuchsanordnung.

Der Kopf und der Fuß der Stütze wurden durch Brennschnitte vom Stützenstiel getrennt, so daß der prismatische Stützenstiel erhalten blieb. Er wurde im Biegeversuch als Balken auf zwei Stützen mit mittiger Einzellast geprüft. Als Unterzug wurde eine der für den Druckversuch mitgelieferten Traversen verwendet. Die Auflager befanden sich unter den Aussteifungen an den Enden des Stützenstiels, die Stützweite ergab sich zu 3200 mm. Der Versuchsaufbau mußte liegend in der 3000 t-Maschine eingebaut werden. Die Versuchsanordnung ist aus Bild 16 zu ersehen. Die Durchbiegungen wurden mit 10 Schiebemaßstäben an den Enden, in der Mitte und in den Viertelpunkten gemessen (Ablesungen in $^1/_{10}$ mm). In dem mittleren Querschnitt A—B wurden die Dehnungen mit 10 Huggenberger-Tensometern mit 20 mm Meßlänge bestimmt. Zur besseren Erkennung der Fließ- und Rißerscheinungen war das Versuchsstück mit einem Kalkmilchanstrich versehen worden.

2. Versuchsergebnisse

Die Belastung wurde von 50 t Unterlast ausgehend mit Zwischenentlastungen bei 350, 650 und 950 t stufenweise gesteigert.

Der Verlauf der Durchbiegung in der Mitte zeigte anfangs einige Unregelmäßigkeiten, die wahrscheinlich auf Verlagerungen des waagerecht liegenden Versuchsaufbaus bei der Entlastung zurückzuführen sind. Der Beginn starker plastischer Verformungen lag bei 850 t (Bild 17). Die bleibende Durchbiegung nach der Höchstlast (1382 t) betrug auf der Unterseite gemessen 141 mm.

Der Verlauf der gemessenen Dehnungen war bis 750 t gradlinig. Bei dieser Belastung wurden die Tensometer abgenommen um Beschädigungen zu vermeiden.

Während des Versuchs wurde wiederholt lautes Knallen vernommen. Da erst später bemerkt wurde, daß eine der Maschinendruckplatten gesprungen war, war nicht mehr mit Sicherheit festzustellen, bei welchen Lasten die einzelnen Risse am Versuchsstück eingetreten waren. Es wurden folgende Beobachtungen gemacht:

P = 640 t, σ_{Rand} = 1490 kg/cm², τ_{max} = 1210 kg/cm²,
Der Zunder im Steg begann abzuspringen.

P = 773 t, σ_{Rand} = 1800 kg/cm², τ_{max} = 1460 kg/cm².
Riß in der Schweißnaht der 1. Aussteifung sichtbar. (Die Aussteifungen wurden vom Fußende beginnend mit 1 bis 4 fortlaufend numeriert.)

P = 837 t, σ_{Rand} = 1950 kg/cm², τ_{max} = 1590 kg/cm².
Riß in der Schweißnaht der 2. Aussteifung sichtbar.

P = 901 t, σ_{Rand} = 2100 kg/cm², τ_{max} = 1710 kg/cm².
Riß in der Schweißnaht der 3. Aussteifung sichtbar.

P = 996 t, σ_{Rand} = 2320 kg/cm², τ_{max} = 1890 kg/cm².

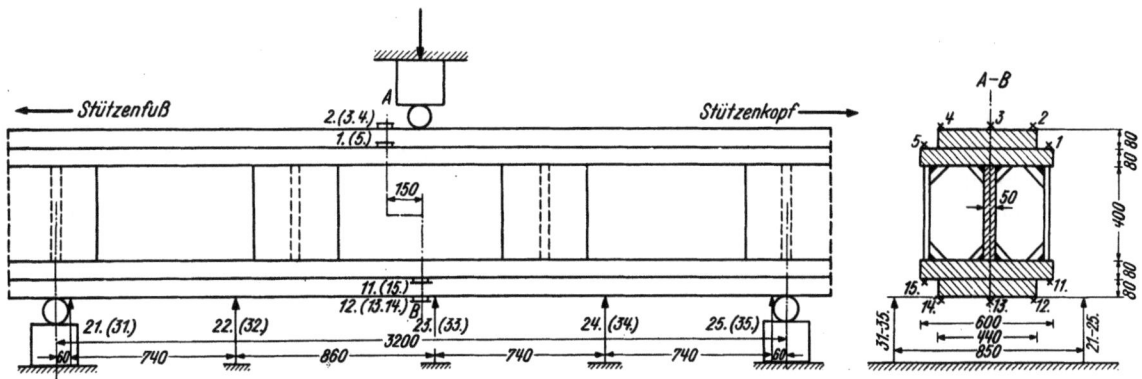

Bild 16. Biegeversuch mit dem Stützenstiel. Versuchsanordnung

Starkes Fließen im Stegblech und in den Gurten, die Last fiel ab.

P = 1040 t, σ_{Rand} = 2420 kg/cm², τ_{max} = 1970 kg/cm².
Das Stegblech ist von starken Fließfiguren bedeckt.

P = 1186 t, σ_{Rand} = 2770 kg/cm², τ_{max} = 2250 kg/cm².
Auf den Kehlnähten, mit denen die äußeren Gurt-

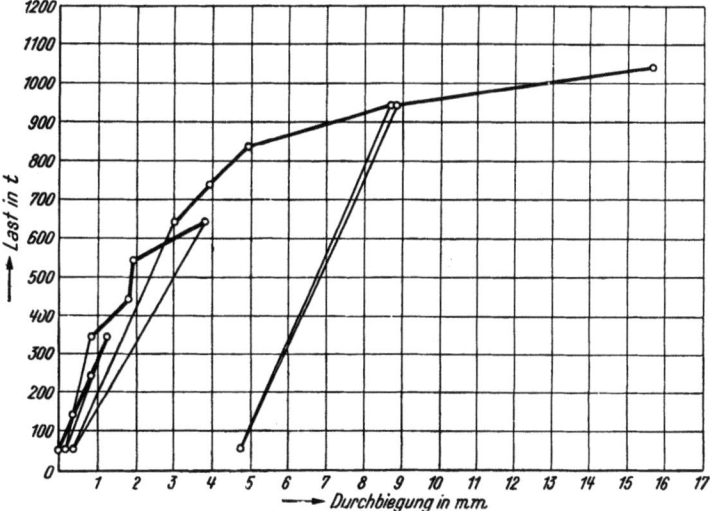

Bild 17. Biegeversuch mit dem Stützenstiel. Durchbiegung in Trägermitte

platten angeschweißt waren, wurden Fließlinien festgestellt.

Höchstlast P = 1382 t, σ_{Rand} = 3320 kg/cm², τ_{max} = 2620 kg/cm².

Die Kehlnähte der äußeren Gurtplatten sind gerissen.

Bild 18 zeigt den Stützenstiel nach dem Versuch. Die starke Verformung und die einzelnen Zerstörungserscheinungen sind deutlich erkennbar.

VI. Zusammenfassung

Rückfederungsmessungen an einem Wulstflachstahl 600×60 mm aus St 37 ergaben, daß bei deratig massiven Querschnitten mit erheblichen Walzspannungen zu rechnen ist. Durch die lediglich als Größenordnungsbestimmung gedachten Messungen wurden örtliche Druckspannungen bis zu 10,6 kg/mm² gefunden. An der Oberfläche und an den Kanten waren überwiegend Druckspannungen, im Profilinnern mußten demnach Zugspannungen vorherrschend sein.

Beim Schweißen zweier I-förmiger Proben aus St 37, bestehend aus einem Stegblech 338×50 mm und zwei Wulstflachstählen 600×80 mm, wurden die Schrumpfspannungen bestimmt. Obwohl mit zwei verschiedenen Elektroden (Kjellberg St 37 A und St 48 A) geschweißt wurde, stimmten die gemessenen Werte beider Proben gut überein. Der im Vergleich zu den massigen Gurten verhältnismäßig dünne und niedrige Steg stand durchweg unter Zugspannungen bis zu 6,9 kg/mm². Die Gurte standen außen unter mäßigen Zugspannungen, innen unter mäßigen Druckspannungen. Die Nahzonen selbst konnten auf diese Weise nicht erfaßt werden.

Durch Zerlegen der mit Elektroden Kjellberg St 37 A geschweißten Probe wurden die gesamten inneren Spannungen, die sich aus Walz- und Schweißspannungen zusammensetzen, bestimmt. Die Zugspannungen in den Nahzonen erreichten 33,0 kg/mm². Die oben angegebenen Zugspannungen im Steg wurden auch hierbei festgestellt. Die größten Druckspannungen an den Kanten der Wulstflachstähle wurden mit 12,9 kg/mm² ermittelt.

Der Vergleich, der durch Zerlegen bestimmten Schrumpfspannungen mit den vorher gemessenen Walzspannungen an einem einzelnen (etwas kleineren) Wulstflachstahl und den beim Schweißen selbst ermittelten Schrumpfspannungen ergab eine Übereinstimmung wohl hinsichtlich der grundsätzlichen Spannungsverteilungen, nicht aber hinsichtlich der Größen. Hierbei ist zu bedenken, daß innerhalb verschiedener Walzlängen die Walzspannungen nicht gleich sein werden, abgesehen von den Unterschieden aus den verschiedenen Profilabmessungen (Wulstflachstahl 600×60 mm gegenüber 600×80 mm), und daß außerdem in den stark erhitzten Zonen beim Schweißen ein Teil der Walzspannungen abgebaut wird, was natürlich nicht ohne Rückwirkung auf die Walzspannungen in den übrigen Querschnittsteilen ist.

Infolge der zusätzlichen Gurtplatten, die mit Kehlnähten auf die Wulstflachstähle aufgeschweißt waren, und die anderen Einspannungsverhältnisse ergab sich im prismatischen Teil der Stütze eine andere Schrumpfspannungsverteilung. Im Stegblech und an den Wulstflachstählen wurden durchweg Druckspannungen mäßiger Größe gefunden, während die aufgelegten Gurtplatten unter mäßigen Zugspannungen standen. An anderen Stellen wurden in den Wulstflachstählen durchweg Druckspannungen gefunden, die durchschnittlich unter 10,0 kg/mm² (an einer Stelle 15,8 kg/mm²) betrugen.

Im Bereich der gebogenen Gurtungen ergaben sich auf der einspringenden Seite Stauchungen bis zu 0,399%, auf der gegenüberliegenden Seite zeigten sich etwas kleinere z. T. plastische Dehnungen. In den Krümmungszonen des Stegblechs auf der Seite des Stützenkopfes kann aus den Stauchungen auf Druckspannungen in der Größenordnung der Streckgrenze geschlossen werden.

Beim Druckversuch wurde die geschweißte Stütze aus St 37 so belastet, wie es den rechnerischen Verhältnissen im Bauwerk entsprach. Bei einer Höchstlast von 1370 t mußte der Versuch wegen zu großer Verformungen abgebrochen werden. Die Grenze der Tragfähigkeit der Stütze dürfte bei dieser Last annähernd erreicht gewesen sein, so daß sich gegenüber der rechnerischen Nutzlast im Bauwerk von 507,4 t eine 2,7 fache Sicherheit ergab. Beachtliche plastische Verformungen traten oberhalb 580 t auf, die Fließgrenze am Fußende des prismatischen Stützenschaftes wurde bei 850 t erreicht. Geringere bleibende Verformungen scheinen jedoch schon bei kleinen

Bild 18. Biegeversuch mit dem Stützenstiel. Stütze nach dem Biegeversuch. Höchstlast 1186 t

Lasten unterhalb 580 t aufgetreten zu sein, sie geben jedoch zu Bedenken keinen Anlaß. Die ersten Anrisse an den Aussteifungskehlnähten und am Ende der Kehlnähte der aufgelegten Gurtplatte wurden bereits bei ziemlich geringen Lasten (850 t, 1050 und 1145 t) bemerkt. Die Aussteifungen wären an die Gurte also zweckmäßigerweise mit dickeren Kehlnähten angeschlossen worden. Die äußeren Gurtplatten wären am oberen Querhaupt besser bis zu den Kragarmenden durchgeführt worden, wobei die Stirnkehlnähte an den verjüngten Gurtplattenenden möglichst stark hätten bemessen sein müssen.

Ein späterer Biegeversuch mit dem herausgeschnittenen, prismatischen Stützenstiel ergab trotz der massigen Abmessungen eine große Formänderungsfähigkeit. Das Stegblech und die Gurte erlitten starke Verformungen, wobei die Kehlnähte der Aussteifungen rissen. Bei einer rechnerischen Randspannung von $\sigma = 33,2$ kg/mm² rissen die Kehlnähte, mit denen die äußeren Gurtplatten angeschlossen waren, auf großer Länge auf.

Aus den Versuchen sind folgende **Schlußfolgerungen** zu ziehen:

Die z. T. hohen Schrumpf- und Walzspannungen haben die Tragfähigkeit bei statischer Belastung nicht oder nur unwesentlich herabgesetzt; die Sicherheit ist ausreichend. Im Biegeversuch bewies der massige, geschweißte Stützenstiel eine gute Formänderungsfähigkeit.

Bei sorgfältiger Herstellung und gesunden Werkstoffverhältnissen können vorwiegend auf Druck beanspruchte Teile großer Abmessungen ohne Gefährdung der Bauwerke in geschweißter Bauweise hergestellt werden.

Schlußbemerkungen

Die Mittel zur Durchführung der Schrumpfspannungsmessungen und des Druckversuchs wurden vom Deutschen Ausschuß für Stahlbau und der Deutschen Reichsbahn, für den später durchgeführten Biegeversuch mit dem Stützenstiel von der Reichsbahndirektion Hamburg und für einen Teil der Schrumpfspannungsmessungen von der Firma Johannes Dörnen, Dortmund-Derne, die auch durch ihre Zusammenarbeit bei den Schrumpfspannungsmessungen die Untersuchung weitgehend unterstützt hat, zur Verfügung gestellt. Diesen Stellen wird für die Ermöglichung dieser wertvollen Großversuche gedankt. Besonderer Dank gebührt Herrn Ministerialdirigent Geheimrat Dr.-Ing. e. h. Schaper † im Reichsverkehrsministerium und Herrn Reichsbahnoberrat Dr.-Ing. Kilian bei der Reichsbahndirektion Hamburg für die Förderung und rege Anteilnahme an der Untersuchung.

Die Versuche wurden im Staatlichen Materialprüfungsamt Berlin-Dahlem unter der Leitung des ehemaligen Ständigen Mitglieds und Professors Dr.-Ing. Bierett, jetzt Direktor bei den Reichswerken A. G. für Berg- und Hüttenbetriebe „Hermann Göring" durchgeführt. Den größten Teil der Versuchsarbeiten führte Herr Dr.-Ing. Grüning, einen Teil der Schrumpfspannungsmessungen Herr Dipl.-Ing. Stein aus, der im übrigen die Durchführung der Untersuchung tatkräftig unterstützt hat.

Der vorliegende Bericht stützt sich auf die Einzelberichte über die Versuche, die mit Ausnahme des über den Biegeversuch mit dem Stützenstiel von den Herren Professor Dr.-Ing. Bierett, Dr.-Ing. Grüning und Dipl.-Ing. Stein ausgearbeitet worden waren.

EINFLUSS VON DOPPELUNGEN AUF DIE FESTIGKEIT
Von Kurt Albers und Oskar Jacobi

I. Allgemeines

Gelegentlich kommen in Walzerzeugnissen Doppelungen vor, die durch Auswalzen von Lunkern, Blasen oder Schlackeneinschlüssen entstehen. Im Walzzustande sind die Fehler meistens schlecht feststellbar. An geschliffenen Kanten oder an sauber bearbeiteten Stirnflächen sind die Doppelungen entweder mit bloßem Auge zu erkennen, oder sie können durch Magnetprüfung sichtbar gemacht werden. In den meisten Fällen bleiben jedoch die Doppelungen unentdeckt, wenn sie sich nicht bei der Fertigung durch Störungen bemerkbar machen. Im Röntgenbild sind Doppelungen wegen ihrer geringen Dickenausdehnung nicht feststellbar.

Die Reichsröntgenstelle beim Staatlichen Materialprüfungsamt Berlin-Dahlem hat ein Verfahren entwickelt, das die Feststellung der Doppelungen und ihrer Flächenausdehnungen mittels Ultraschallwellen ermöglicht. Über das Verfahren wird an anderer Stelle berichtet werden[1].

Es erhebt sich die Frage nach den Auswirkungen der Doppelungen insbesondere auf die Festigkeit. Da die Doppelungen meist in der Walzebene liegen, ist ein ungünstiger Einfluß auf die statische Zugfestigkeit in dieser Ebene in oder senkrecht zur Walzrichtung im allgemeinen nicht zu befürchten. Da Kerbwirkungen durch die parallel zur Beanspruchungsrichtung liegenden Doppelungen nicht auftreten, kann auch die Festigkeit bei schwingender oder wechselnder Beanspruchung nicht nennenswert vermindert werden. Ausgenommen sind jedoch Doppelungsfehler, die wie Schalen schräg in die Walzoberfläche hineinlaufen, da hierdurch eine Querschnittsschwächung verursacht wird.

Bei Zugbeanspruchung senkrecht zur Walzoberfläche können die Doppelungen aufreißen. Solche Beanspruchungsfälle treten wohl nur bei Schweißkonstruktionen auf, da bei genieteter und geschraubter Bauweise die Verbindungselemente des Anschlusses meistens durch das fehlerhafte Blech hindurchgreifen und die Fehlstelle selbst auf Druck beanspruchen.

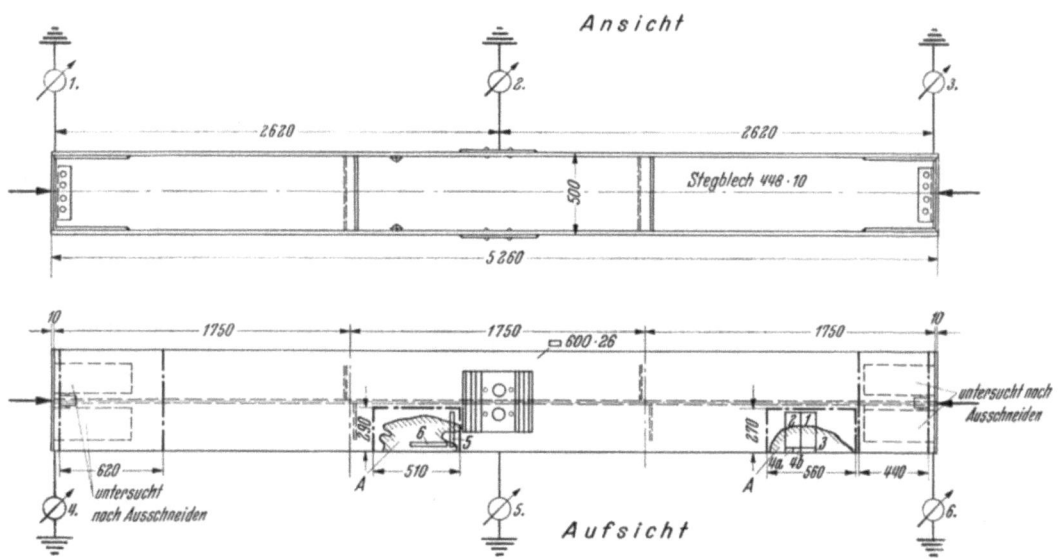

Bild 1. Versuchsanordnung und Probenentnahme

---
[1] A. Trost: Nachweis von Werkstofftrennungen in Blechen mit Ultraschall. Z.VDI. Bd. 87 (1943), S. 352/54.

Es wäre denkbar, daß bei Druckbeanspruchung parallel zur Walzrichtung infolge mangelnder Bindung die einzelnen dünnen Lamellen, die durch die Doppelungen getrennt werden, nicht zusammenwirken, so daß nicht das Gesamtträgheitsmoment des Blechs, sondern nur die Summe der Einzelträgheitsmomente der Lamellen wirksam ist. Dadurch könnte die Knickfestigkeit u. U. vermindert werden.

Aus einer Reihe von geschweißten Stützen mit I-förmigem Querschnitt, bei denen in den Flanschen bei der Fertigung Doppelungen festgestellt wurden, wurde eine der fehlerhaftesten Stützen herausgewählt und auf ihre Druckfestigkeit untersucht. Anschließend wurden aus den fehlerhaften Stellen Proben für weitere Festigkeitsuntersuchungen entnommen.

2. Werkstoff und Fehlerfeststellung

Die 526 cm lange Stütze bestand aus zwei Gurtplatten 600×26 mm, die beiderseits an einem 448 mm hohen, 10 mm dicken Steg mit Kehlnähten angeschweißt waren (Bild 1). Die aus St 52 hergestellte Stütze war nach dem

Bild 2. Doppelungen in der Probe 1 durch Durchblutung sichtbar gemacht

Schweißen spannungsfrei geglüht worden. Die Werkstofffestigkeit konnte mangels Restmaterials nur durch Härtebestimmung ermittelt werden. Aus der Brinell-Härte ergab sich eine Festigkeit von 51 kg/mm². An einer Stirnfläche

Bild 3. Ausdehnung der Doppelungen in und senkrecht zur Walzrichtung (Proben 6 und 5)

und an einer Walzkante einer der beiden Gurtplatten wurden durch Magnetprüfung Doppelungsfehler festgestellt. Nach der Feststellung der Fehler waren über die Gurtplatte verteilt vom Herstellerwerk Löcher von 17 mm Durchmesser gebohrt worden, in die Niete eingezogen werden

Bild 4. Abgehobene Doppelung, Probe 1, V = 1 ×

sollten, um durch die Schrumpfung der Niete die Doppelungen unter Druckspannung zu setzen. Beim untersuchten Stab wurden die Nietlöcher jedoch nicht geschlossen.

Durch Abtasten der fehlerhaften Gurtplatte mit einem Ultraschall-Prüfgerät wurde die Ausdehnung der Doppelungen untersucht. Die Gebiete, in denen Fehleranzeigen gefunden wurden, wurden durch weißen Farbanstrich auf der Walzoberfläche kenntlich gemacht

Bild 5. Abgehobene Doppelung, Probe 1, V = 3 ×

(Bild 12)[2]. Da an den Stabenden Verstärkungslaschen aufgeschweißt worden waren, konnten diese Stellen erst nach dem Zerlegen des Stabes abgetastet werden. Hier wurden jedoch nur Fehlstellen geringerer Ausdehnung gefunden.

Nach dem Druckversuch wurde die fehlerhafte Gurtplatte aufgeteilt, um Einblick in die Art und Verteilung der Fehler zu finden. An den Schnittkanten wurden die Doppelungen bei magnetischer Durchflutung mit aufgeschwemmten Eisenfeilspänen deutlich sichtbar. Bild 2 läßt die Doppelungen erkennen. Es ergab sich eine sehr gute Übereinstimmung zwischen Doppelungsanzeige durch Ultraschall und der tatsächlichen Ausdehnung der Fehlerstellen, was besonders deutlich aus Bild 3 hervorgeht. Hier wurde die Intensität der Ultraschallanzeigen durch unterschiedliche Zeichnung mit heller Farbe festgehalten. Die Gebiete mit stärkster Anzeige des Instruments — das sind fehlerfreie Stellen — wurden belassen, die Gebiete ohne Anzeige voll ausgemalt bzw. bei mittlerem Ausschlag schraffiert. Dementsprechend waren an den Stellen ohne Anzeige zahlreiche über- und nebeneinanderliegende Doppelungen vorhanden, an den Stellen schwächerer Anzeige traten dagegen die Doppelungen nur vereinzelt auf.

Die Ausdehnung der Doppelungen geht aus Bild 3 besonders anschaulich hervor. In der Schnittfläche quer zur Walzrichtung sind die Magnetpulveranzeigen ziemlich kurz, in der Schnittfläche parallel zur Walzrichtung lang gestreckt, d. h. die zahlreichen über- und nebeneinander liegenden Doppelungen haben nur eine geringe Breite, sind aber in der Walzrichtung lang ausgewalzt.

---

[2] Der Herren der Reichsröntgenstelle, insbesondere Herrn Dr. Trost, die sich um die Fehlerfeststellung durch Ultraschall- und magnetische Durchflutungsprüfung besonders bemüht haben, sei an dieser Stelle gedankt.

Durch Aufreißen wurden die Doppelungen freigelegt. Der schiefrige, lang gestreckte Charakter der Doppelungen tritt auch in den Bruchflächen deutlich hervor (Bild 4 und 5). Wie aus Bild 5 ersichtlich, fehlten im Bereich der stärksten Fehleranhäufungen die metallischen Bindungen in Richtung der Plattendicke vollständig.

In der Nähe der Nietlöcher waren die Doppelungsflächen leicht korrodiert (Bild 4). Von der Bohrung her ist also Feuchtigkeit ziemlich tief in die angeschnittenen Doppelungen eingedrungen. Stärkere Korrosionsschäden dürften jedoch nicht zu befürchten sein. Die stattgefundene Korrosion deutet darauf hin, daß nicht an allen Stellen die Doppelungsfugen durch nichtmetallische Einschlüsse ausgefüllt sind, wie das in Bild 6 der Fall war. Die an die Doppelung angrenzenden Körner zeigten zahlreiche kleine Einschlüsse oder Gasblasen.

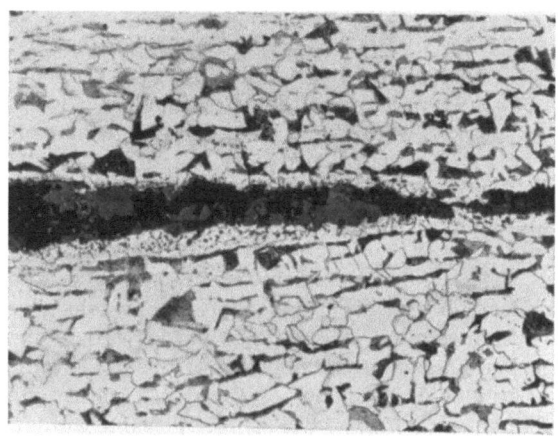

Bild 6. Schliff durch eine Doppelung, Probe 1, V = 100 ×

Bei der Verarbeitung des Werkstoffs wirken sich die Doppelungen häufig ungünstig aus. Die Schnittflächen können sehr unsauber ausfallen. Wenn die Doppelungen dicht unter der Oberfläche liegen, tritt beim Lichtbogenschweißen mit Schweißdrähten, die auf die gesamte Blechdicke abgestimmt sind, eine unzureichende Wärmeableitung ein. Die dünne Oberflächenschicht wird so stark überhitzt, daß Verbrennungen und fehlerhafte Schweißnähte entstehen.

Es ist bekannt, daß Doppelungen durch Schweißspannungen abgehoben werden können. Besonders häufig tritt dies ein, wenn Schweißnähte dicht neben den Walzkanten liegen (Bild 7). Oft werden die Doppelungen erst auf diese Weise bei der Fertigung festgestellt. Diese Tatsache zeigt schon, daß die Festigkeit bei Zugbeanspruchung senkrecht zur Walzoberfläche gering sein muß.

Eine nicht geringe Gefahr stellen größere Doppelungen dar, die bis zur Schweißkante von Stumpfnähten durchstoßen, da von den Enden der längs liegenden Fugen ausgehend leicht Querrisse in der Schweißnaht entstehen können. Durch vorheriges Überschweißen der Fugenenden wird es oft möglich sein, die Gefahr zu beseitigen.

3. Festigkeitsversuche

a) Festigkeit bei Zugbeanspruchung senkrecht zur Walzrichtung

Daß Bleche bei Zugbeanspruchung senkrecht zur Walzoberfläche in den Doppelungsfugen versagen, ist von den Kreuzschweißproben her, wie sie zur Schweißerprüfung üblich sind, bekannt. Aus einem fehlerhaften Abschnitt wurden zwei Kreuz-Schweißproben hergestellt (Bild 8) und bis zum Bruch belastet. Die Proben rissen bei Beanspruchungen von 2,30 und 3,50 kg/mm² in den Doppelungsschichten auf. Die erste Probe hatte am Rand eine schmale metallische Bruchfläche. Mit Ausnahme einer weiteren kleinen Stelle war die ganze übrige Bruchfläche schiefrig. Die Bruchfläche der zweiten Probe zeigte einen ähnlichen Holzfaserbruch (vgl. Bild 4 u. 5). Der Flächenanteil mit metallischem Aussehen war etwas breiter, dementsprechend auch die Bruchlast etwas höher.

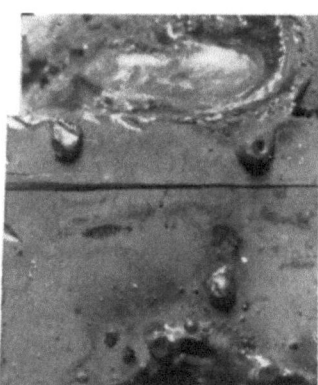

Bild 7. Infolge Schweißspannungen klaffende Doppelungsfuge

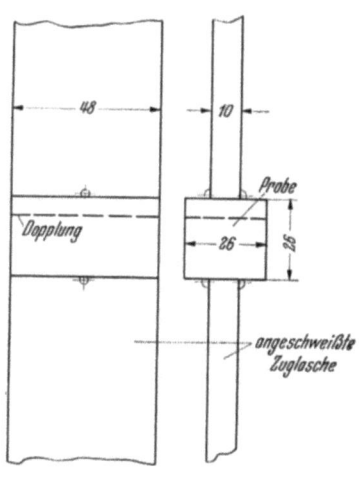

Bild 8. Zugprobe für die Bestimmung der Festigkeit senkrecht zur Oberfläche

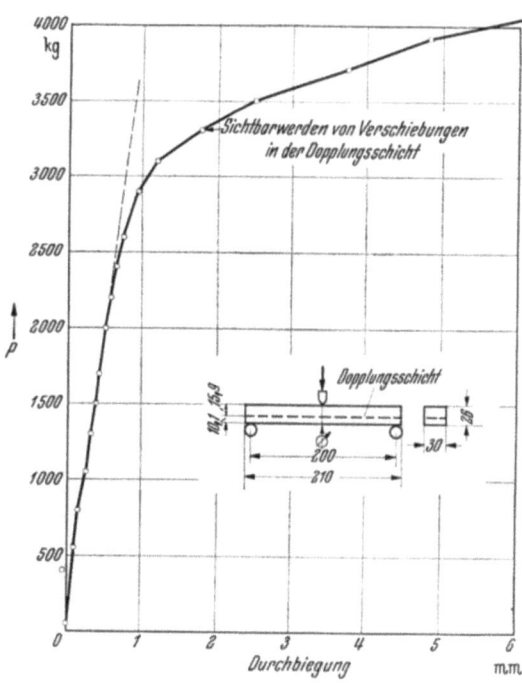

Bild 9. Durchbiegungsverlauf beim Biegeversuch mit der Probe 6

Die Festigkeit senkrecht zur Walzoberfläche ist also infolge der Doppelungen außerordentlich gering. Wenn derartige Beanspruchungsgefälle in einer Konstruktion vorkommen, stellen Doppelungsfehler eine erhebliche Gefahr dar. In solchen Fällen sollte durch sorgfältigste Prüfung Werkstoff mit Doppelungsfehlern ausgeschieden werden.

b) Schubfestigkeit in den Doppelungsschichten bei Biegebeanspruchung

Durch einen Biegeversuch mit der in Walzrichtung entnommenen Probe 6 (Bild 3, rechts) sollte die Schubfestigkeit der Doppelungsschicht untersucht werden. Der Streifen mit 26 mm Höhe und 30 mm Breite hatte bei der Ultraschallprüfung stärkste Fehleranzeige ergeben und wies durchgehend ausgeprägte Doppelungen auf. Der

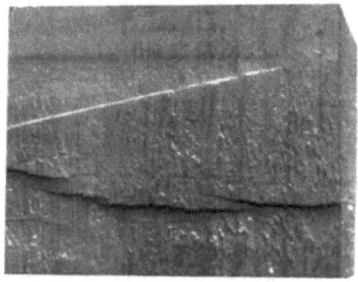

Bild 10. Verschiebung in der Doppelungsschicht auf der Stirnseite der Probe 6 beim Biegeversuch nach Belastung mit 3300 kg. V = 2 ×

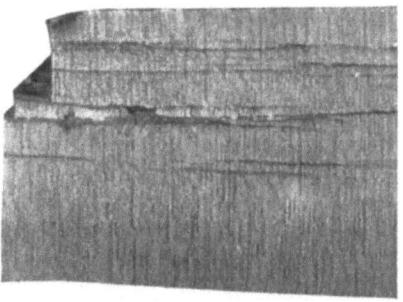

Bild 11. Verschiebungen in der Doppelungsschicht bei der stark verformten Biegeprobe 6. V = 1,7 ×

Biegestab wurde mit 200 mm Stützweite aufgelagert und durch einen Biegestempel mit 4 mm Krümmungshalbmesser in der Mitte belastet. Die Länge des Stabes war absichtlich mit 210 mm nur wenig länger als die Stützweite gewählt worden, da die überstehenden Enden einen Teil der Schubkräfte aufnehmen. Um die Größenordnung der Schubfestigkeit zu bestimmen, reicht es aus, wenn die

einer $1/100$ mm-Meßuhr gemessen. Bild 9 zeigt die Durchbiegung in Abhängigkeit von der Belastung. Bis P = 2000 kg stieg die Durchbiegung völlig geradlinig an, war also rein elastisch. Die Biegerandspannung betrug bei dieser Last $\sigma_b = 30$ kg/mm². Bei weiterer Belastung bis 3100 kg traten langsam zunehmend geringe plastische Verformungen auf. In der Durchbiegungskurve ist bei 3100 kg ein Knick feststellbar. Bei 3300 kg Belastung wurde an einem Ende des Stabes eine schwache Verschiebung in der Doppelungsschicht sichtbar. Wahrscheinlich ist der Knick in der Durchbiegungskurve auf den Beginn der Verschiebung zurückzuführen. Die Verschiebung begann demnach bei einer Schubspannung $\tau = 2,8$ kg/mm². Bild 10 läßt die Verschiebung an der Stirnseite des Stabes erkennen. Bei weiterer Laststeigerung wurde die Verschiebung, die nur in der einen Stabhälfte auftrat, rasch größer. Die Höchstlast betrug 4100 kg. Bild 11 zeigt die starke Verschiebung in der Doppelungsschicht am Stabende in der Seitenansicht.

Aus dem Versuch geht hervor, daß die Schubfestigkeit in der Doppelungsschicht sehr gering ist. Bei der gewählten Anordnung wurde jedoch durch die Biegespannungen die Streckgrenze erreicht, bevor die Überwindung der Schubfestigkeit eintrat. Derartige Beanspruchungsverhältnisse, wie sie hier gewählt wurden, dürften im allgemeinen nicht eintreten. In Gurtplatten von Biegeträgern sind die Schubspannungen stets geringer.

Bild 12. Ausbeulungen der Gurtplatten beim Druckversuch. (Nach der Höchstlast von 1100 t.) Von den Nietlöchern ausgehende Fließfiguren

Spannungen nach der einfachen Biegetheorie berechnet werden. Es ergeben sich

Biegemoment . . . . . . $M = 50$ P kg/mm²

Biegespannung σ_b . . . $= \dfrac{M}{W} = 0,015$ P kg/mm²

Querkraft . . . . $Q = \dfrac{P}{2}$ kg

Schubspannung in der Doppelungsschicht
$$\tau = 0,0018\ Q\ \text{kg/mm}^2$$
$$\sigma_b : \tau = 16 : 1.$$

Die Durchbiegung des Stabes wurde in der Mitte mit

Nur wenn die Doppelungen dicht unter den Halsnähten geschweißter Vollwandträger liegen, dürfte eine Überwindung der Schubfestigkeit zu befürchten sein, jedoch auch nur dann, wenn die Doppelungen sich über eine größere Länge erstrecken. Bei Druckbeanspruchung parallel zur Walzrichtung ist dagegen anzunehmen, daß die Schubfestigkeit ebenso wie die Haftfestigkeit ausreicht, eine einheitliche Wirkung des Querschnittes zu gewährleisten. Ein Ausknicken der einzelnen Lamellen ist kaum zu befürchten. Durch den nachfolgend beschriebenen Druckversuch mit einer Stütze wurde diese Vermutung bestätigt.

Bild 13. Ausbeulungen der Gurtplatten beim Druckversuch. (Nach der Höchstlast von 1100 t)

c) Druckversuch mit einer fehlerhaften Stütze

Mit der geschweißten Stütze, die in Bild 1 dargestellt ist, wurde ein Druckversuch durchgeführt. Die vorstehend beschriebenen Untersuchungen wurden an Abschnitten vorgenommen, die aus den fehlerhaften Stellen dieser Stütze nach dem Druckversuch entnommen wurden.

Da der Sinn dieses Versuchs nicht die Bestimmung der genauen Knicklast war, sondern nur das Verhalten der gedoppelten Fehlstellen beobachtet werden sollte, wurde der Versuchsaufbau so einfach wie möglich gewählt. Der Druckstab wurde in einer 3000 t-Prüfmaschine zwischen feststehenden Druckplatten mittig eingebaut. Die Belastung wurde stufenweise bis zur Höchstlast gesteigert, wobei die Ausbiegungen des Stabes in der X- und Y-Achse an $1/100$ mm-Meßuhren beobachtet wurden (Bild 1). Es traten jedoch keine nennenswerten Ausbiegungen ein. Bei 1000 t traten von den Bohrungen der oberen Gurtplatte ausgehend Fließfiguren auf, die unter 45° zur Stabachse lagen (Bild 12). Da diese Fließfiguren bereits bei einer mittleren Stabspannung

$$\sigma = \frac{P}{F_n} = \frac{1\,000\,000}{347{,}9} = 2880 \text{ kg/cm}^2$$

entstanden sind, ist anzunehmen, daß die Streckgrenze des Werkstoffs der oberen Gurtplatte verhältnismäßig tief lag.

Der Stab versagte bei 1100 t, d. h. bei einer mittleren Druckspannung

$$\sigma = \frac{1\,100\,000}{347{,}9} = 3160 \text{ kg/cm}^2$$

durch Beulung der oberen und unteren Gurtplatte (Bild 12 und 13). Ein Einfluß der Doppelungen, insbesondere eine Trennung in den Doppelungsschichten konnte nicht festgestellt werden.

4. Zusammenfassung

Aus einer Anzahl geschweißter Stützen mit Doppelungsfehlern wurde eine der fehlerhaftesten ausgewählt, in der Reichs-Röntgenstelle, Berlin-Dahlem, nach dem Ultraschall-Verfahren untersucht und im Druckversuch geprüft. Ein Einfluß der Doppelungen auf die Festigkeit wurde nicht festgestellt. Die Haftfestigkeit und Schubfestigkeit ist in den Doppelungsschichten sehr gering, reicht bei den üblich vorkommenden Beanspruchungsfällen jedoch aus, um ein Zusammenwirken der einzelnen durch Doppelung getrennten Lamellen zu gewährleisten. Nur bei Zugbeanspruchungen senkrecht zur Walzoberfläche ist mit einer sehr bedenklichen Festigkeitsverminderung zu rechnen.

Von grundsätzlicher Bedeutung ist die Frage, ob Walzerzeugnisse mit größeren Doppelungsfehlern von der Verarbeitung auszuschließen sind. In Kreisen der Verbraucher wird im allgemeinen die Neigung bestehen, fehlerhafte Stücke grundsätzlich abzulehnen. Bei der augenblicklichen, angespannten Wirtschaftslage ist eine solche Einstellung jedoch nicht vertretbar. Vielmehr sollte vor der Weiterverarbeitung untersucht werden, ob bei der beabsichtigten Verwendung die festgestellten Fehler die Fertigung oder die Sicherheit der Konstruktion nennenswert beeinflussen. In den meisten Fällen wird die Verwendung unbedenklich sein; gegebenenfalls können die fehlerhaften Stücke an anderer, weniger gefährdeter Stelle eingebaut werden[3]. Die vorherige Feststellung der Fehler kann die Entscheidung wesentlich erleichtern, während das Auffinden der Fehler erst bei der Verarbeitung u. U. doch zwangsläufig zum Ausschuß des Bauteils führen kann, wodurch nicht nur wertvoller Werkstoff, sondern auch Arbeitszeit verloren geht. Das Ultraschall-Verfahren kann bei der Feststellung der Doppelungsfehler eine wertvolle Hilfe leisten.

Die vorstehenden Untersuchungen sollten einen Beitrag zur Frage liefern, ob und in welchen Fällen Walzerzeugnisse mit Doppelungsfehlern von der Verwendung auszuschließen sind. Bei sachgemäßer Verarbeitung und zweckmäßiger Auswahl können die fehlerhaften Teile in den meisten Fällen unbedenklich und ohne Nachteil für die Konstruktion gebraucht werden. Das soll natürlich nicht heißen, daß man von seiten der Stahl- und Walzwerke der Vermeidung von Doppelungsfehlern keine Beachtung zu schenken braucht.

---

[3] Der Besteller von Walzwerkserzeugnissen wird sich selbstverständlich das Recht vorbehalten müssen, Werkstoff mit Doppelungsfehlern zurückzuweisen. Die Entscheidung kann stets nur von seiten der verarbeitenden Industrie bzw. der auftraggebenden Behörde von Fall zu Fall getroffen werden. Soweit es sich um Werkstoff handelt, der Abnahmevorschriften unterliegt, wird vom Walzwerk ein Ausnahmeantrag auf Freigabe der fehlerhaften Stücke an den Auftraggeber gerichtet werden müssen.

ZUR ERMITTLUNG DER REIBUNGSZAHL BEI TROCKENER GLEITENDER REIBUNG MIT KLEINEN GLEITGESCHWINDIGKEITEN UND FLÄCHENDRÜCKEN

Von **Nikolaus Ludwig** unter Mitarbeit von **Karl Boxhammer**

(Mitteilung aus dem Staatl. Materialprüfungsamt Berlin-Dahlem)

A. Aufgabenstellung und allgemeine Betrachtung

Die Aufgabe, die Reibungszahl zwischen verschieden behandelten Oberflächen von Stahl bei trockener gleitender Reibung zu ermitteln, bot den Anlaß zur Entwicklung eines Prüfgerätes und zur Durchführung vergleichender Versuche.

Für die trockene gleitende Reibung[1] gilt folgende, als das 2. Coulombsche Reibungsgesetz bekannte Aussage [2][2]:

Die Reibung wirkt stets der relativen Gleitung der Berührungsstellen entgegen und ist vom Betrage:

$$R = \mu \cdot N,$$

wobei R = Reibungskraft
N = Normalkraft und
μ = Reibungszahl[3] ist.

---

[1] Einem Vorschlag von B. Wachsmuth [1][2] folgend wird unter „Reibung" die Reibung der Bewegung verstanden, Reibung der Ruhe müßte entsprechend mit dem Wort „Haftung" bezeichnet werden. Analog sollte man die Reibungszahl der Ruhe μ_0 mit „Haftungszahl" bezeichnen.

[2] Die Zahlen in eckigen Klammern verweisen auf die Schrifttumsangabe am Ende der Arbeit.

[3] Statt der für μ genormten Bezeichnung „Reibungszahl" [3]

Durch theoretische Betrachtungen kann die Reibungszahl nur angenähert ermittelt werden; der genaue Wert kann vielmehr nur aus Versuchen abgeleitet werden. Wegen der Abhängigkeit der Reibungszahl von verschiedenen Faktoren müssen diese Versuche unter denselben Bedingungen durchgeführt werden, für die die Reibungszahl abgeleitet werden soll [6]. Man findet daher im neueren Schrifttum zwei Gruppen von Arbeiten, in denen μ-Werte bei gleitender Reibung angegeben werden. Die erste Gruppe umfaßt Arbeiten, die sich mit einem bestimmten Reibungsfall der Technik befassen, als da sind: Rad-Bremsklotz-Schiene [7, 8], Bremstrommelbeläge [9, 10], Zerspanung [11], Gleitvorrichtungen von Aufzügen [12, 13], elektr. Kontakte [14, 15], Riementriebe [16] oder Waffenbau [39]. Die zweite Gruppe umfaßt Arbeiten, in denen die Reibungszahl für gleitende Reibung zusammen mit anderen Eigenschaften ermittelt wird, wie dies bei der Verschleißprüfung [17, 18, 19, 20] oder bei der Prüfung der Laufeigenschaften von Lagermetallen [4][4] der Fall ist. Bei der Prüfung der Laufeigenschaften von Lagermetallen tritt trockene gleitende Reibung allerdings nur bei unvollkommener Schmierung auf, bei sog. Mischreibung [21][4] und Grenzreibung [12, 22][4].

Alle diese Arbeiten bestätigen die teilweise schon früher erkannte Tatsache [23, 24], daß die Reibungszahl nicht den Charakter einer eindeutigen Werkstoffkennziffer hat, sondern abhängig ist:

1. von der Oberflächenbeschaffenheit der gleitenden Flächen, wie Rauhigkeit, Grad der Reinheit, Temperatur und Veränderungen durch die umgebende Gasatmosphäre und
2. von den Prüfbedingungen, wie Gleitgeschwindigkeit und Flächenpressung.

Da entsprechend dem jeweils untersuchten Reibungsfall, abgesehen von den sonstigen Versuchsbedingungen, die gewählten Gleitgeschwindigkeits- und Flächenpressungsintervalle bei den einzelnen Arbeiten stark voneinander abweichen (Bild 1), ist eine einheitliche Auswertung der Ergebnisse sehr erschwert, um so mehr, da man mitunter bei scheinbar ähnlichen Prüfbedingungen auf sich widersprechende Ergebnisse trifft. Z. B. finden E. Siebel und R. Kobitzsch [18] bei Fahrten von Widia[5] gegen St 60[6] bei $v = 0{,}52$ m/s einen Anstieg der μ-Werte von 0,46 auf 0,85 mit steigenden Flächenpressungen zwischen 2 und 20 kg/cm², während C. Ballhausen [11] bei Fahrten eines Hartmetalls der Gruppe St[7] gegen St 70[8] bei $v = 0{,}5$ m/s einen Abfall der μ-Werte von 0,7 auf 0,35 mit steigenden Flächenpressungen zwischen 2000 und 12000 kg/cm² findet.

Der augenblickliche Stand der Arbeiten zeigt demnach ähnlich wie beim Verschleißproblem ein Nebeneinander zahlreicher unzusammenhängender Prüfmethoden und Einzelerkenntnisse [25]. Auf die Wiedergabe der Einzelerkenntnisse sei daher im Rahmen dieser Arbeit verzichtet und auf das Schrifttum verwiesen.

In Zahlentafel 1 sind Reibungszahlen der trockenen gleitenden Reibung für metallische Werkstoffe aus 3 technischen Taschenbüchern [26, 27, 28, 29] zusammengestellt. (Siehe Zahlentafel 1, Seite 93.)

Kennzeichnend für den Stand derartiger tabellarischer Zusammenstellungen ist die Tatsache, daß die angegebenen μ-Werte größtenteils einer über 100 Jahre alten Arbeit von Morin [23] entnommen sind. Nur bei wenigen Reibungszahlen ist die Flächenpressung oder die Gleitgeschwindigkeit angegeben.

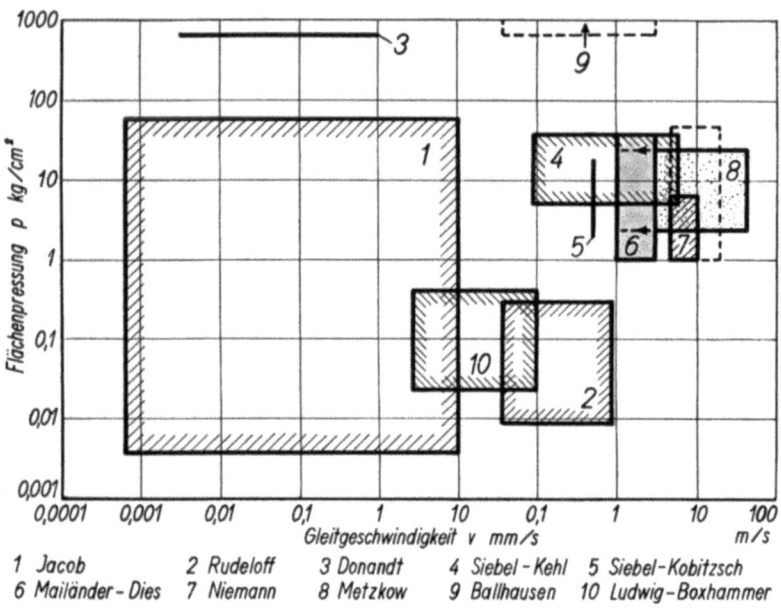

Bild 1. Flächenpressungs- und Gleitgeschwindigkeitsintervalle bei der Reibungszahlprüfung

1 Jacob   2 Rudeloff   3 Donandt   4 Siebel-Kehl   5 Siebel-Kobitzsch
6 Mailänder-Dies   7 Niemann   8 Metzkow   9 Ballhausen   10 Ludwig-Boxhammer

Eine Überprüfung der μ-Werte wäre daher erwünscht. Vor Inangriffnahme einer derartigen Arbeit, die nur als Gemeinschaftsarbeit denkbar ist, müßte über die dabei anzuwendenden Prüfbedingungen Klarheit geschaffen werden.

B. Vorschlag zur Vereinheitlichung der Reibungszahlprüfung

Die größte Schwierigkeit für die Vereinheitlichung der Reibungszahlprüfung bietet wohl die eindeutige und vergleichungsfähige Herstellung und Beschreibung der gleitenden Flächen (Oberflächenbeschaffenheit).

Schon die „mikrogeometrische Gestaltsform" (Rauhigkeit, Oberflächengüte) [30] ist zahlenmäßig kaum zu erfassen[9]. Da mit den meisten Herstellungsverfahren eine

---

findet man im Schrifttum für denselben technischen Begriff verschiedene Wortkombinationen wie: „Reibungskoeffizient", „Reibungsbeiwert", „Reibungswert", „Reibbeiwert", „Reibwert" oder auch einfach „Reibung".
Man findet das Nebeneinander dieser Bezeichnungen nicht nur in zeitlich getrennten oder verschiedene Gebiete behandelnden Arbeiten, sondern mitunter auch 5 Bezeichnungen in einer Arbeit [4]. Dies sei im Hinblick auf den von Kienzle [5] anläßlich des 25jährigen Bestehens des Deutschen Normenausschusses gehaltenen Vortrag erwähnt, in dem zum Ausdruck kam, daß wissenschaftliche Breitenarbeit durch nicht einheitliche Bezeichnung ein und desselben Begriffes oft erschwert werden kann.

[4] Dort weitere Schrifttumsangaben.

[5] Widia N der Fa. Friedr. Krupp A. G., Essen, mit etwa 88% W, 6% C und 6% Co.
[6] Normalisiert.
[7] Wolframkarbid-Titankarbid-Kobalt-Hartmetall.
[8] $\sigma_B = 75$ kg/mm².
[9] Der VDI hat in der AIM einen Ausschuß „Oberflächenprüfung" gegründet, der in 3 Unterausschüssen („Begriffe", „Verfahren und Geräte" und „Anwendung") sich mit der Auswertung und Weiterentwicklung der Oberflächenprüfgeräte beschäftigt. Vor Abschluß dieser Gemeinschaftsarbeit muß sich die Reibungszahlforschung mit der Beschreibung und Abbildung der Oberflächen begnügen.

gewisse Periodizität der Oberflächeneinzelheiten erzielt wird, dürfte neben der Beschreibung der Oberflächenherstellung die Aufnahme von Profilkurven (nach dem Schmaltzschen Lichtschnittverfahren oder mit Profilprojektoren) verbunden mit Oberflächenaufnahmen mit Dunkelfeldbeleuchtung oder als Stereoaufnahmen brauchbare Vergleichsmöglichkeiten geben.

Echte trockene Reibung im physikalischen Sinne gibt es nur im Hochvakuum und zwischen entgasten Werkstoffen [14]. Demnach ist eine absolut trockene Oberfläche nur durch Ausheizen im Hochvakuum zu erzielen. Abgesehen davon, daß die Trockenerhaltung von derart behandelten Flächen bei der Reibungszahlprüfung auf fast unüberwindliche Schwierigkeiten stößt [13], ist die so verstandene „trockene Reibung" für die Technik von geringem Interesse, da sie in der Praxis nur selten vorkommt. Eine mit Benzin oder Alkohol sorgfältig gereinigte Fläche dürfte man im technischen Sinne als „trocken" bezeichnen können. Nach Schmaltz [30] bleibt nach einer derartigen Reinigung ein Oberflächenfilm von etwa 5 bis 1 μ Dicke im günstigsten Fall von 50 m μ übrig. Die Reinigung muß allerdings unmittelbar vor der Prüfung vorgenommen werden, die Fläche darf nicht mehr berührt werden.

Bei der Betrachtung von Reibungsfragen wäre somit zwischen physikalischer Trockenreibung und technischer Trockenreibung zu unterscheiden, wobei sich nach der Definition der DVL [32] die technische Trockenreibung im Gebiet der Grenz- oder Epilamenreibung bewegt.

Weitere Faktoren, die die Oberflächenbeschaffenheit beeinflussen, wie Temperatur (gemeint ist nicht die beim Reibungsvorgang entstehende Temperatur [33], davon weiter unten) und Veränderungen durch die Gasatmosphäre spielen für die grundsätzliche Reibungszahlprüfung keine große Rolle. Die Prüfungen sind bei Zimmertemperatur und in Luft vorzunehmen. Inwieweit allerdings die Luftfeuchtigkeit von Einfluß sein kann, müßte durch Versuche geklärt werden. Bisher sind zwei gegenteilige Meinungen darüber bekannt [18, 20].

Bei der Vereinheitlichung der Prüfbedingungen dürften die Schwierigkeiten durch Vereinbarungen beseitigt werden können.

Die Flächenpressung müßte immer als Belastung je Flächeneinheit z. B. kg/cm² angegeben werden. Als Flächeneinheit soll dabei die Grundfläche der gleitenden Probe und nicht die zur Berührung kommende Fläche (Tragfläche) verstanden werden. Es ist allerdings denkbar, daß beim Ausbau des Mechau-Verfahrens [34] für ebene Flächen, die Tragfläche durch Ausplanimetrieren des „Mikro-Tragbildes" gemessen werden könnte. Trotz dieser Möglichkeit wird die Angabe der Tragfläche wegen ihrer Veränderung mit dem Weg immer unvollständig bleiben.

Die Flächenpressung darf nicht zu hoch gewählt werden, da die Ergebnisse der Reibungsuntersuchung durch den Verschleißvorgang beeinflußt werden. Jede Verschleiß-

Zahlentafel 1. Zusammenstellung von μ-Werten für trockene gleitende Reibung

Reibende Metalle	Quelle			
	Hütte I 26. Aufl. 1931	Hütte I 27. Aufl. 1941	Dubbel 7. Aufl. 1939	Klingelnberg 11. Aufl. 1942
Stahl auf Stahl	—	0,22—0,25[1]	0,03; 0,09[2]	0,1[3]
Schmiedeeisen auf Schmiedeeisen	0,44	—	0,44[4]	—
Schmiedeeisen auf Stahl	—	—	0,11; 0,21[5]	—
Stahl auf Gußeisen	—	—	—	0,15—0,18
Gußeisen auf Stahl	—	—	0,13—0,27	—
Schmiedeeisen auf Gußeisen	0,18	—	0,18	—
Schmiedeeisen auf Bronze	0,18	—	0,18	—
Bronze auf Schmiedeeisen	0,16[6]	—	—	—
Gußeisen auf Gußeisen	0,15[6]	0,15[6]	0,15[6]	0,15—0,25
Gußeisen auf Bronze	0,15[6]	0,15[6]	0,22	—
Bronze auf Gußeisen	0,21	0,21[6]	—	0,2
Bronze auf Bronze	0,20	0,20[6]	0,20	0,2

[1] Nicht künstlich entfettet.
[2] Flächenpressung = 1000 kg/cm², v = 27 m/s bzw. 3 m/s.
[3] Gehärtet.
[4] Bewegung in Faserrichtung.
[5] v = 22 m/s bzw. 4,5 m/s.
[6] Wenig gefettet.

erscheinung bringt eine festkörnige Schicht zwischen die gleitenden Flächen. Diese Zwischenschicht hat wegen ihrer kugellagerartigen Wirkung und der damit zusammenhängenden Verkleinerung der Berührungsfläche eine Herabsetzung der Reibungszahl zur Folge. Es ist denkbar, daß der immer wieder beobachtete Abfall der Reibungszahl mit der Erhöhung der Flächenpressung teilweise damit in Zusammenhang steht. Die Abhängigkeit der Reibungszahl von der Flächenpressung kann ohne Verschleiß einen ganz anderen Charakter zeigen. Vielleicht ist damit auch der Widerspruch in dem weiter oben gebrachten Beispiel zu erklären, da Siebel und Kobitzsch nur einen kaum meßbaren Verschleiß bei ihrer Prüfung festgestellt haben, während der Verschleiß bei Ballhausen zwar nicht festgestellt, aber nach der in seiner Arbeit gebrachten Abbildung (Bild 3 auf S. 226) beträchtlich gewesen sein muß. Da die Reibungszahl außerdem auch von der Verschleißart [18, 20] abhängt, ist die Forderung, daß bei der grundsätzlichen Reibungszahlprüfung der Verschleiß auszuschalten ist, auch im Hinblick auf die Verminderung unbekannter Abhängigkeitsgrößen zu rechtfertigen. Die für die Prüfung zu wählende Flächenpressung könnte nach einem wöhlerähnlichen Verfahren, wie es z. B. Vater [35] vorgeschlagen hat, für verschiedene Werkstoffe ermittelt werden. Es ist denkbar, daß ähnlich wie bei der Brinellhärteprüfung die Belastungsgrade, bei der Reibungszahlprüfung verschiedenen Werkstoffgruppen zugeordnete Flächenpressungen vereinbart werden könnten.

Eine vollkommen verschleißlose Reibung wird allerdings nicht erzielt werden können, denn die Flächenpressung darf, um eine einwandfreie Auflage der Berührungsflächen zu erhalten, nicht zu klein gewählt werden. Der gerade noch zulässige Verschleiß könnte ähnlich wie die zulässige bleibende Dehnung bei der Elastizitätsgrenzenbestimmung [36] vereinbart werden.

Wählt man für die Reibungszahlprüfung kleine Flächenpressungen und Gleitgeschwindigkeiten, so wird bei nicht zu großen Reibungswegen keine störende Temperaturerhöhung eintreten.

Für bestimmte technische Reibungsfälle müssen Sonderuntersuchungen vorgenommen werden, wobei neben der Angabe der Prüfbedingungen die Beschreibung des

Oberflächenzustandes vor und nach der Prüfung von Bedeutung ist.

C. Eigene Versuche mit einem neu entwickelten Gerät zur Ermittlung der Reibungszahl

1. Prüfgerät

Das Schema und die Gesamtansicht des Gerätes zeigen die Bilder 2 und 3.

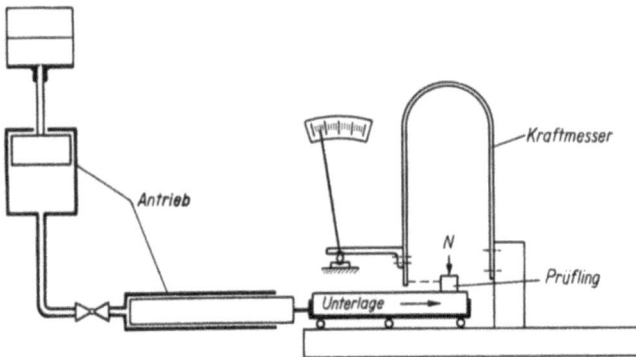

Bild 2. Schema des Gerätes

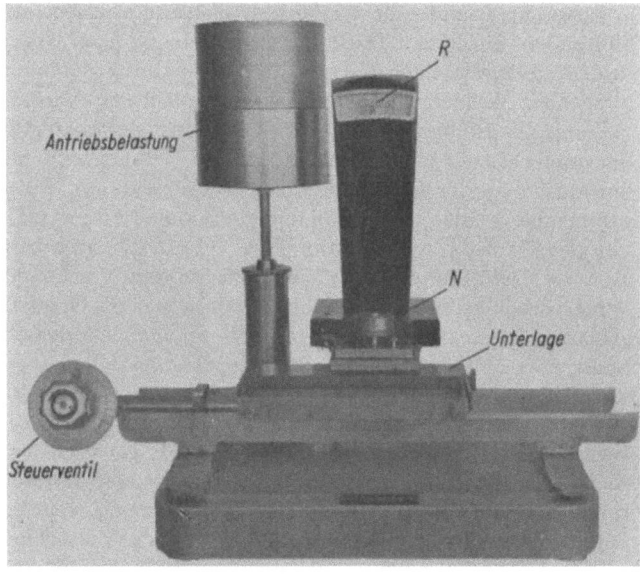

Bild 3. Gesamtansicht des Gerätes

Bild 4. Versuchsanordnung

Bei dem Entwurf des Gerätes waren u. a. folgende drei Gesichtspunkte maßgebend:

Die Normal- und Reibungskraft muß möglichst fehlerfrei meßbar sein, die Auflage der reibenden Flächen muß vollkommen sein und eine gleichmäßige Gleitgeschwindigkeit über den ganzen Versuch gewährleistet werden.

Aus Gründen, die bereits geschildert wurden, sollte eine Reibung „ohne Verschleiß" erstrebt werden, d. h. es konnte mit kleinen Normalkräften (N) gearbeitet werden. Die Wahl einer direkten Gewichtsbelastung war also gegeben. Bei dem Gerät wird der „Prüfling" (ein Würfel von 10 mm Kantenlänge) über einen Bolzen durch Auflegen von Gewichten belastet (s. Bild 4).

Die Belastung (N) kann zwischen 25 g und 500 g verändert werden. Die Grenzen der Flächenpressungen liegen bei dem Gerät demnach zwischen 0,025 kg/cm² und 0,5 kg/cm².

Für die Messung der Reibungskraft wurde nach vorherigen Versuchen mit einem Hebelwaagesystem die Federwaage gewählt, u. zw. wurde eine Manometer-U-Feder verwendet. Um jede zusätzliche Reibung, die das Ergebnis beeinflussen könnte, möglichst zu vermeiden, wurden als Übertragungselemente Kugeln und Schneidenlager gewählt (s. Bild 5 und 6).

Der Schlitten mit der Einspannvorrichtung für den

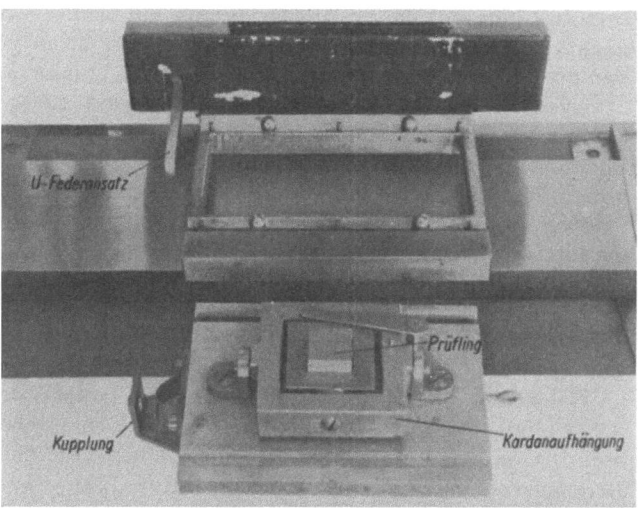

Bild 5. Ansicht der Kardanaufhängung

Prüfling und die Führung der Normalkraft (N) läuft auf vier Kugeln (Bild 5). Der Schlitten ist mit der U-Feder über eine Kugel gekuppelt (Bilder 4 und 5). Die durch die Reibungskraft bewirkte Durchbiegung der Feder wird über eine „Übertragungsfeder" — die für die Nullpunkteinstellung durch eine Stellschraube in der Längsachse beweglich angebracht ist — auf eine Schneide übertragen (Bild 6). An der Schneide ist ein Zeiger angebracht, der über einer Skala spielt. An der Skala kann die Reibungskraft in g abgelesen werden.

Um eine zusätzliche Reibungsquelle auszuschalten, wurde auf den Einbau eines Schreibgerätes verzichtet. Die Versuche — besonders bei rauhen Oberflächen — haben aber die Notwendigkeit einer kontinuierlichen Aufzeichnung der Reibungskraft ergeben. Der Zeiger „zittert" manchmal derartig über die Skala, daß nur eine schätzungsweise, vom Beobachter stark abhängige Ablesung möglich ist. Die Reibungskraftanzeige soll daher nach dem Prinzip der Martens-Spiegel [37] umgebaut werden. Anstatt des Zeigers wird in der Achse der Schneide ein Spiegel angebracht, auf den ein Lichtstrahl geworfen wird. Die Ablenkung des Lichtstrahls wird auf einer sich drehenden Trommel fotografisch festgehalten.

Da mit dem Gerät auch Reibungszahlen zwischen phosphatierten und hartverchromten Oberflächen ermittelt werden sollten, mußten die reibenden Flächen, um bei der Herstellung möglichst gleichmäßige Oberflächen zu erhalten, klein gehalten werden. Die Wahl fiel auf einen Würfel von 10 mm Kantenlänge (Prüfling) mit schwach gebrochenen Kanten, unter dem eine ebene Fläche von 200 mm Länge und 50 mm Breite (Unterlage) weggezogen wird (Bilder 2 und 4). Um eine gute Auflage zu erhalten, und ein Verkanten des Prüflings zu verhindern, wird dieser in einer Kardanaufhängung geführt (Bild 5).

Eine gleichmäßige Gleitgeschwindigkeit wurde durch hydraulischen Antrieb (Bild 2) erreicht. Die Gleitgeschwindigkeit kann zwischen 1 mm/s und 100 mm/s verändert werden. Sie wird vorher mit der Stoppuhr gemessen und dann am Steuerventil eingestellt.

Die Anzeigen der Federwaage wurden, wie in Bild 7 gezeigt, geeicht. Mehrere Meßreihen ergaben dabei eine Genauigkeit der Anzeige von ± 0,5 g. Bei einer Normalkraft von 150 g — wie sie für die Hauptversuche angewandt wurde, ist somit die Genauigkeit der Reibungszahlermittlung ± 0,003. (Bei den gemessenen Reibungszahlen nicht größer als ± 2,3%.)

2. Werkstoff

Untersucht wurde Thomas-Stahl St 37.12 nach DIN 1612, Grauguß Ge 22.91 nach DIN 1691, Hüttenkupfer F-Cu nach DIN 1708 und Sondermessing So-Ms. In Zahlentafel 2 sind die Analysen, in Zahlentafel 3 die Festigkeitskennziffern der untersuchten Werkstoffe zusammengestellt. (Siehe Zahlentafel 2 und 3, Seite 96.)

3. Herstellung und Beschreibung der Oberflächen

Es wurden 4 verschieden bearbeitete Oberflächen — „geschruppt", geschlichtet, geschliffen und poliert — geprüft.

Die „geschruppten" Oberflächen wurden mit einem Vorschub von 0,4 mm, die geschlichteten mit 0,2 mm gehobelt. Die Schnittgeschwindigkeit war bei Stahl und Grauguß 15 m/s, bei Messing und Kupfer 25 m/s. Das „Schruppen" mit einem Vorschub von 0,4 mm entspricht eigentlich einem gröberen Schlichten. Einfachheitshalber werden diese Flächen als „geschruppte" Flächen im Text bezeichnet.

Die geschliffenen Oberflächen wurden bei Stahl und Grauguß im Trockenschliff auf einer Flächenschleifmaschine mit Magnettisch hergestellt. Der Durchmesser der Schleifscheibe betrug 200 mm, die Drehzahl des Antriebes n = 2840 U/min. Messing und Kupfer mußten auf einer Tellerschleifmaschine geschliffen werden, da die Proben auf dem Magnettisch nicht befestigt werden konnten; die Schleifmaschine lief mit einer Drehzahl von 1500 U/min. Die runden Schleifriefen wurden durch Nachschleifen von Hand mit Schmirgelleinen unter Innehaltung einer Schleifrichtung beseitigt, so daß hier ungefähr der gleiche Bearbeitungsgrad wie bei Stahl und Grauguß erreicht wurde.

Alle polierten Flächen wurden auf einer Spezial-Poliermaschine mit einer Drehzahl von n = 1430 U/min angefertigt.

Von allen Oberflächen wurden Aufnahmen mit Dunkelfeldbeleuchtung bei einer Vergrößerung von 1:50 angefertigt sowie Querschnitte hergestellt, deren Profil unter einem Profilprojektor mit einer Vergrößerung 1:100 aufgenommen wurden (Bilder 8 bis 10).

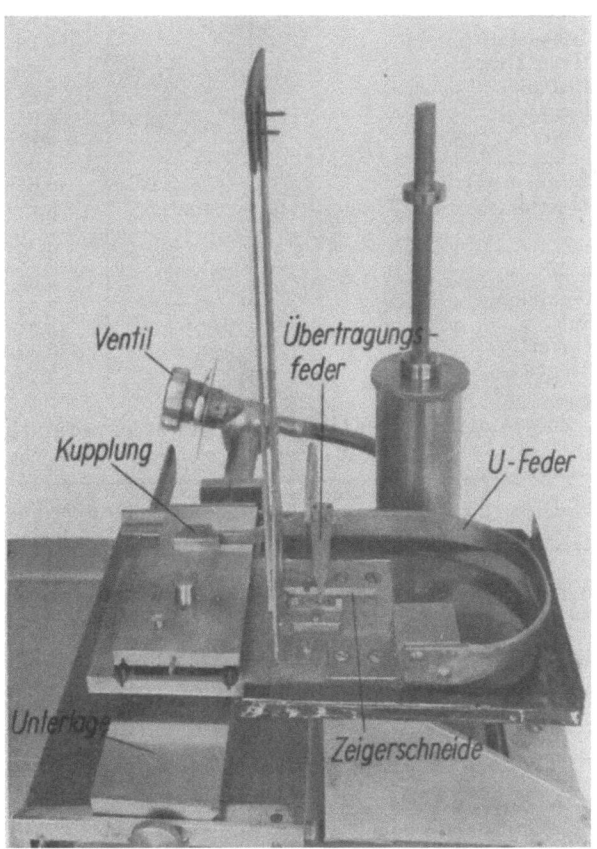

Bild 6. Rückansicht des Gerätes

Bild 7. Eichvorrichtung

Zahlentafel 2. Zusammensetzung der Werkstoffe

	Gehalte in Prozent	
	ST 37.12	Ge 22.91
Kohlenstoff	0,10	3,18
Davon Graphit	—	2,20
Silizium	—	2,11
Mangan	0,41	0,95
Kupfer	0,22	0,16
Nickel	0,07	0,06
Phosphor	0,014	0,658
Schwefel	0,037	0,114
	F-Cu	So-Ms
Eisen	—	2,04
Aluminium	—	2,33
Zink	—	35,61
Kupfer	99,90	56,87
Mangan	—	2,72

Zahlentafel 3. Festigkeitseigenschaften der Werkstoffe

Werkstoff	Streckgrenze σ S kg/mm²	Zugfestigkeit σ B kg/mm²	Bruchdehnung δ₅ %	Brinellhärte kg/mm²
St 37.12	24,1	38,5	35	HB 30/2,5 = 126
Ge 22.91	—	24,9	—	HB 30/2,5 = 261
F — Cu	8,4	22,2	51	HB 10/2,5 = 46
So — Ms	32,2	37,5	70	HB 10/5 = 180

der geschlichteten Oberfläche beträgt etwa 30 μ. Die Aufnahmen lassen eine starke Längsrauhigkeit erkennen. Der Kamm der Hobelriefen ist nicht gleichmäßig. Die vom Zerspanungsvorgang herrührenden Rauhigkeiten in der Quer- und Längsrichtung sind bei der geschliffenen Oberfläche weitgehend abgetragen. Die mit bloßem Auge betrachtete Fläche erscheint äußerlich fast glatt. Es waren lediglich leichte Rattermarken zu erkennen, die beim Schleifen wegen leichter Unrundheit der Schleifscheibe nicht ganz zu vermeiden waren. Die Querschnittsaufnahme zeigt leichte Unebenheiten, die kleiner als 10 μ sein dürften. Die polierte Fläche erscheint im Querschnitt vollkommen eben, die Oberflächenaufnahme läßt nur noch leichte Poren in der Oberflächenschicht erkennen.

2. Grauguß (s. Bild 9): Für alle Oberflächen sind die starken Graphiteinschlüsse im Grauguß charakteristisch. Bei den gehobelten Flächen ist deutlich zu erkennen, wie das spröde Gefüge durch die Zerspanung in Unordnung gebracht worden ist. Die Werkstoffteilchen sind durch den Hobelstahl unregelmäßig herausgerissen worden. Der Querschnitt zeigt abgebrochene Spitzen der Hobelriefen und unregelmäßige Formen in der Tiefe der Hobelriefen, die nicht der theoretischen Form des Hobelstahles entsprechen. Dies ist besonders augenfällig bei der geschlichteten Oberfläche. Die mittlere Rauhigkeit beträgt bei der geschruppten Fläche etwa 50 μ und bei der geschlichteten etwa 25 μ. Die

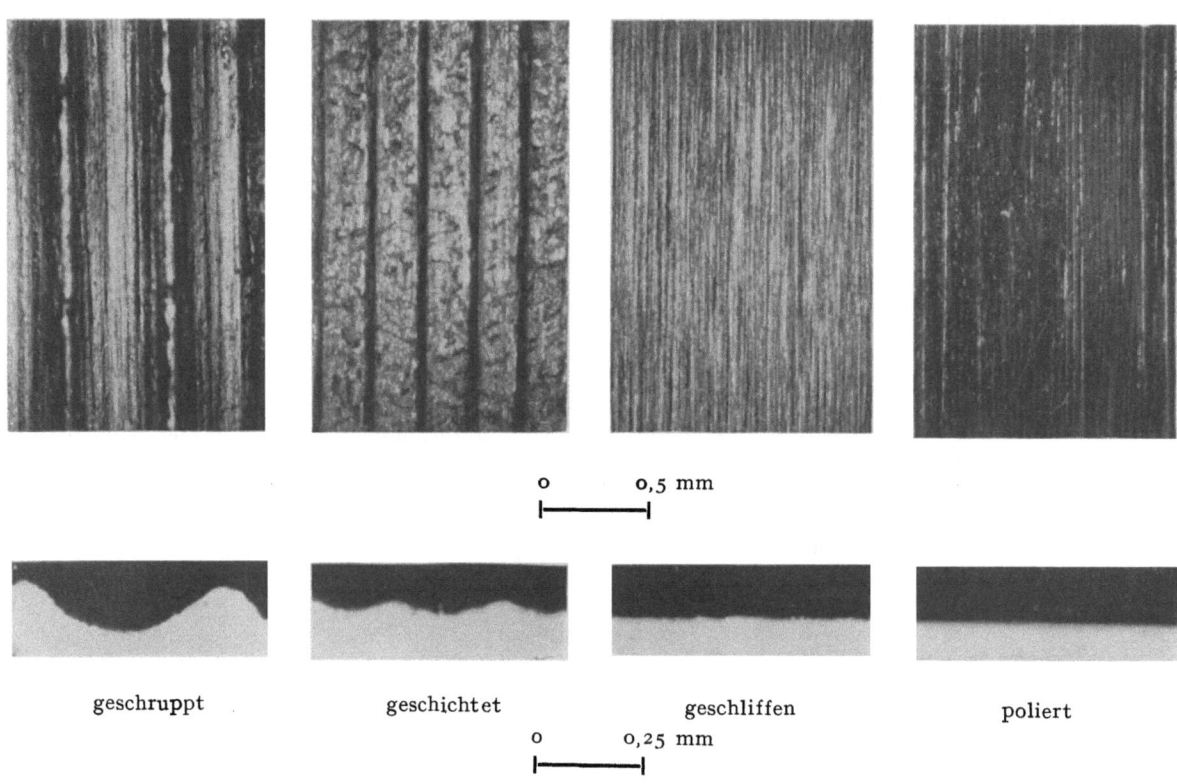

geschruppt   geschichtet   geschliffen   poliert

0   0,25 mm

Bild 8. Oberflächenbilder und Profilprojektionen vom Stahl

Aus den Oberflächenaufnahmen kann man sich ein ungefähres Bild über die Längsrauhigkeit, aus den Profilaufnahmen ein Bild über die Querrauhigkeit der Oberflächen machen. Die Oberflächen der Werkstoffe zeigten folgende Einzelheiten:

1. Stahl (s. Bild 8): Die geschruppte Oberfläche hat eine mittlere Rauhigkeit h von etwa 100 μ. Das Querprofil entspricht etwa der Form des Hobelstahls. Die Spitzen der Hobelriefen sind gut erhalten. Die mittlere Rauhigkeit

Oberflächenaufnahmen lassen eine starke Längsrauhigkeit, entstanden durch den bei der Zerspanung von Grauguß sich bildenden Reißspan erkennen. Die geschliffene Oberfläche von Grauguß ist der geschliffenen Oberfläche von Stahl — abgesehen von den noch schwach zu erkennenden Graphiteinschlüssen — sehr ähnlich. Dagegen hat die polierte Fläche ein rissiges Aussehen. Das Gefüge tritt hier fast wie bei einem Schliffbild zutage.

3. Messing und Kupfer (s. Bild 10): Messing und

Kupfer unterscheiden sich in ihrem Aussehen nur wenig voneinander. Gegenüber Stahl und Grauguß haben die gehobelten Flächen kleinere Längsrauhigkeiten, die Oberflächen sind einheitlicher und weniger zerklüftet.

Oberfläche auf, die auf Materialfehler — Lunkerbildung — zurückzuführen sind. Die geschliffenen Oberflächen haben fast das gleiche Aussehen wie bei Stahl und Grauguß. Einzelne tiefere Riefen sind allerdings durch die Nach-

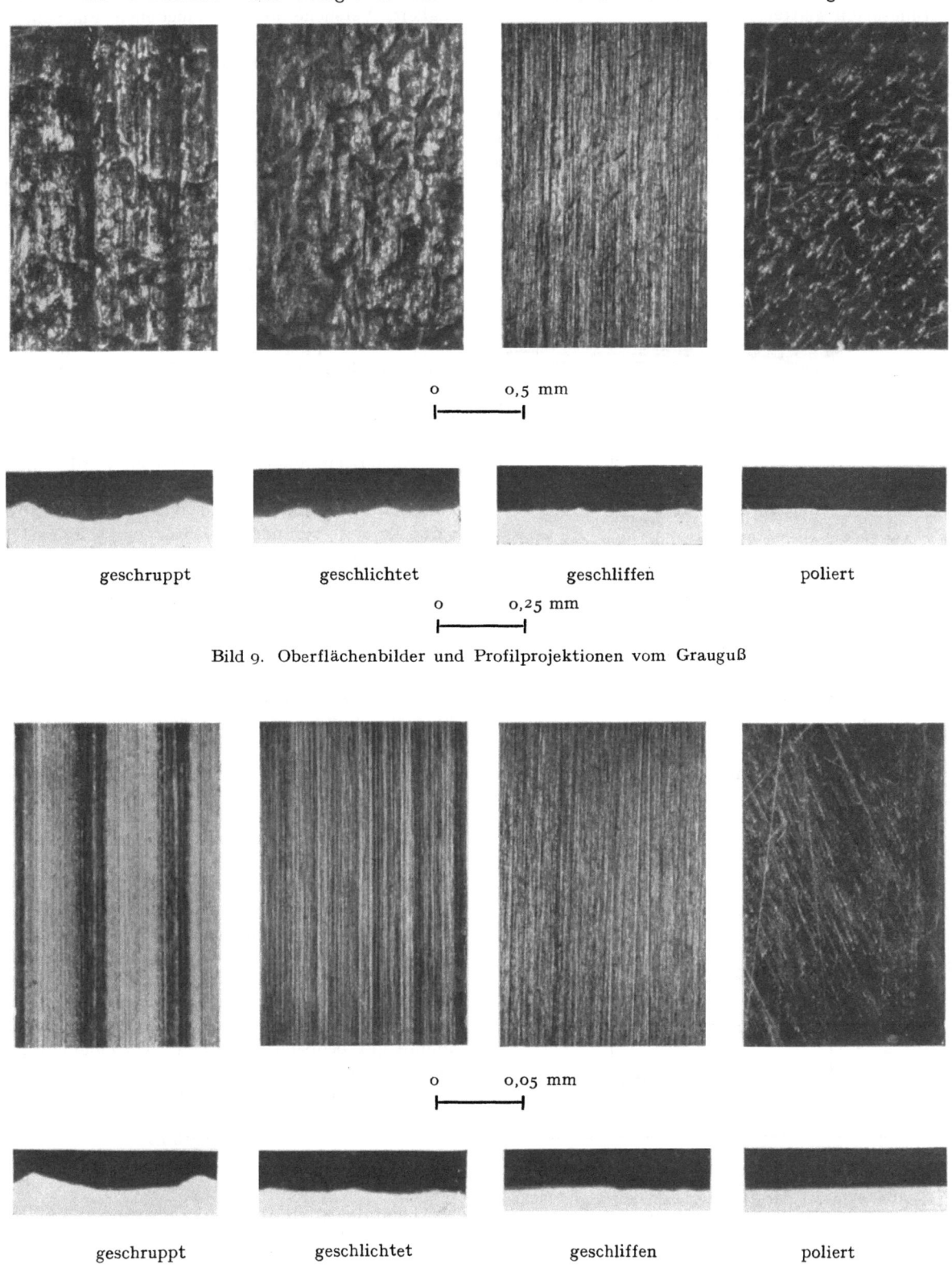

Bild 9. Oberflächenbilder und Profilprojektionen vom Grauguß

Bild 10. Oberflächenbilder und Profilprojektionen vom Hüttenkupfer

Im allgemeinen sind die Hobelriefen bei Messing und Kupfer flacher als bei Stahl und Grauguß. Sie entsprechen besonders bei Kupfer nicht der Bogenform des Hobelstahls. Bei Messing treten einzelne Löcher in der

bearbeitung von Hand entstanden. Die mittlere Rauhigkeit der geschruppten Flächen sind für Messing etwa 35 μ und für Kupfer etwa 40 μ. Die mittlere Rauhigkeit der geschlichteten Flächen sind für Messing und Kupfer etwa 15 μ.

Der Unterschied der Rauhigkeiten bei geschliffenen und polierten Flächen ist auch bei Messing und Kupfer im Querprofil noch feststellbar. Im Vergleich zu Stahl und Grauguß erscheinen Messing und Kupfer bei allen vier Bearbeitungsarten glatter.

4. Versuchsdurchführung

Die Proben (Würfel und Unterlagen) wurden vor jedem Versuch mit einem Leinenlappen zunächst mit Benzin, dann mit Alkohol sorgfältig gereinigt und etwa 10 Min. an der Luft getrocknet. Dann wurden die Würfel mit einer

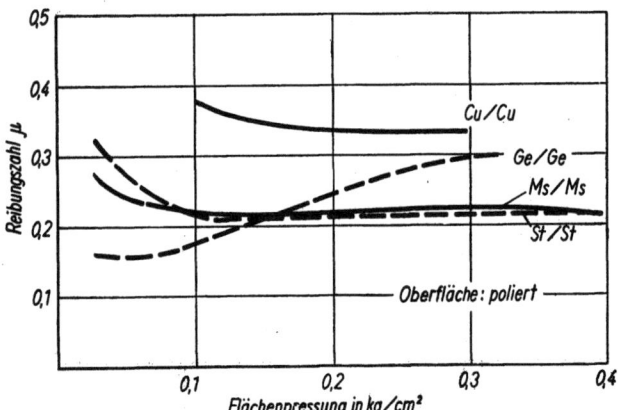

Bild 11. Abhängigkeit der Reibungszahl von der Flächenpressung

Pinzette in die Kardanaufhängung eingelegt und ausgerichtet. Nach Aufbringung der Normalbelastung wurde die Unterlage unter dem Würfel mit einer vorher eingestellten Gleitgeschwindigkeit weggezogen. Während der Bewegung wurde die Reibungskraft nach einem Weg von 35, 70, 105 und 140 mm an der Skala der Federwaage abgelesen. An jedem Würfel wurden zunächst drei Flächen geprüft, die Bewegungsrichtung war dabei gleich der Bearbeitungsrichtung. Danach wurde die Unterlage um 180° gedreht und die Prüfung an den drei anderen Flächen

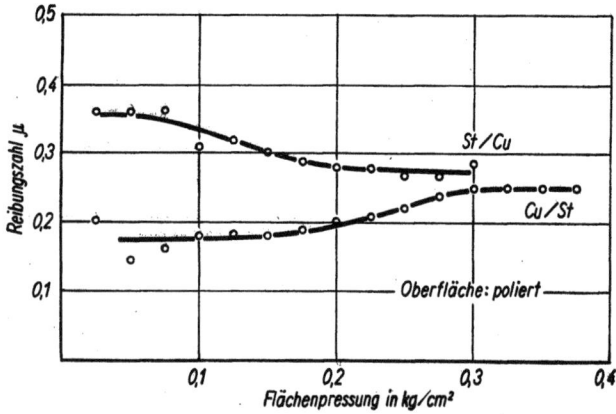

Bild 12. Abhängigkeit der Reibungszahl von der Flächenpressung bei Reibung zwischen F—C und St 37.12

des Würfels bei einer Bewegungsrichtung entgegengesetzt der Bearbeitungsrichtung ausgeführt. Für jeden Versuch wurde eine neue „Reibbahn" auf der Unterlage gewählt. Für jeden Werkstoff und jede Oberflächenbearbeitungsart standen 3 Würfel zur Verfügung, so daß für die Ermittlung einer Reibungszahl zwischen zwei Metallen gleicher Oberflächenbearbeitung 72 Ablesungen vorgenommen wurden. Nach jeder Versuchsreihe wurden die Reibungsflächen unter einem Mikroskop betrachtet.

Bevor mit den eigentlichen Versuchen zur Ermittlung der Abhängigkeit der Reibungszahl von der Oberflächengüte begonnen wurde, wurden zur Ermittlung der für das Gerät günstigsten Normalbelastung und Gleitgeschwindigkeit, Versuche mit verschiedenen Flächenpressungen und Gleitgeschwindigkeiten an polierten Flächen durchgeführt. Es wurde je Kombination nur eine Reihe mit 4 Ablesungen gefahren. Trotzdem wegen der geringen Anzahl der Versuchspunkte noch nichts Endgültiges ausgesagt werden kann, seien hier doch einige Ergebnisse dieser Vorversuche mitgeteilt.

Die Gleitgeschwindigkeiten wurden bei einer Flächenpressung von 0,15 kg/cm² zwischen 1 mm/s und 100 mm/s geändert. Dabei ergaben sich keine wesentlichen Unterschiede in den Ablesungen. Die Reibungszahl scheint demnach bei kleiner Flächenpressung in den angegebenen Grenzen geschwindigkeitsunabhängig zu sein. Diese Beobachtung deckt sich mit der Aussage von R. I. Strough und W. E. Rupp [38], die bei trockener gleitender Reibung zwischen Stahl und Kupfer, allerdings bei höheren Geschwindigkeiten (200 mm/s ... 2000 mm/s), eine Geschwindigkeits-Unabhängigkeit der Reibungszahl festgestellt haben.

Nach Beendigung dieser Versuche wurden die Flächenpressungen bei einer Gleitgeschwindigkeit von 2,5 mm/s zwischen 0,025 kg/cm² und 0,4 kg/cm² in Stufen von 0,025 kg/cm² verändert. Unter 0,075 kg/cm² Flächenpressung waren die Reibungskräfte zu klein, die Ablesungen demnach nicht brauchbar, über 0,4 kg/cm² traten schon größere Verschleißerscheinungen (starke Riefen) ein.

Im allgemeinen waren die Reibungszahlen von der Flächenpressung abhängig. Als Beispiel seien die Kurven bei der Reibung zweier gleicher Metalle in Bild 11 gebracht.

Für eine endgültige Aussage liegen noch zu wenig Versuchspunkte vor. Es scheinen auch noch nicht alle Abhängigkeitsgrößen bekannt zu sein. Z. B. ändert sich die Charakteristik der Abhängigkeit bei der Reibung von zwei Metallen mit dem Austauschen der Proben (Bild 12).

Ist der Würfel aus Stahl und die Unterlage aus Kupfer, so fällt die Reibungszahl mit der Flächenpressung. Beim umgekehrten Versuch steigt die Reibungszahl mit der Flächenpressung. Der häufigste Fall war allerdings ein Steigen der Reibungszahl. Endgültiges läßt sich, wie bereits erwähnt, noch nicht sagen. Die Versuche dienten auch lediglich zur Wahl der Flächenpressung für die Hauptversuche. Für diese wurde eine Flächenpressung von 0,15 kg/cm² bei einer Gleitgeschwindigkeit von 2,5 mm/s gewählt. Der Versuch lief dabei nicht zu schnell ab, es konnte gut beobachtet werden. Verschleißerscheinungen stellten sich bei den meisten Versuchen nur in Form von mehr oder weniger deutlichen Riefen auf den Flächen ein.

D. Ergebnis

Das Ergebnis ist in Zahlentafel 4 zusammengestellt.

Zahlentafel 4. Reibungszahlen in Abhängigkeit der Oberflächengüte

Flächenpressung p = 0.15 kg/cm²; Gleitgeschwindigkeit = 2,5 mm/s

Werkstoff	Bearbeitung beider Proben	Reibungszahl		
		Mittelwert	Höchstwert	Tiefstwert
Stahl auf Stahl	geschruppt	0,24	0,33	0,20
	geschlichtet	0,23	0,27	0,19
	geschliffen	0,21	0,23	0,18
	poliert	0,15	0,15	0,13

Zahlentafel 4 (Fortsetzung)

Werkstoff	Bearbeitung beider Proben	Reibungszahl		
		Mittelwert	Höchstwert	Tiefstwert
Grauguß	geschlichtet	0,24	0,31	0,21
	geschliffen	0,24	0,31	0,19
	poliert	0,18	0,24	0,13
Messing	geschlichtet	0,17	0,19	0,15
	geschliffen	0,19	0,21	0,15
	poliert	0,21	0,32	0,14
Kupfer	geschlichtet	0,27	0,31	0,23
	geschliffen	0,22	0,25	0,19
	poliert	0,22	0,27	0,19
Grauguß auf Grauguß	geschruppt	0,22	0,25	0,19
	geschlichtet	0,22	0,25	0,21
	geschliffen	0,22	0,27	0,18
	poliert	0,19	0,25	0,17
Stahl	geschlichtet	0,24	0,26	0,20
	geschliffen	0,19	0,22	0,17
	poliert	0,15	0,17	0,15
Messing	geschlichtet	0,18	0,21	0,15
	geschliffen	0,19	0,21	0,17
	poliert	0,19	0,21	0,15
Kupfer	geschlichtet	0,32	0,42	0,28
	geschliffen	0,30	0,37	0,25
	poliert	0,19	0,21	0,16
Messing auf Messing	geschruppt	0,17	0,20	0,15
	geschlichtet	0,19	0,21	0,16
	geschliffen	0,22	0,26	0,19
	poliert	0,19	0,21	0,16
Stahl	geschlichtet	0,19	0,23	0,15
	geschliffen	0,16	0,17	0,15
	poliert	0,16	0,19	0,15
Grauguß	geschlichtet	0,22	0,26	0,19
	geschliffen	0,17	0,18	0,15
	poliert	0,19	0,21	0,15
Kupfer	geschlichtet	0,31	0,41	0,26
	geschliffen	0,23	0,26	0,19
	poliert	0,24	0,26	0,21
Kupfer auf Kupfer	geschruppt	0,36	0,40	0,32
	geschlichtet	0,31	0,37	0,25
	geschliffen	0,29	0,31	0,25
	poliert	0,29	0,34	0,26
Kupfer auf Stahl	geschlichtet	0,30	0,36	0,25
	geschliffen	0,20	0,24	0,17
	poliert	0,24	0,26	0,20
Grauguß	geschlichtet	0,33	0,40	0,28
	geschliffen	0,24	0,32	0,19
	poliert	0,23	0,30	0,21
Messing	geschlichtet	0,21	0,27	0,17
	geschliffen	0,27	0,29	0,25
	poliert	0,23	0,25	0,19

In der Zahlentafel sind neben den Mittelwerten die Höchst- und Tiefstwerte angegeben. Dabei bedeutet z. B.: „Stahl auf Kupfer" Würfel aus Stahl, Unterlage aus Kupfer und „Kupfer auf Stahl" Würfel aus Kupfer, Unterlage aus Stahl. μ-Werte, die bei Fahrten entgegengesetzt der Bearbeitungsrichtung ermittelt wurden, waren durchschnittlich um 0,01 größer als bei Fahrten in Bearbeitungsrichtung. Die μ-Werte bei geschruppten Flächen konnten wegen des bereits erwähnten „Zitterns" des Zeigers nur geschätzt werden. Sie sind daher nur bei gleichen Werkstoffpaaren festgestellt worden.

Zur besseren Übersicht sind die Reibungszahlen bei Reibung gleicher Werkstoffpaare in Abhängigkeit der Oberflächengüte in Bild 13 als Balkendiagramm aufgetragen.

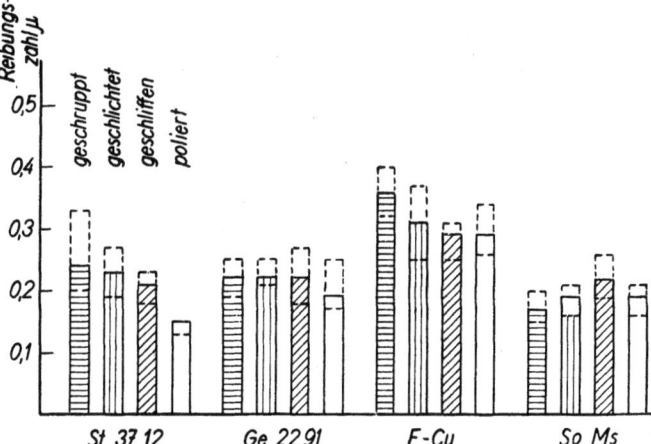

Bild 13. Abhängigkeit der Reibungszahl von der Oberflächengüte

Schließlich sind die Reibungszahlen der einzelnen Werkstoffpaare, gleichgültig ob z. B. Stahl auf Kupfer oder Kupfer auf Stahl, als Richtwerte in Zahlentafel 5 nochmals gemittelt wiedergegeben.

Zahlentafel 5. **Richtwerte für Reibungszahlen bei trockener gleitender Reibung bei verschiedenen Oberflächengüten**

Flächenpressung p = 0,15 kg/cm²; Gleitgeschwindigkeit v = 2,5 mm/s

Werkstoffpaare	Reibungszahlen bei Oberflächengüte		
	geschlichtet	geschliffen	poliert
Stahl[1] — Stahl	0,23	0,21	0,15
Stahl — Grauguß	0,24	0,22	0,17
Stahl — Kupfer	0,29	0,21	0,23
Stahl — Messing	0,18	0,17	0,19
Grauguß[2] — Grauguß . . .	0,22	0,22	0,19
Grauguß — Kupfer	0,33	0,27	0,21
Grauguß — Messing . . .	0,19	0,18	0,18
Kupfer[2] — Kupfer	0,31	0,29	0,29
Kupfer — Messing	0,26	0,25	0,24
Messing[4] — Messing . . .	0,18	0,22	0,19

[1] St 37.12; [2] Ge 22.91; [3] F — Cu; [4] Sondermessing.

Alle Kombinationen mit Messing haben praktisch von der Oberflächengüte unabhängige Reibungszahlen. Der Anstieg der μ-Werte bei „Messing — Messing geschliffen" gegenüber „geschruppt" und „geschlichtet" ist allerdings auffällig. Eine Erklärung hierfür konnte nicht gefunden werden.

Bei den anderen Kombinationen werden die Reibungszahlen mit der Besserung der Oberflächengüte im allgemeinen kleiner.

Bei geschlichteten und geschliffenen Oberflächen haben die Kombinationen Stahl — Messing und Grauguß — Messing die kleinsten μWerte. Bei polierten Oberflächen gleichen sich die μ-Werte aus.

Die Kombinationen mit Kupfer haben die größten μ-Werte. Diese Tatsache steht vielleicht im Zusammenhang mit einem Verschleiß, der bei den Versuchen mit

Kupfer beobachtet wurde. Unterlagen, die unter Kupferwürfeln weggezogen wurden, zeigten unter dem Mikroskop kleine Kupferteilchen. Selbst bei Flächenpressungen von 0,15 kg/cm² tritt also Verschleiß auf.

5. Zusammenfassung

Die Reibungszahl für trockene gleitende Reibung ist abhängig von verschiedenen Faktoren, die sowohl mit der Oberflächenbeschaffenheit der Reibungsflächen, als auch mit den äußeren Bedingungen, unter denen die Reibung zustande kommt, der Flächenpressung und der Gleitgeschwindigkeit, im Zusammenhang stehen.

Es wird ein hydraulisch angetriebenes Prüfgerät beschrieben, bei dem die Reibungskraft unter eindeutigen Prüfbedingungen mittels Federwaage gemessen wird und daraus die Reibungszahl auf 0,003 genau bestimmt werden kann. Das Gerät arbeitet mit Flächenpressungen von 0,025 kg/cm² bis 0,5 kg/cm² und Gleitgeschwindigkeiten von 1 mm/s bis 100 mm/s.

Auf diesem Gerät wurden die Reibungszahlen von Stahl (St 37.12), Grauguß (Ge 27.91), Kupfer (F-Cu) und Sondermessing in allen Kombinationen in Abhängigkeit von der Oberflächengüte — geschruppt, geschlichtet, geschliffen und poliert — ermittelt und ihre Richtwerte (Mittel aus 144 Einzelwerten) für trockene gleitende Reibung bei $p = 0,15$ kg/cm² und $v = 2,5$ mm/s zusammengestellt. Eine eindeutige Gesetzmäßigkeit derart, daß mit steigender Oberflächengüte die Reibungszahlen abnehmen, wurde nicht gefunden.

E. Schrifttumsverzeichnis

[1] Wachsmuth, B.: Von der Adhäsion zur Haftung. Glasers Annalen 67, 37—38 (1943).
[2] Pöschl, Th.: Technische Anwendung der Stereomechanik. Handbuch der Physik. Bd. V, 484. Berlin: Springer 1927.
[3] DIN 1304: Formelzeichen, 1933.
[4] Kühnel, R.: Bewertung der metallischen Gleitlagerwerkstoffe nach ihren Eigenschaften. Metallw. 19, 865—873 (1940).
[5] Kienzle, O.: Normung und Wissenschaft. Z. VDI. 87, 68—76 (1943).
[6] Föppl, A.: Vorlesungen über technische Mechanik. Bd. I. Leipzig u. Berlin: Verlag von B. G. Teubner 1925.
[7] Metzkow: Ergebnisse der Versuche für die Ermittlung des Reibungswertes zwischen Rad und Bremsklotz. Glasers Annalen 49, 149—159 (1926).
[8] — Untersuchungen der Haftungsverhältnisse zwischen Rad u. Schiene beim Bremsvorgang. Org. Fortschr. Eisenbahnw. 89, 247—254 (1934).
[9] Zimmermann, E.: Reibungs- u. Abnutzungsverhältnisse an festen, trockenen Körpern. Diss. T. H. Aachen 1929.
[10] Niemann, G.: Bremsbeläge u. Bremstrommeln. Stand der Forschg. Z. VDI 86, 199—205 (1942).
[11] Ballhausen, C.: Reibungsvorgang und Reibungskraft bei Hartmetallen. Werkstattstechn. 35, 225—227 (1941).
[12] Donandt, H.: Über den Stand unserer Kenntnisse in der Frage der Grenzschmierung. Z. VDI. 80, 821—824 (1936).
[13] — Versuche über gleitende Reibung zwischen ungeschmierten Flächen aus Stahl bei kleiner Gleitgeschwindigkeit und großem Flächendruck. Reibung und Verschleiß. Vorträge der VDI-Verschleißtagung Stuttgart 1938. Berlin: VDI-Verlag 1939, 43—62.
[14] Holm, R. und B. Kirchstein: Über das Haften zweier Metallflächen aneinander in Vakuum und die Herabsetzung des Haftens durch gewisse Gase. Wiss. Veröff. Siemens-Werke XV, 122—127 (1936).
[15] Holm, R.: Beitrag zur Kenntnis der Reibung. Wiss. Veröff. Siemens-Werke XX, 68—84 (1941).
[16] Rudeloff: Versuche über die Reibung von Riemenleder auf gußeisernen Riemenscheiben. Mitt. Materialprüf.-Amt 38, 262—306 (1920).
[17] Kehl, B. und E. Siebel: Untersuchungen über das Verschleißverhalten der Metalle bei gleitender Reibung. Arch. Eisenhüttenw. 9, 563—570 (1935/36).
[18] Siebel E. und R. Kobitzsch: Verschleißerscheinungen bei gleitender trockener Reibung. Berlin: VDI-Verlag 1941.
[19] Dies, K.: Über die Vorgänge beim Verschleiß rein gleitender und trockener Reibung. Reibung und Verschleiß, Vorträge der VDI-Verschleißtagung Stuttgart 1938. Berlin: VDI-Verlag 1939, 63—77.
[20] Mailänder, R. und K. Dies: Beitrag zur Erforschung der Vorgänge beim Verschleiß. Techn. Mitt. Krupp 5, 209—238 (1942).
[21] Vogelpohl, G.: Zur Klärung des Gleitreibungsvorganges. Öl und Kohle 15/35, 720—728 (1939).
[22] — Der gegenwärtige Stand der Grenzreibungsforschung. Kritik und Ausblick. Öl und Kohle 38, 340—350 (1942).
[23] — Die geschichtliche Entwicklung unseres Wissens über Reibung und Schmierung I. Öl und Kohle 36, 89—93 u. 129—134 (1940).
[24] Jacob, Ch.: Über gleitende Reibung. Ann. d. Phys. 38, 126—148 (1912).
[25] Wahl, H.: Allgemeine Verschleißfragen. Schriftenreihe Verschleißfragen des Amtes für technische Wissenschaften der DAF, Heft A 1. Berlin: Verlag der deutschen Arbeitsfront 1942.
[26] Hütte: Des Ingenieurs Taschenbuch I 26. Aufl. Berlin: Verlag von Wilhelm Ernst & Sohn 1931, 301.
[27] — Des Ingenieurs Taschenbuch I 27. Aufl. Berlin: Verlag von Wilhelm Ernst & Sohn 1941, 395.
[28] Dubbel: Taschenbuch für den Maschinenbau. 7. Aufl. Berlin: Springer 1937.
[29] Klingelnberg: Technisches Hilfsbuch 11. Aufl. Berlin: Springer 1942, 629.
[30] Schmalz, G.: Techn. Oberflächenkunde. Berlin: Springer 1936.
[31] Wolfram, W.: Einführung der Oberflächenprüfung in den Betrieb. Abnahme 6, 12—14 (1943).
[32] v. Phillippovich, A.: Abgrenzung häufig verwendeter Begriffe der Schmierung. Z. VDI 86, 408—409 (1942).
[33] Siebel, E. und R. Kobitzsch: Der Temperaturverlauf bei Verschleißversuchen mit großer Flächenpressung. Eisenhüttenw. 16, 409—413 (1942/43).
[34] Maaz, J.: Die Oberflächenprüfung nach dem Verfahren von Mechau. Werkstattstechn. 35, 221—225 (1941).
[35] Vater, M.: Das Verhalten metallischer Werkstoffe bei Beanspruchung durch Flüssigkeitsschlag. Z. VDI 81, 1305 (1937).
[36] DIN 1602: Werkstoffprüfung, Begriffe (Festigkeitsversuche an metallischen Werkstoffen), 1936.
[37] DIN DVMA 107: Spiegelfeinmeßgerät nach Martens. Beschreibung und Handhabung 1933.
[38] Strough, R. I. und W. E. Rupp: Studies of Metallic Friction (Case School of Applied Science) Abstract presented at the Cleveland Meeting. The Phys. Review 60 (2), 65—66 (1941).
[39] Grötsch, G. u. E. Plake: Bestimmung des Reibungskoeffizienten bei hohen Geschwindigkeiten für Stahl auf Stahl. Z. f. d. ges. Schieß- u. Sprengstoffw. 35, 3—5; 30—32 (1940).

Herrn Major Dipl. Ing. Schwaner sei an dieser Stelle für die sorgfältige Durchführung der Versuche bestens gedankt.

If you have any concerns about our products,
you can contact us on
ProductSafety@springernature.com

In case Publisher is established outside the EU,
the EU authorized representative is:
**Springer Nature Customer Service Center GmbH
Europaplatz 3, 69115 Heidelberg, Germany**

Printed by Libri Plureos GmbH
in Hamburg, Germany